DIE GRÄSER

ALS KULTURPFLANZEN UND UNKRÄUTER AUF WIESE, WEIDE UND ACKER

DIE GRÄSER

als Kulturpflanzen und Unkräuter auf Wiese, Weide und Acker

VON

PROFESSOR DR. ASMUS PETERSEN

LANDWIRTSCHAFTLICHE FAKULTÄT
DER UNIVERSITÄT ROSTOCK

Mit über 100 Bildtafeln von Franz Susemihl

1949

AKADEMIE-VERLAG BERLIN

Erschienen im Akademie-Verlag GmbH., Berlin NW 7, Schiffbauerdamm 19
Lizenz-Nr. 156 · 3029/48 — 0711/47
Satz, Druck und Einband: (12) VVB Leichtindustrie Sachsen-Anhalt, Werkdruck Gräfenhainichen — 164
Bestell- und Verlagsnummer: 5024

INHALT

Anhang

Vorwort zur ersten Auflage

Fast ein Drittel der landwirtschaftlich genutzten Bodenfläche Deutschlands ist mit Gras oder einem Gemisch von Klee und Gras bestanden. Trotzdem kennen aber die meisten landwirtschaftlichen Praktiker und ihre Berater die Gräser immer noch nicht genügend. Sie können die Gräser draußen auf dem Grünlande nicht sicher erkennen. Infolgedessen haben sie auch keine eigenen Erfahrungen und Anschauungen über die Wachstumsansprüche, über die Anbauwürdigkeit und über den Futterwert der Gräser. Das ist angesichts der Ernährungsschwierigkeiten ein unhaltbarer Zustand. Dem ein Ende zu bereiten, ist das Ziel dieses Handbuches. Es soll die Gräserkenntnis in jeder Beziehung fördern helfen: also die Erkennung, den Anbau und die Verwertung.

Im ersten Teil werden die Blätter, die Blütenstände und bei den angesäten Gräsern auch die Samen grundsätzlich in natürlicher Größe und, wo nötig, auch vergrößert abgebildet und in danebengestellten Erläuterungen so klar beschrieben, daß es fast möglich wird, schon aus der bloßen Anschauung heraus, die Gräser draußen zu jeder Jahreszeit richtig zu erkennen.. Zur Ergänzung ist aber außerdem noch ein vollständiger Schlüssel zum Bestimmen der Gräser nach den Blättern und nach den Blütenständen hinzugefügt. Im zweiten Teil werden die Gräser als Kulturpflanzen und Unkräuter einzeln und ausführlich beschrieben und im dritten Teil noch einmal zusammenfassend je nach dem Vorkommen auf Wiese, Weide und als Feldfutterpflanze. Dabei wird gleichzeitig das Wichtigste über Pflege, Düngung und Verbesserung der verschiedenen Grünländereien eingeflochten.

Die Abbildungen stammen wieder, wie die meines Kleebuches, von dem Kunstmaler Franz Susemihl, auch meine Frau war mir hier wie dort behilflich.

In dem Handbuche sind außer den eigenen Erfahrungen auch möglichst die aller anderen Forscher herangezogen worden, so vor allem bei der Unkrautbekämpfung und bei der Umbruchfrage die bahnbrechenden Forschungen Otto Wehsargs. Hollrungs Feststellungen über die Blütenstände haben zu einem besonders einfachen Bestimmungsschlüssel geführt.

Das Buch wendet sich, wie das Kleebuch, in erster Linie wieder an die landwirtschaftlichen Praktiker und ihre Berater. Aber darüber hinaus wird, hoffe ich, auch die Wissenschaft manche Anregung dem Buche entnehmen können.

Dorndorf bei Jena, den 17. April 1936

Asmus Petersen

Vorwort zur zweiten Auflage

Die erste Auflage dieser Arbeit war bereits kurze Zeit nach dem Erscheinen vergriffen. Die zweite Auflage weist gegenüber der ersten einige Abänderungen auf.

In dem ersten Teil, der von der Bestimmung der Gräser im blütenlosen und im Blütenzustande handelt, ist die dort erstmalig durchgeführte Bestimmung nach leicht kenntlichen Gruppen noch straffer durchgeführt worden. Diese neue Methode hat sich gegenüber den vorhandenen nicht nur als gleichberechtigt erwiesen, sondern als überlegen bewährt. Ich kenne kein neueres Buch über Gräser, das diese Methode nicht weitgehend übernommen hätte. Aber erst, wenn man die alte Methode gänzlich verläßt und völlig zur neuen Methode übergeht, wird die Gräserkenntnis endlich Allgemeingut werden.

Im zweiten beschreibenden Teil sind die Ausführungen über die Unkrautgräser des Grünlandes und des Ackerlandes und ihre Bekämpfung erweitert worden.

Im dritten Teil wurde sowohl bei den Wiesen als auch bei den Weiden ein Kapitel über die Nutzung angeschlossen. Der dritte Teil enthält somit nunmehr in gedrängter Form alle Maßnahmen zur Kultur und Verbesserung von Wiesen und Weiden. Außerdem findet sich hier jetzt eine ausführliche Anleitung zum Grassamenbau.

Anhangsweise folgen dann noch einige Ausführungen über die Daseinsberechtigung von Dauerwiese und Dauerweide. Grünland ist tatsächlich Hoffnungsland. Im Grünland liegen unsere größten Ertragsreserven. Gewiß ist es nicht richtig, eine Grünlandbewegung ins Leben zu rufen. Man sieht das Grünland falsch, wenn man es nicht dauernd im Rahmen der gesamten Futterwirtschaft sieht. Der Futterbau ist die Angel, um die sich fast jeder landwirtschaftliche Betrieb dreht. Von der richtigen Organisation des Futterbaus hängt nicht nur der Erfolg in der Tierhaltung ab, sondern der Erfolg des gesamten Betriebes. Mit je weniger Gesamtfutterfläche ich auskomme, um so mehr Flächen können in den Dienst der anderen Betriebszweige gestellt werden. Eine solche Betrachtung der gesamten Futterwirtschaft, wie ich sie kürzlich auf der Haupttagung der DLG. in Leipzig skizziert und auf dem Rostocker Futterbau-Lehrgang weiterentwickelt habe, wird das im nächsten Jahre folgende Kleebuch abschließen. Klee- und Grasbuch sind dann zusammen ein Handbuch des gesamten Futterbaus.

Rostock, den 28. August 1949

Asmus Petersen

Anleitung zum besseren Gebrauch und Verständnis des Handbuches

Das Handbuch zerfällt wie das Kleebuch wiederum in drei Teile: einen ersten mit Abbildungen und ergänzenden Erläuterungen zur Bestimmung der Gräser nach den Blättern und im Blütenzustande; einen zweiten, in dem die Gräser als Futterpflanzen und Unkräuter eingehend und ausführlich beschrieben werden und einen dritten, der einen zusammenfassenden Überblick über die Gräser je nach ihrem Vorkommen auf der Wiese, auf der Weide oder auf dem Acker bringt. Die Einzelabbildungen des ersten Teils und die Einzeldarstellungen des zweiten Teils folgen sich in alphabetischer Reihenfolge, und zwar ist dabei der lateinische Gattungsname zugrunde gelegt, weil dieser allein eindeutig ist. Im Sachverzeichnis am Schlusse des Buches wird angegeben, welche lateinischen Namen den deutschen entsprechen und welcher lateinische Name gewählt worden ist, wenn mehrere davon vorhanden sind[1]. Das Auffinden der Einzelabbildungen des ersten Teils und der Einzeldarstellungen des zweiten Teils dürfte damit ohne Schwierigkeit gelingen. Dem ersten und dem zweiten Teil ist noch der dritte Teil hinzugefügt worden, um ähnlich wie beim Kleebuch auch demjenigen, der sich nicht für alle Gräser interessiert, sondern nur für die auf der Wiese, auf der Weide oder auf dem Acker, die Arbeit zu erleichtern. Er braucht nicht alle Gräser durchzustudieren, sondern schlägt im dritten Teil der Arbeit in dem entsprechenden ihn interessierenden Kapitel nach, studiert dort die allgemein gehaltenen Ausführungen und greift dann auf die Abbildungen und Einzeldarstellungen der dort verzeichneten, ihm allein wichtigen Gräser zurück. Im dritten Teil bei der zusammenfassenden Schilderung der Gräser je nach ihrem Vorkommen auf Acker, Wiese und Weide ist ferner noch Gelegenheit genommen, das Wichtigste über Grünlandkultur und Grünlandverbesserung einzuflechten.

Alle Abbildungen sind grundsätzlich in natürlicher Größe gehalten. Eventuelle Vergrößerungen stehen immer rechts von der Abbildung in natürlicher Größe.

Alle Maße sind in dz/ha bzw. kg/ha oder Ztr./Morgen angegeben, wobei ein Morgen = $^1/_4$ Hektar ist.

---

[1]) Ich habe mich nicht dazu entschließen können, bei der Wahl des lateinischen Namens dem von der Deutschen Botanischen Gesellschaft herausgegebenen Verzeichnis (Bearbeiter R. Mansfeld, Fischer, Jena 1940) zu folgen. Die dort gewählten Namen weichen oft zu sehr von den gebräuchlichen ab. Im Sachverzeichnis werden dagegen auch diese aufgeführt.

ERSTER TEIL

Die Bestimmung der Gräser nach Blattmerkmalen und im Blütenzustande in Wort und Bild

I. Vorbemerkungen über die Blattmerkmale der Gräser und Schlüssel zum Bestimmen der Gräser nach den Blattmerkmalen

A. Vorbemerkungen über die Blattmerkmale der Gräser

Süßgrasblatt mit Stengel

(Welsches Weidelgras [früher italienisches Raygras genannt])

Der Stengel (hier rund oder bei anderen Süßgräsern mehr oder weniger zweiseitig, zweikielig, zusammengedrückt, aber nie **dreikantig** wie bei den Sauergräsern).

Das Blatthäutchen (Fortsetzung der Innenhaut der Blattscheide. Wichtiges Merkmal zur Unterscheidung der einzelnen Süßgräser).

Die beiden Blattöhrchen (Zahnfortsätze des Blattgrundes, umgreifen den Stengel. In der Form sehr verschieden, oft auch nicht vorhanden. Wichtiges Merkmal zur Unterscheidung der einzelnen Süßgräser).

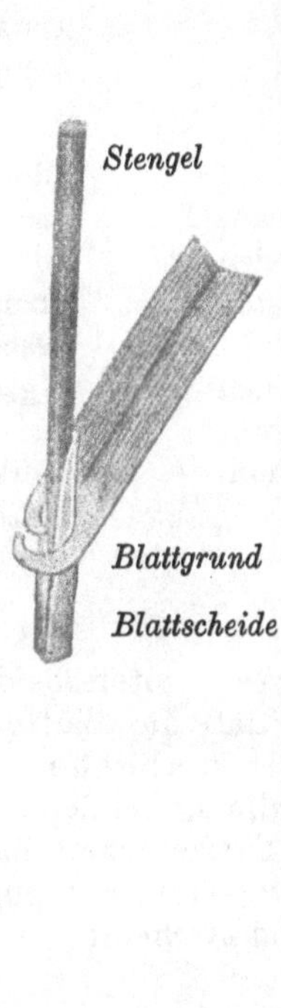

Die Blattspreite (hier ausgebreitet, bei anderen auch borstig eingerollt, hier mit Riefen, bei andern auch ohne Riefen, hier mit einer Mittelrinne, bei andern auch mit zwei dicht nebeneinanderliegenden Rinnen, u. a. m. Wichtige Merkmale zur Unterscheidung der einzelnen Süßgräser).

Der Blattgrund (der andersfarbige, wie hier meist weißfarbige Übergang von Blattspreite zu Blattscheide. Wichtiges Merkmal zur Unterscheidung der einzelnen Süßgräser).

Die Blattscheide (der unterste Teil des Blattes umgibt den Stengel bis zum Knoten, d. h. bis zur Ansatzstelle des Blattes am Stengel. Oft offen, oft geschlossen. Wichtiges Merkmal zur Unterscheidung der einzelnen Süßgäser).

Sauergrasblatt mit Stengel

(Sauergras-Art, *carex*-Art)

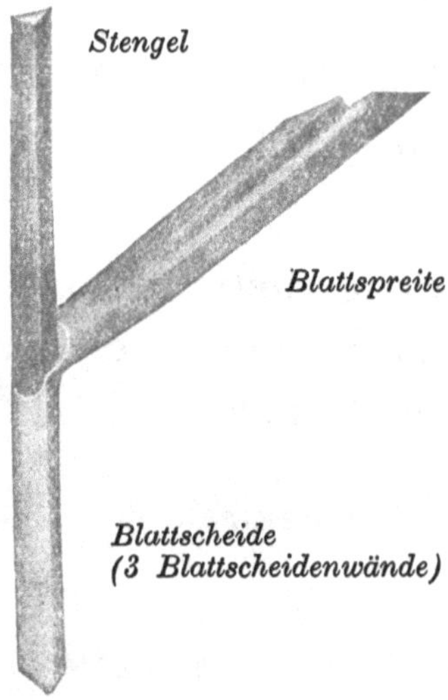

Der Stengel (**dreikantig,** nie zweikantig oder rund wie bei den Süßgräsern. Manchmal allerdings scheinbar rund, das Abgehen der Blätter nach drei Seiten deutet aber auch dann auf die Dreikantigkeit des Stengels hin. **Das** Erkennungsmerkmal der Sauergräser).

Die Blattspreite (hier ausgebreitet, oft auch dreikantig borstig, hier rinnig mit Klapprändern, oft auch nur einfach rinnig. Wichtige Merkmale zur Unterscheidung der einzelnen Sauergräser voneinander).

(Von einem besonders gestalteten Übergang der Blattspreite in die Blattscheide, von einem Blattgrund kann bei den Sauergräsern kaum gesprochen werden.)

(Blattöhrchen fehlen)

Blatthäutchen (immer vorhanden, nie fehlend, sehr verschieden in der Form, oft mit dem obersten Rand der dritten Scheidenwand zu einem geschlossenen Ring verwachsen. Wichtiges Merkmal zur Unterscheidung der einzelnen Sauergräser).

Die Blattscheide (bestehend aus drei Blattscheidenwänden. Die dritte der Blattspreite gegenüberliegende Scheidenwand oft besonders ausgebildet, hier häutig, oft auch netzig, mit bestimmten Fortsätzen usw. Wichtiges Merkmal zur Unterscheidung der einzelnen Sauergräser).

Süßgräser und Sauergräser unterscheiden sich also am deutlichsten und eindeutigsten dadurch, daß die Blätter bei den Sauergräsern regelmäßig nach drei Seiten abgehen, also dreizeilig angeordnet sind, während die Anordnung bei den Süßgräsern eine andere, meist eine zweizeilige ist. In dieser Dreizeiligkeit der Blattanordnung kommt bei den Sauergräsern die Dreikantigkeit ihrer Stengel zum Vorschein, auch dort, wo der Stengel äußerlich rund erscheint.

Alle anderen Unterscheidungsmerkmale zwischen Süß- und Sauergräsern, die man bisweilen angeführt findet, sind falsch, oder sie versagen. Falsch ist, daß die Sauergräser im Gegensatz zu den Süßgräsern keine Blatthäutchen besitzen. Falsch ist, daß die Süßgräser im Gegensatz zu den Sauergräsern eine offene Blattscheide aufweisen. Das vierte noch genannte Unterscheidungsmerkmal schließlich, daß die Süßgräser hohl und die Sauergräser markig sind, ist zwar nicht falsch, aber es versagt meist, da diese Unterschiede an den Blatttrieben kaum zu erkennen sind.

Noch süßgrasähnlicher als die Sauergräser sind die Marbel-(*lúzula*-)Arten. Sie haben nicht nur süßgrasähnliche Blätter, sondern auch eine ähnliche Blattanordnung. Sie unterscheiden sich aber sehr deutlich durch die Art der Behaarung. Die Haare sind sehr lang und liegen gleichsam den Blattspreiten auf.

Eine von mir seit 25 Jahren bearbeitete ausführliche Tabelle zur Bestimmung der einzelnen Sauergräser im blütenlosen Zustande wird demnächst unter dem Titel: „Die Bestimmung der Sauergräser im blütenlosen Zustande (mit Zusätzen über ihren Standort und ihren Wert)“ im gleichen Verlage erscheinen.

Sauergras
mit dreizeiliger Blattanordnung
(immer typisch dreizeilig)

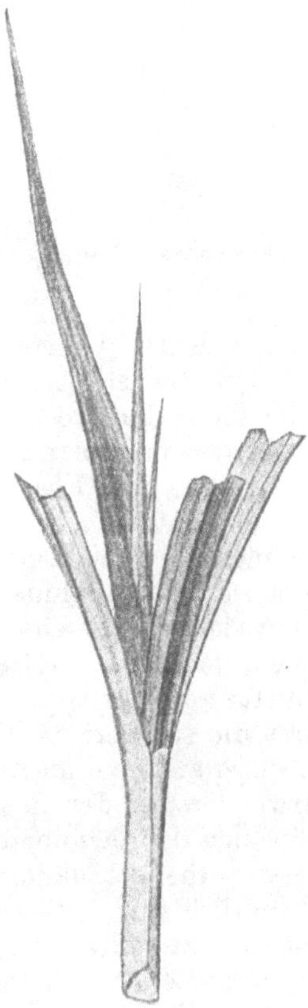

B. Schlüssel zum Bestimmen der Gräser nach den Blattmerkmalen

Bei der Bestimmung der Gräser nach den Blattmerkmalen benutzte man bisher als oberstes Unterscheidungsmerkmal allgemein die Anordnung der Blätter in der Knospenlage. Jüngstes Blatt (Blatt in der Knospenlage) gefaltet, jüngstes Blatt gerollt, das war nach allen bisherigen Bestimmungsbüchern von Samsö Lund bis heute die erste Frage, die man zu beantworten hatte, wenn man die Gräser im blütenlosen Zustande bestimmen wollte.

Dieses Merkmal ist aber als oberstes Einteilungsprinzip nicht zu gebrauchen. Ja, es ist in erster Linie schuld daran, daß die Gräserkenntnis immer noch so erschreckend gering ist. Die Anordnung der Blätter in der Knospe ist nämlich sehr häufig nicht festzustellen. Namentlich der Anfänger, aber auch der Kenner, wird oft schwer entscheiden können, wohin die Gräser mit Borstblättern gehören. Da die Blätter borstig eingerollt

Jüngstes Blatt gefaltet | **Jüngstes Blatt gerollt**

(Deutsches Weidelgras)

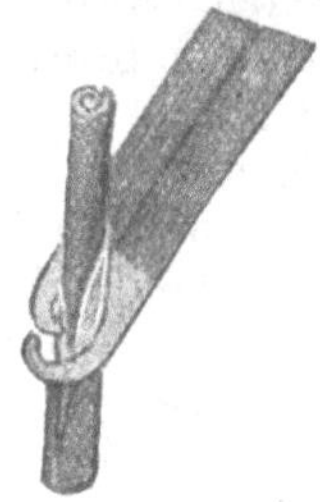

(Welsches Weidelgras)

sind, hält man das jüngste Blatt hier auch dann für gerollt, wenn es in Wahrheit gefaltet ist. Ähnliches trifft bei mehreren anderen Gräsern zu, deren Blätter in der Trockenheit gelegentlich eingerollt sind. Schon beim ersten Schritt kommt man also sehr häufig auf Irrwege, entmutigt läßt man die Bestimmung der Gräser auf sich beruhen, mit wieviel Eifer man zunächst auch heranging.

Wir lehnen dieses Merkmal deswegen als oberstes Einteilungsprinzip ab und verwerfen darüber hinaus die ganze dichotome Bestimmungsmethode und teilen vielmehr die Gräser nach sehr einfachen, leichtkenntlichen, einprägsamen, sich direkt aufdrängenden Merkmalen zunächst in acht leicht zu behaltende Gruppen ein und ziehen innerhalb dieser Gruppen dann erst die schwierigen Merkmale heran, die jetzt nicht mehr knifflig sind, so unter anderem auch die Anordnung der Blätter in der Knospenlage und verwenden bei der Bestimmung der Gräser innerhalb der Gruppen nunmehr auch die dichotome Methode. Außerdem erleichtern wir uns die Arbeit ganz erheblich dadurch, daß wir eine Reihe von Gräsern, die sehr leicht kenntlich sind, weil sie durch ein einziges Merkmal oder zwei hinreichend charakterisiert sind, zu einer Gruppe vereinigen, die wir den acht anderen voranstellen. Wir brauchen diese leicht kenntlichen Gräser dann nicht durch die ganze Bestimmung hindurchzuschleppen. Knaulgras, Quecke usw. kennt man auf den ersten Blick, wenn man sich das Typische nur einmal richtig eingeprägt hat. Es ist ein Unding, diese leicht kenntlichen Gräser in ein kompliziertes System einreihen zu wollen. Man versuche einmal, die Quecke nach einem der bisherigen Schlüssel zu bestimmen. Es wird, wenn überhaupt, erst nach großer Mühe gelingen.

Ich habe mit dieser Bestimmungsmethode die allerbesten Erfahrungen gemacht. Es ist nicht übertrieben, wenn ich sage, daß die eifrigsten meiner Schüler schon nach einer Tagesexkursion die wichtigsten Gräser sicher unterscheiden konnten. R. Ohl, der Leiter der Lehr- und Versuchswirtschaft für Viehzucht in Jena-Zwätzen, auf dessen Weiden meine erste Jenaer Grünlandexkursion im Frühjahr zu enden pflegte, wird bestätigen können, daß ausgesprochene Anfänger, die beim Beginn der Exkursion an der Jenaer Holzbrücke noch kein Gras vom anderen unterscheiden konnten, am Ende der Exkursion bereits imstande waren, die sehr verschiedenartigen Zwätzener Versuchsweiden, wenn auch nicht vollständig zu analysieren, so doch praktisch richtig anzusprechen.

1. Vorschlüssel zum Bestimmen der neun Gräsergruppen

(Nach einfachen, einprägsamen, auffälligen, sich direkt aufdrängenden Blattmerkmalen)

1. Leichtkenntliche Gräser, einzeln aufzuführen. Gräser, die durch ein einziges Merkmal oder zwei hinreichend charakterisiert sind.

Gruppe 1: Leichtkenntliche Gräser.

Die übrigen Gräser 2

2. Blattspreiten ausgesprochen borstig.

Gruppe 2: Gräser mit Borstblättern.

Blattspreiten nicht ausgesprochen borstig, sondern ausgebreitet, offen . 3

3. Blattspreiten mit einem weißen häutigen Längsstreifen über dem Mittelnerv, typisch für Hirsegräser.

Gruppe 3: Gräser mit Hirseblättern.

Blattspreiten ohne den weißen Mittelstreifen, gleichmäßig grün . . . 4

4. Blätter mit einem Haarkranz an Stelle des Blatthäutchens.

Gruppe 4: Gräser mit Haarkranz statt Blatthäutchen.

Blätter mit mehr oder minder ausgeprägtem Blatthäutchen, jedenfalls Blatthäutchen nicht durch Haarkranz ersetzt 5

5. Blattspreiten mit zwei dicht nebeneinander laufenden Mittelrinnen, sozusagen mit Schienen, typisch für die Rispen-(Poa-)Gräser.

Gruppe 5: Gräser mit Schienblättern (Poablättern).

Blätter nur mit einer oder keiner Mittelrinne, jedenfalls nicht mit Schienen 6

6. Blattspreiten nicht nur nach der Spitze zu, sondern auch nach dem Grunde zu sich stark und auffällig verjüngend, besonders typisch für die Zwenken-(Brachypodium-)Arten.

Gruppe 6: Gräser mit Zwenkenblättern.

Blattspreiten nur nach der Spitze zu auffällig verjüngt 7

7. Blattscheiden auffällig geschlossen. Blätter oder Blattscheiden meist behaart, typisch für alle Trespen-(Bromus-)Arten.

Gruppe 7: Gräser mit Bromusblättern.

Blattscheiden nicht oder doch nicht auffällig geschlossen 8

8. Blattspreiten gerieft.

Gruppe 8: Gräser mit Riefenblättern.

Blattspreiten ungerieft, glatt, jedenfalls nur sehr schwach gerieft, Riefen viel breiter als hoch 9

Gruppe 9: Gräser mit glatten, ungerieften Blättern.

2. Vorläufige Übersicht über die neun Gräsergruppen

Erste Gruppe:

Die leicht kenntlichen Gräser

In dieser Gruppe sind zwölf Gräser vereinigt. Man kann sich darüber streiten, ob man nicht noch mehr Gräser auf den ersten Blick erkennt. Wichtig ist, daß unter diesen zwölf Gräsern schon die vier wichtigsten Ungräser Quecke, Honiggras, Ruchgras und Rasenschmiele und zwei wichtige Kulturgräser Knaulgras und Goldhafer vertreten sind. Auf der ersten Exkursion beginne ich immer damit, diese sechs Gräser vorzuführen. Die Teilnehmer, hoch erfreut, schon nach wenigen Minuten, sechs wichtige Gräser im blütenlosen Zustande sicher erkennen zu können; folgen jetzt freudig den weiteren Demonstrationen in dem sicheren Gefühl, daß ihnen ein bis dahin undurchdringlich erscheinendes Gebiet erschlossen werden wird. Die anderen noch in dieser Gruppe aufgeführten Gräser sind nicht so wichtig und auch weniger häufig, können also nicht ohne weiteres demonstriert werden. Sie wurden hier aber doch mit aufgenommen, weil sie durch ein einziges Merkmal eindeutig charakterisiert sind.

Die entscheidenden Merkmale sind in der folgenden Übersicht gesperrt gedruckt. Mit noch weniger oder anderen Merkmalen auszukommen, ist unmöglich. Man muß sich diese also schon merken. Ich habe immer wieder die Erfahrung gemacht, daß der Anfänger, so sehr er zunächst auch darüber erfreut war, mit wie wenig Kennzeichen auszukommen ist, doch bald glaubte, andere noch einfachere gefunden zu haben. Das ist nicht möglich Alle anderen Merkmale sind nicht eindeutig. Zusätzlich kann man sie berücksichtigen. Ich habe sie in gewöhnlichem Druck hinzugefügt.

Quecke
Ausläufergras

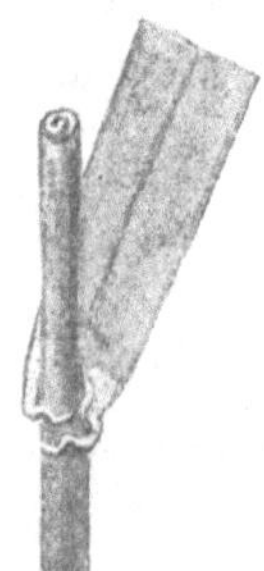

Blattöhrchen krallig und derb.

Blatthäutchen ganz kurz, gerade abgeschnitten, fein gezähnelt.

Jüngstes Blatt gerollt. Behaarung wechselnd.

Knaulgras
Horstgras

Blattscheide zweischneidig, platt, Blattspreite nur mit einer scharf gekielten Mittelrinne.

Langes weißhäutiges Blatthäutchen.

Jüngstes Blatt gefaltet. Blätter kahl.

Ruchgras
Horstgras

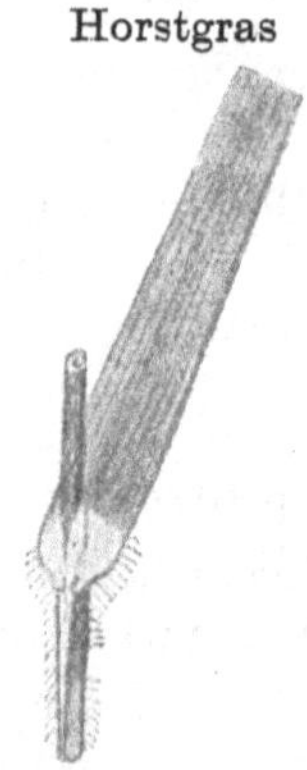

Bärtiger bräunlicher Blattgrund, d. h. Blattgrund mit Haarbüscheln.

Blattöhrchen vorhanden.

Blatthäutchen vorhanden.

Jüngstes Blatt gerollt. Blätter behaart.

Wolliges Honiggras
Horstgras

Äußere Blattscheiden mit rot-violetten senkrechten Streifen.

Blatthäutchen groß, gefranst. Blätter stark gekielt.

Jüngstes Blatt gerollt. Blätter sammetartig behaart.

Die Streifen sind rotviolett; andersfarbige, namentlich bräunliche, kommen bei den Trespen vor, die aber geschlossene Blattscheiden besitzen.

Weiches Honiggras
Ausläufergras

Halmknoten ringsherum behaart.

Blatthäutchen vorhanden.

Jüngstes Blatt gerollt.

Blattspreite kurz und fein behaart. Blattscheide fast kahl.

Goldhafer
Horstgras

Blatthäutchen mittelgroß (etwas kürzer als der Blattgrund), **ganz** gerade abgeschnitten, fein gezähnelt. Blattscheide rund, ohne Kiel. Blattspreite mit stumpfem Kiel. Blattspreite etwas behaart, Blattscheide dicht zottig behaart.

Jüngstes Blatt gerollt.

Rasenschmiele
Horstgras

Blattspreiten sehr stark gerieft. Riefen durch Zähne rückwärts rauh. Zwischen den Riefen weiß durchscheinende Rillen. Blatthäutchen lang, derb, oft zerschlitzt.

Jüngstes Blatt gefaltet. Blätter ohne Öhrchen.

Schmalblättriges Reitgras
Ausläufergras
mit verzweigten Stengeln (dadurch schon eindeutig gekennzeichnet)

Blattspreite rinnig, mit heruntergeklappten Rändern wie bei den Sauergräsern.

Blattspreiten sehr schmal (bis 5 mm breit). Blatthäutchen deutlich.

Jüngstes Blatt gerollt. Blätter ohne Öhrchen.

Aufrechte Trespe
Horstgras

Blattspreite am Rande kammförmig bewimpert, Wimpern also steif und entfernt.

Blattscheide geschlossen. Blatthäutchen ganz kurz.

Jüngstes Blatt gefaltet.

Mäusegerste
Horstgras

Blätter mit Öhrchen, diese aber nicht krallig und derb wie bei der Quecke, sondern weißhäutig, das Blatthäutchen gleichsam fortsetzend.

Jüngstes Blatt gerollt.

Blattscheide behaart, bei der Roggengerste kahl.

Einblütiges Perlgras
Ausläufergras

Mit einem gleichsam um 180° verschobenen Blatthäutchen.

Blattscheide geschlossen.

Jüngstes Blatt gerollt.

Nickendes Perlgras
Ausläufergras

Blattscheide vorn und hinten mit je einer Längsleiste.

Blatthäutchen ein sehr kurzer Rand.

Blattscheide geschlossen.

Jüngstes Blatt gerollt.

Blätter behaart.

Zweite Gruppe:

Die Gräser mit Borstblättern

Allen Borstgräsern ist entsprechend ihrem Habitus ein trockener oder armer Standort gemeinsam. Außer dem Igelgras, das die allergeringsten

Igelgras

Sandböden noch mit einzelnen, igelig über die Flächen verstreuten Horsten überzieht, gehören hierher:

der fast ebenso anspruchslose Schafschwingel,

weiter das Gegenstück dazu in den trockeneren Kiefernwäldern, die Drahtschmiele,

weiter das Hauptgras armer Hutungen, der Bocksbart,

und schließlich ein häufiges Gras ärmlichen Heidegrünlandes, das Hundsstraußgras.

Die Unterscheidung der einzelnen Arten voneinander ist sehr einfach, wie der Schlüssel zeigt. Die Länge des Blatthäutchens gibt das Hauptunterscheidungsmerkmal ab.

Dritte Gruppe:

Die Gräser mit einem weißen häutigen Längsstreifen über dem Mittelnerv der Blattspreite

Die Gräser mit Hirseblättern

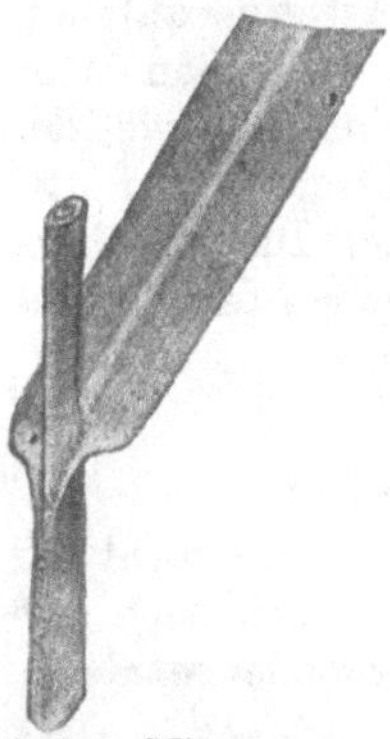

Grüne Hirse

Zu dieser Gruppe gehören ausschließlich Ackerunkräuter, und zwar lediglich die Hirsegräser. Das sind neben der grünen Hirse, die gelbe Hirse, die Bluthirse, die glatte Hirse, die kleine Hirse und die Hühnerhirse.

Die Unterscheidung der einzelnen Arten voneinander ist sehr einfach, wie der Schlüssel zeigt. Die Form des Blatthäutchens und die Behaarung der Blätter geben die Hauptunterscheidungsmerkmale ab.

Vierte Gruppe:

Die Gräser mit einem Haarkranz an Stelle des Blatthäutchens

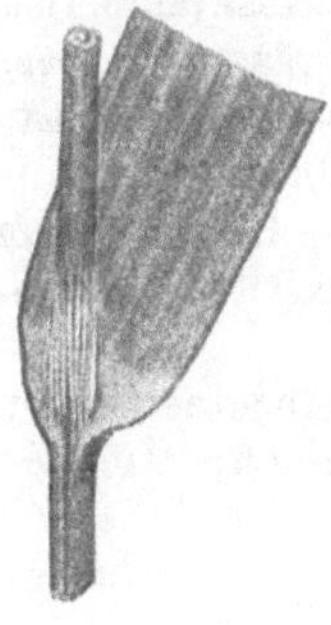

Schilfrohr

Außer dem Schilfrohr gehört das als Streuepflanze hochbedeutsame Pfeifengras in diese Gruppe und außerdem nur noch der Dreizahn, der ein Bestandteil ärmeren Grünlandes in Heidegegenden ist. An sich gehörten auch die grüne und die gelbe Hirse hierher, aber sie sind bereits in der dritten Gruppe abgetan.

Die Unterscheidung der einzelnen Arten voneinander ist außerordentlich einfach, wie der Schlüssel zeigt.

Fünfte Gruppe:

Die Gräser mit Schienenblättern

Die Gräser mit Poablättern

(d. h. die Blattspreiten haben zwei eng nebeneinander verlaufende Mittelrinnen mit Gelenkzellen am Grunde, das sind glashelle, wassergefüllte Zellen, die bei Wassermangel ein Zusammenklappen der beiden Spreitenhälften bewirken).

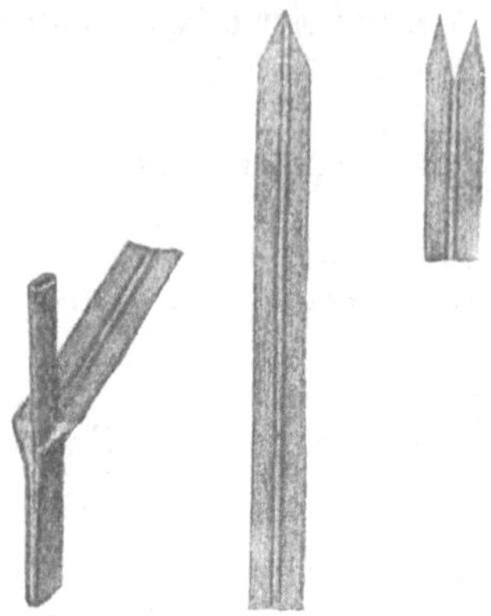

Wiesenrispe

Zu dieser Gruppe gehören vor allen Dingen alle Rispengräser (Poagräser). Mit einem gewissen Recht kann man dieses Schienenblatt, wie wir es getan haben, als Rispengrasblatt oder Poablatt bezeichnen. Außer den eigentlichen Rispengräsern gehören allerdings auch noch einige andere in diese Gruppe. So das ansehnliche Mannagras, der Salzschwaden, der Flaumhafer, der Wiesenhafer und das Kopfgras. Beachtlich ist, daß man außer dem letzten Gras alle anderen früher einmal zu den Poa-Arten gezählt hat.

Die Unterscheidung der einzelnen Arten voneinander ist sehr einfach, wie der Schlüssel zeigt. Die Länge des Blatthäutchens, die Form der Blattspreiten, die Behaarung u. a. m. geben die Hauptunterscheidungsmerkmale ab.

Sechste Gruppe:

Die Gräser mit Blattspreiten, die nicht nur nach der Spitze zu, sondern auch nach dem Grunde zu auffällig schmäler werden

Die Gräser mit Zwenkenblättern

Fiederzwenke

Außer der Fiederzwenke, die das typische Hauptgras geringer Kalkböden ist, gehören noch zwei Waldgräser in diese Gruppe, die Waldzwenke und das Flattergras. Außerdem gehören noch die *Koeleria*-Arten hierher. Alle Gräser dieser Gruppe sind landwirtschaftlich bedeutungslos.

Die Unterscheidung der einzelnen Arten voneinander ist sehr einfach, wie der Schlüssel zeigt.

Siebente Gruppe:

Die Gräser mit auffällig geschlossener Blattscheide

Die Gräser mit Bromusblättern

An sich haben sehr viele Gräser eine geschlossene Blattscheide. Zu den Gräsern mit auffällig geschlossener Blattscheide werden hier aber nur diejenigen gerechnet, die nicht schon in den sechs vorhergehenden Gruppen aufgeführt sind, deren jüngstes Blatt gerollt ist und die große, breite, runde Blattscheiden besitzen, bei denen also die Geschlossenheit der Blattscheide ohne weiteres auffällt. Das trifft aber fast nur für die Trespengräser, die *bromus*-Arten zu. Praktisch könnte man dieses Blatt deshalb auch als Trespen- oder Bromusblatt bezeichnen. Alle Trespengräser haben eine geschlossene Blattscheide und mit Ausnahme der aufrechten Trespe, die bereits in der ersten Gruppe der leicht kenntlichen Gräser (kammartig bewimpertes Blatt) abgetan wurde, auch gerollte Knospenblätter und große, runde Blattscheiden.

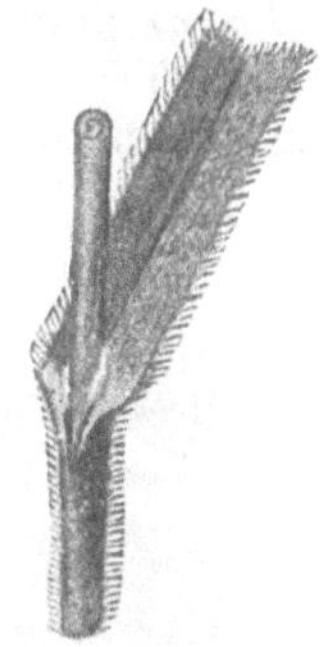

Taube Trespe

Achte Gruppe:

Die Gräser mit Riefenblättern

Die Oberseiten der Blattspreiten sind zu beiden Seiten der Mittelrippe mit deutlich hervorspringenden Riefen versehen, in denen die Gefäßbündel liegen. Die Rillen dazwischen tragen am Grunde Gelenkzellen. In diese Gruppe gehören sehr viele landwirtschaftlich bedeutsame Kulturgräser, so alle Schwingelarten, mit Ausnahme des Schafschwingels, die Weidelgräser und das Kammgras sowie die Straußgräser und der Wiesenfuchsschwanz. Die Unterscheidung der einzelnen Arten voneinander ist sehr einfach, wie der Schlüssel zeigt. Zu beachten ist vor allem, ob das jüngste Blatt gefaltet oder gerollt ist, ob Blattöhrchen vorhanden sind oder nicht und wie das Blatthäutchen ausgebildet ist.

Neunte Gruppe:

Die Gräser mit ungeriefien, glatten Blättern

Die Blattspreiten sind zwar auch gerieft, aber die Riefen sind so wenig hervorspringend, so viel breiter als hoch, daß sie nicht deutlich hervortreten. In diese Gruppe gehören so wichtige Kulturgräser wie Wiesenlieschgras, Rohrglanzgras und Glatthafer, aber außerdem auch Zittergras und Sandrohr. Die Unterscheidung der einzelnen Arten voneinander ist sehr leicht. Hauptunterscheidungsmerkmal ist die Form des Blatthäutchens. Auch die Behaarung ist zu beachten.

3. Hauptschlüssel zum Bestimmen der einzelnen Gräser innerhalb der neun Gruppen

Erste Gruppe:

Die ohne weiteres kenntlichen Gräser

(Einzeln und ausführlich in Wort und Bild Seite 6, 7 und 8)

Quecke (*tríticum répens*), Knaulgras (*dáctylis glomeráta*), Ruchgras (*anthoxánthum odorátum*), Wolliges Honiggras (*hólcus lanátus*), Weiches Honiggras (*hólcus móllis*), Goldhafer (*avéna flavéscens*), Rasenschmiele (*aíra caespitósa*), Schmalblättriges Reitgras (*cálamagróstis lánceoláta*), Aufrechte Trespe (*brómus eréctus*), Mäusegerste (*hórdeum murínum*), Einblütiges Perlgras (*mélica uniflóra*), Nickendes Perlgras (*mélica nútans*).

Zweite Gruppe:

Die Gräser mit Borstblättern

I. Brettartiger, nach einer Seite entwickelter, plattiger Horst. Die steife zähe Blattspreite spreizt typisch rechtwinklig von der Blattscheide ab.

Bocksbart (*nárdus stricta*)

II. Gewöhnlicher, runder Horst

1. Blätter steif, derb

a) Blatthäutchen fehlt fast vollständig, lediglich zwei kurze derbe Öhrchen

Schafschwingel (*festúca ovína*)
Blattscheiden erhalten sich lange

Verschiedenblättriger Schwingel (*festúca héterophýlla*)
Blattscheiden zerfasern bald,
lange, schopfartig nach einer Seite hängende Wurzelblätter

b) Blatthäutchen deutlich, mittelgroß, eingekerbt

Drahtschmiele (*aíra flexuósa*)
Blattquerschnitt rundlich

c) Blatthäutchen sehr lang, weiß

Igelgras (*weingärtnéria canéscens*)

2. Blätter schlaff und weich, borstig eingerollt

Hundsstraußgras (*agróstis canína*)
Blatthäutchen zarthäutig

III. Ausläufer

1. Oberirdische Ausläufer

Meerstrandschwingel (*festúca thalássica*)
sukkulente, kiellose Salzgrasblätter

2. Unterirdische Ausläufer

Strandhafer (*ammóphila arenária*)
weißlich grüne, borstenförmig eingerollte, starre Blätter mit sehr langem gespaltenem Blatthäutchen

Borstig erscheinen manchmal die Blätter des Wiesenhafers (*avéna praténsis*) und der schmalblättrigen Abart der Wiesenrispe (*póa praténsis var. angústifólia*). Beide Arten sind durch die Schienenblätter ohne weiteres gekennzeichnet. Die Wurzelblätter des Rotschwingels (*festúca rúbra*) lassen sich, auch wenn sie borstlich gefaltet sind, im Gegensatz zu denen des Schafschwingels sehr leicht auseinanderfalten und präsentieren sich dann als schöne Riefenblätter mit mindestens fünf deutlichen Riefen.

Dritte Gruppe:

Die Gräser mit Hirseblättern

(Mit einem weißen häutigen Längsstreifen über dem Mittelnerv der Blattspreiten)

I. Blätter ohne Blatthäutchen, auch ohne Haarkranz
Hühnerhirse (*pánicum crus gálli*)

II. Blätter mit Haarkranz an Stelle des Blatthäutchens

1. Blätter kahl, nur Blattscheidenränder mit je einer Haarreihe
Grüne Hirse (*pánicum víride*)

2. Blätter kahl, auch die Blattscheidenränder ohne Haarreihe
Gelbe Hirse (*pánicum gláucum*)

III. Blätter mit Blatthäutchen

1. Blattscheide und Blattspreite stark behaart
Bluthirse (*pánicum sánguinále*)

2. Blattscheide und Blattspreite unbehaart, nur der Blattgrund mit Haarbüschel
Glatte Hirse (*pánicum glábrum*)

3. Blattscheide und Blattspreite unbehaart, nur am Blattgrunde vereinzelte längere Haare
Kleine Hirse (*pánicum filifórme*)

Vierte Gruppe:

Die Gräser mit einem Haarkranz an Stelle des Blatthäutchens

I. Jüngstes Blatt gerollt

1. Haarkranz geschlossen (an alten Exemplaren Haare, da sehr spröde, meist abgebrochen
Schilfrohr (*phragmítes commúnis*)
(mit unterirdischen Ausläufern, Blätter kahl, sehr breit [mehrere Zentimeter])

2. Haarkranz nicht geschlossen
Pfeifengras, Benthalm, Besenried (*molínia coerúlea*)
(Horstgras, vereinzelte längere Haare auf der Blattoberseite, Blätter schmal, meist nur 0,5 cm und bei sehr breiten Abarten auch nur 1 cm)

II. Jüngstes Blatt gefaltet
Haarkranz geschlossen und außerdem sich auch auf der Blattunterseite fortsetzend
Dreizahn (*sieglíngia decúmbens*)
(Horstgras)

Einen Haarkranz an Stelle des Blatthäutchens haben außerdem die grüne und die gelbe Hirse. Sie sind aber bereits in der dritten Gruppe abgehandelt worden. Schließlich gehört auch noch der Fingerhundszahn (*cynodon dáctylon*) hierher. Er ist außerordentlich leicht kenntlich, die Blätter sind unterseits lang behaart. Auch die langen oberirdischen Ausläufer kennzeichnen dieses nur in Weinbaugebieten häufige Ackerunkraut sehr gut.

Fünfte Gruppe:

Die Gräser mit Schienenblättern

(d. h. die Blattspreiten haben zwei eng nebeneinander verlaufende Mittelrinnen)

Wir haben dieses Schienenblatt als Rispengrasblatt oder Poablatt bezeichnet, weil alle Rispengräser im engeren Sinne, d. h. die Poagräser dies geschiente Blatt haben. Es gehören in diese Gruppe noch eine Reihe von anderen Arten. Diese sollen in dem folgenden Schlüssel vor den eigentlichen Poa-Arten gebracht werden. Sie sind außerordentlich gut gekennzeichnet.

I. Blattspreite bewimpert und Blattscheide behaart
Flaumhafer (*avéna pubéscens*)
(das einzige behaarte Schienenblatt der deutschen Flora)

II. Blätter ganz besonders groß und breit (schilfartiges Wasserblatt)
Ansehnliches Mannagras (*glycéria aquática*)
(großes weißes Blatthäutchen mit Spitze)

III. Blätter borstlich zusammengefaltet, fast borstlich
Wiesenhafer (*avéna praténsis*)
(von der schmalblättrigen Wiesenrispe, die auch fast borstliche Blätter hat, durch das spitz-dreieckige Blatthäutchen unterschieden. Außerdem Horstgras und nicht Ausläufergras)

IV. Blätter mit völlig geschlossener Blattscheide
Kopfgras (*sesléria coerúlea*)
(im Gegensatz zur im Blatt ähnlichen Wiesenrispe ein Horstgras)

V. Blattspreite neben der Schiene noch mit Riefen

1. Außer der Schiene nur wenige Riefen
Salzschwaden (*glycéria dístans*)
(Blatthäutchen mittellang, kragenförmig, in eine dreieckige Spitze auslaufend)

2. Außer der Schiene noch sehr viele Riefen. Riefen sogar auch auf der Unterseite des Blattes
Flutendes Mannagras (*glycéria flúitans*)
(Blatthäutchen sehr lang und dreieckig spitz auslaufend, Ausläufergras)
Es fragt sich sehr, ob man das flutende Mannagras nicht besser bei den Riefengräsern behandelt.

VI. Die übrigen Gräser mit Schienenblättern (die eigentlichen Rispengräser, die **Poa**-Arten)

1. Blattspreite lineal, Blattränder parallellaufend, mit kappenförmiger Spitze

a) Blattspreiten unterseits meist glänzend
Blatthäutchen an jungen Exemplaren sehr kurz, nur ein Saum
Wiesenrispe (*póa praténsis*)
(mit unterirdischen Ausläufern)

b) Blattspreite unterseits nicht glänzend

aa) mit kurzem, aber deutlichem Blatthäutchen, das länger als das der Wiesenrispe ist
Platthalmrispe (*póa compréssa*)
(mit unterirdischen Ausläufern)

bb) mit langem weißem Blatthäutchen
Jährige Rispe (*póa ánnua*)
(Horstgras)

Die jährige Rispe kann eventuell mit dem Knaulgras verwechselt werden aber nur dann, wenn man die zweirinnige Schiene für eine Mittelrinne hält.

2. Blattspreite spitz zulaufend

a) Blattspreite unterseits immer sehr stark glänzend
Blatthäutchen zungenförmig, an jungen Exemplaren sehr kurz
Gemeine Rispe (*póa triviális*)
(mit oberirdischen Ausläufern)

b) Blattspreite unterseits nicht glänzend

aa) Blatthäutchen groß, zungenförmig
Sumpfrispe (*póa palústris*)
(Horstgras)

bb) Blatthäutchen ganz kurz
Hainrispe (*póa nemorális*)
(Horstgras)

Außer diesen häufiger und allgemeiner vorkommenden Rispengräsern gibt es noch einige nur örtlich häufigere Arten, die deshalb nicht in das allgemeine System aufgenommen worden sind, sondern hier entsprechend ihrer geringeren örtlichen Bedeutung nur anhangsweise erwähnt werden sollen. Ein Waldgras der höheren Mittelgebirge, die *poa chaixii* bzw. *poa sudética* ist durch die messerdünnen Blattscheiden, die sich plötzlich in sehr breite Blattspreiten erweitern, ohne weiteres kenntlich. Die auf hochgelegenen Alp-Wiesen und -Weiden außerordentlich geschätzte *poa alpina* hat zwiebelig verdickte Triebe und unterscheidet sich von der minderwertigen *poa bulbosa* durch die breiten Blätter.

Schienenblätter hat schließlich noch das Quellgras (*catabrôsa aquática*). Es besitzt ein Blatt, das in der Form Ähnlichkeit hat mit der Wiesenrispe, ist aber durch das lange Blatthäutchen leicht zu unterscheiden und auch schon durch seinen Standort im Wasser gekennzeichnet.

Sechste Gruppe:

Die Gräser mit Zwenkenblättern

(Mit Blattspreiten, die nicht nur nach der Spitze zu, sondern auch nach dem Grunde zu auffällig schmäler werden)

I. Blätter in der Knospenlage gefaltet

Blaue Schmiele (*koeléria gláuca*)
Blätter kahl bzw. ganz kurz behaart
Blätter blaugrün, starr, schmal

Kammschmiele (*koeléria cristáta*)
Blätter bewimpert
Blätter graugrün, breiter

II. Blätter in der Knospenlage gerollt

1. Blätter unbehaart

Flattergras (*mílium effúsum*)
Blatthäutchen mittelgroß, Blätter unterseits stark gekielt, Horstgras

2. Blätter behaart

a) Blätter mit Öhrchen

Rauhe Trespe (*brómus ásper*)

b) Blätter ohne Öhrchen

Fiederzwenke (*brachypódium pinnatum*)
Blattspreite bewimpert, Ausläufergras

Waldzwenke (*brachypódium silváticum*)
Blattspreite nicht bewimpert, Horstgras

Siebente Gruppe:

Die Gräser mit Bromusblättern

(mit auffällig geschlossener Blattscheide)

I. Blätter mit Öhrchen

Rauhe Trespe (*brómus ásper*)
Wegen seiner ausgesprochenen Zwenkenblätter auch dort berücksichtigt.

II. Blätter ohne Öhrchen

1. Blattspreite und Blattscheide gewöhnlich unbehaart

Wehrlose Trespe (*brómus inérmis*)
(Ausläufergras)
Blatthäutchen kurz aber deutlich. Blattscheide bisweilen kurz rauhhaarig

2. Blattspreite und Blattscheide behaart

a) Blatthäutchen sehr lang und zerschlitzt

Taube Trespe (*brómus stérilis*)
(Horstgras)
Blattspreite und Blattscheide behaart

b) Blatthäutchen mittelgroß, fein eingekerbt

Ackertrespe (*brómus arvénsis*)

(Horstgras) Blattspreite und Blattscheide zottig behaart

c) Blatthäutchen deutlich, nicht ganz mittelgroß, etwas in eine Spitze emporgezogen

Weiche Trespe (*brómus móllis*)

(Horstgras) Blattspreite und Blattscheide weich behaart

d) Blatthäutchen kurz, rund, fein gezähnelt

Dachtrespe (*brómus tectórum*)

(Horstgras) Blattspreite und Blattscheide kurz behaart

Achte Gruppe:

Die Gräser mit Riefenblättern

I. Jüngstes Blatt gefaltet

1. Blätter ohne Öhrchen

a) Blattspreiten oberseits und unterseits gerieft. Blatthäutchen lang, weißhäutig

Flutendes Mannagras (*glycéria flúitans*)

(Ausläufergras)

Dieses Gras wurde bereits bei den Gräsern mit Schienenblättern erwähnt, da die beiden mittelsten Rinnen um die Mittelriefe besonders stark ausgeprägt sind.

b) Blattspreite nur oberseits gerieft. Blatthäutchen kurz

aa) Blätter blaubereift, nach dem Grunde zu sich verschmälernd

Blaue Schmiele (*koeléria glaúca*)

(Horstgras) Halm am Grunde zwiebelartig verdickt

bb) Blätter normal geformt und gefärbt

Rotschwingel (*festúca rúbra*)

(Ausläufergras)

Zu dieser Gruppe würde auch die Rasenschmiele (*aíra caespitósa*) gehören, die bereits bei den leicht kenntlichen Gräsern abgehandelt wurde. Namentlich im jugendlichen Zustande, wenn die Wuchsform noch nicht so sichtbar ist, wird sie auch sehr leicht mit dem Rotschwingel verwechselt, unterscheidet sich aber sehr deutlich durch das lange derbe, meist zerschlitzte Blatthäutchen.

2. Blätter mit Öhrchen

a) Blattspreitenränder weitgehend parallel
Blattspreite unterseits stark glänzend
Blattscheide meist rötlich angelaufen
Blatthäutchen ein regelmäßiger Saum

Deutsches Weidelgras (*lólium perénne*)

(Horstgras)

b) Blattspreitenränder spitz zulaufend
Blattspreite unterseits nicht glänzend
Blattscheide nie rötlich angelaufen
Blatthäutchen kein regelmäßiger Saum, sondern vorn an beiden Seiten lappig emporgezogen

Kammgras (*cynosúrus cristátus*)
(Horstgras)

Manchmal sind die Öhrchen kümmerlich entwickelt. Vom Rotschwingel unterscheidet es sich dann aber immer durch seinen horstigen Wuchs, die Blatthäutchenlappen und durch den unverkennbaren sperrigen Wuchs

II. Jüngstes Blatt gerollt

1. Blätter mit Öhrchen

a) Blatthäutchen länger als der Blattgrund
Blattscheiden fast immer rötlich angelaufen

Welsches Weidelgras (*lólium itálicum*)
(Horstgras)

b) Blatthäutchen kürzer als der Blattgrund
Blattscheiden nie rötlich angelaufen

Die verschiedenen Schwingelgräser, abgesehen vom Schafschwingel, der zu den horstigen Borstgräsern gehört und abgesehen vom Rotschwingel, dessen jüngstes Blatt gefaltet ist und der auch keine Blattöhrchen besitzt.

aa) Blattspreite unterseits speckig glänzend
Riesenschwingel (*festúca gigánthea*)
(Horstgras) Blätter sehr breit

bb) Blattgrund behaart, Blattrand gezähnt
Rohrschwingel (*festúca arundinácea*)
(Horstgras) Blätter ziemlich breit

cc) Blätter weder unterseits glänzend, noch mit gezähntem Blattrand und behaartem Blattgrund
Wiesenschwingel (*festúca praténsis*)
(Horstgras) Blätter nicht besonders breit

Zu diesen Gräsern mit ausgeprägten Riefenblättern, deren jüngstes Blatt gerollt ist und die ein Blattöhrchen besitzen und deren Blatthäutchen kürzer ist als der Blattgrund, gehört außer den Schwingelgräsern noch die Strandgerste, die zur Befestigung der Dünen dient. Sie ist durch die blaue Bereifung unterschieden.

dd) Strandgerste (*élymus arenárius*)
(mit unterirdischen Ausläufern)

2. Blätter ohne Öhrchen

Zu diesen Gräsern mit ausgeprägten Riefenblättern, deren jüngstes Blatt gerollt ist, die aber ohne Blattöhrchen sind, gehören im wesentlichen die Straußgräser (*agróstis*-Arten) und die Fuchsschwanzgräser (*álopecúrus*-Arten). Man könnte dieses geriefte Blatt ohne Blattöhrchen praktisch als Fuchsschwanz- oder Straußgrasblatt bezeichnen. Die Unterscheidung der einzelnen Fuchsschwanz-Arten und Straußgräser ist nicht sehr schwierig, besonders wenn man berücksichtigt, daß der Ackerfuchsschwanz nur auf Äckern vorkommt, also mit den anderen Fuchsschwanz-Arten, die auf dem Grünlande heimisch sind, gar nicht verwechselt werden kann.

a) Die Straußgräser (*agrostis*-Arten)

aa) Weißstraußgras (*agróstis álba*)
(mit Ausläufern)
Langes dreieckig zugespitztes Blatthäutchen

bb) Rotstraußgras (*agróstis vulgáris*)
(Ausläufergras)
Kurz gestutztes gerade abgeschnittenes Blatthäutchen

cc) Windhalm (*agróstis spíca vénti*)
(Horstgras). Großes, tief ausgefranstes Blatthäutchen

dd) Hundsstraußgras (*agróstis canína*)
(Horstiges Borstgras, siehe da)
Blatthäutchen länglich dreieckig

b) Die Fuchsschwanz-Arten (*alopecúrus*-Arten)

aa) Wiesenfuchsschwanz (*alopecúrus praténsis*)
(Horstgras)
Blatthäutchen kurz gerade abgeschnitten, derb, grünlich

bb) Geknieter Fuchsschwanz (*alopecúrus geniculátus*)
Goldgelber Fuchsschwanz (*alopecúrus fúlvus*)
Blatthäutchen groß, weiß, spitz dreieckig auslaufend, Horstgräser. Zum Unterschiede vom weißen Straußgras außerdem gekniet bogenförmig aufsteigend. Ferner Riefen besonders scharf.

cc) Ackerfuchsschwanz (*alopecúrus agréstis*)
(Horstgras). Durch den Standort (Ackerunkraut) schon genügend gekennzeichnet. Blatthäutchen nicht spitz auslaufend, sondern rundbogig, ferner gezähnelt.

Zu diesen Gräsern mit ausgeprägten Riefenblättern ohne Öhrchen, deren jüngstes Blatt gerollt ist, gehört schließlich noch der zur Befestigung von Dünen dienende Sandhafer (*ammóphila arenária*). Er ist durch seine weißlich-graue Farbe, durch die steifen, etwas eingerollten Blätter und durch die sehr langen Blatthäutchenhälften hinreichend gekennzeichnet.

c) Strandhafer (*ammóphila arenária*)
(mit langen Ausläufern)

Neunte Gruppe:

Die Gräser mit glatten, d. h. ungeriefte Blättern

(Riefen jedenfalls nicht deutlich, nicht ausgeprägt, viel breiter als hoch)

I. Blätter behaart.

An sich gehören eine ganze Reihe von Gräsern hierher. Aber sie wurden größtenteils bereits berücksichtigt, so vor allem bei den Gräsern mit Bromusblättern in der siebenten Gruppe, bei den Gräsern mit Zwenkenblättern in der sechsten Gruppe und bei den leicht kenntlichen Gräsern in der ersten Gruppe. Hier bleibt nur ein einziges Gras zu erwähnen, der landwirtschaftlich hochwertige Glatthafer (*avéna elátior*). Die Behaarung ist meistens nur schwach und nur auf der Oberseite der Blattspreite vorhanden; manchmal fehlt sie hier sogar. Eine Verwechslung mit Timothe ist dann nicht ausgeschlossen. Zum Unterschiede von Timothe ist aber der Glatthafer viel stärker gekielt; vor allen Dingen ist das Blatthäutchen nicht regelmäßig gezähnelt, sondern stark gefranst und auf der Rückseite mit dünnen Haaren besetzt, so daß es in der Durchsicht punktiert erscheint

II. Blätter unbehaart

1. Fast ohne Blatthäutchen

 Zittergras (*bríza média*)
 Blattscheide geschlossen, Blattspreite am Rande aufwärts rauh, kaum gekielte Blätter

2. Mit ausgeprägtem Blatthäutchen

 a) Blatthäutchen groß, weiß, dreieckig auslaufend
 Rohrglanzgras (*phálaris arundinácea*)
 Blattspreite und -scheide mit Querverbindungen zwischen den Gefäßbündeln

 b) Blatthäutchen groß, weiß, gezähnelt, mit zwei Eckzähnen
 Timothe, Wiesenlieschgras (*phléum praténse*)

 c) Blatthäutchen derb
 Sandrohr (*calamagróstis epigeíos*)
 Blattspreitenränder sehr rauh

Die meisten bei uns vorkommenden Gräser sind nunmehr in das Bestimmungssystem eingereiht. Wer dieses System ernsthaft studiert, wird auch gelegentlich auftretende seltenere Arten selbst der entsprechenden Gruppe zuteilen können.

Rückblickend ist diese von mir erstmalig im Jahre 1936 veröffentlichte und seitdem sich allgemeiner durchsetzende, jetzt noch verbesserte oder eigentlich erst konsequent zu Ende geführte Bestimmung nach Gruppen verblüffend einfach. Man hat nur vorzuentscheiden, ob es sich um ein leicht kenntliches Gras handelt und dann hauptsächlich nach der Ausbildung der Blattspreiten die Gruppe zu bestimmen. Diese leicht zu bestimmenden Gruppen vereinigen zudem meist verwandte Arten, so daß auch das Behalten jetzt leicht ist. In der Tat führt nur das Bestimmen nach Gruppen zum Bestimmen aus dem Kopf. Jetzt erst kann die Gräserkenntnis Allgemeingut der Landwirte werden.

II. Vorbemerkungen über die Blütenstände und Blüten der Gräser und Schlüssel zum Bestimmen der Gräser nach den Blütenständen und Blütenmerkmalen

A. Vorbemerkungen über die Blütenstände und Blüten der Gräser

Die Bestimmung der Gräser im Blütenzustande ist sehr einfach und kann hier entsprechend kurz abgehandelt werden.

Als oberstes Einteilungsprinzip gilt hier mit Recht die Anordnung der Blüten oder richtiger der Ährchen (Erklärung Seite 24) in bestimmten Blütenständen. Ob man es bei irgendeinem Grase mit einem rispigen Blütenstande zu tun hat oder mit einem ährigen usw., das ist die erste Frage, die man zu beantworten hat, wenn man Gräser im Blütenzustande bestimmen will. Das weiß jeder Laie. Nicht so bekannt ist aber, daß man schon durch die bloße Betrachtung der Blütenstände zu sehr weitgehenden Unterscheidungen kommen kann. Diese Erkenntnis verdanken wir Hollrung (vergleiche Hollrung: „Die Erkennung der Feld-, Wiesen- und Weidengräser unter Berücksichtigung ihrer Blütenstände. Zum Gebrauch für berufstätige Landwirte bearbeitet", Pflanzenbau 1929), dem wir hier folgen. Namentlich auf Grund der Hollrungschen Untersuchungen können wir die auf den folgenden Seiten dargestellten Blütenstandstypen unterscheiden. Wichtig dabei ist vor allem die Aufteilung des rispigen Blütenstandes in zwei oder drei Typen, in die Gräser mit echten Rispen und die Gräser mit einfacher oder doppelter Traube.

Ein weiteres von Hollrung eingeführtes bzw. von Hollrung erst voll eingeführtes, leicht kenntliches Blütenstandsmerkmal ist die Zahl der Abästungen auf den unteren Stufen. Entscheidend ist dafür meist nicht die unterste, oft etwas verkümmerte Stufe, sondern die vorletzte, vollausgebildete. Die Einästigkeit des Knaulgrases, die Zweiästigkeit des Rohrglanzgrases, die Fünfästigkeit der Wiesenrispe, die Sieben- und Mehrästigkeit des weißen Straußgrases sind nur einige wenige beliebig herausgegriffene Beispiele. Immer wieder, fast bei jeder Gruppe kann man von diesem einfachen Unterscheidungsmerkmal Gebrauch machen. Am allerwichtigsten ist dieses Merkmal aber wohl bei der Unterscheidung der Schwingel- und Trespen-Gräser. Bisher benutzte man dazu Merkmale, die außerordentlich schwer oder überhaupt nicht festzustellen waren. Ob die Grannen von der Spelzenspitze ausgehen (Schwingel-Arten) oder etwas unterhalb der Spitze entspringen (Trespen-Arten), ist oft kaum zu entscheiden. Ganz unmöglich ist es aber zu erkennen, ob die Narbenäste aus der Spitze des Fruchtknotens hervorgehen (Schwingel-Arten) oder unterhalb der Spitze inseriert sind (Trespen-Arten). Das waren aber nach dem bisher am meisten gebräuchlichen und auch besten Bestimmungsbuch von Strecker die beiden Hauptunterscheidungsmerkmale. Wie einfach sind dagegen die Blütenstandsmerkmale, auf die Hollrung aufmerksam

Die Blütenstandstypen (nach Hollrung)

Die ährigen Blütenstände (Ährchen ungestielt)

Geschlossene Ähre (die Ährchen verdecken die Blütenstandsachse vollständig)

Unterbrochene Ähre (die Ährchen verdecken die Blütenstandsachse nur teilweise)

Die traubigen Blütenstände (Ährchen gestielt)

Einfache Traube (die Blütenstandsachse hat Seitenäste, die sich ihrerseits nicht verzweigen) Also nur Seitenäste 1. Ordnung

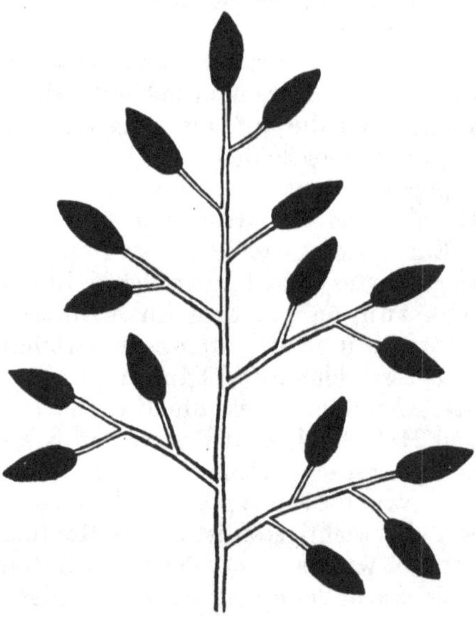

Doppelte Traube (die Blütenstandsachse hat Seitenäste mit einfachen Nebenästen) Also nur Seitenäste 1. und 2. Ordnung

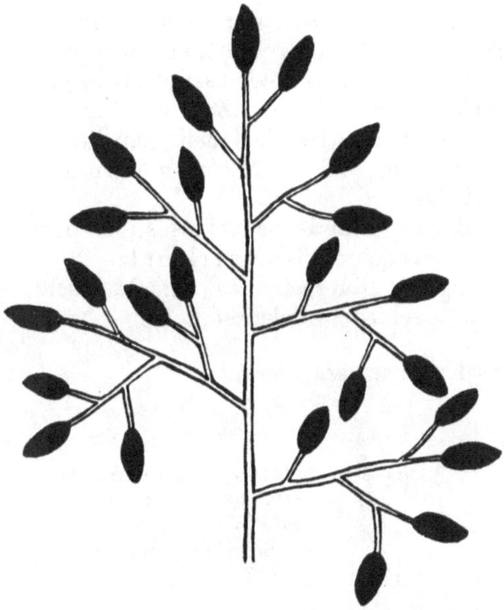

Die echte Rispe
(die Blütenstandsachse hat Seitenäste mit verzweigten Nebenästen)
Also Seitenäste
1., 2. und 3. Ordnung

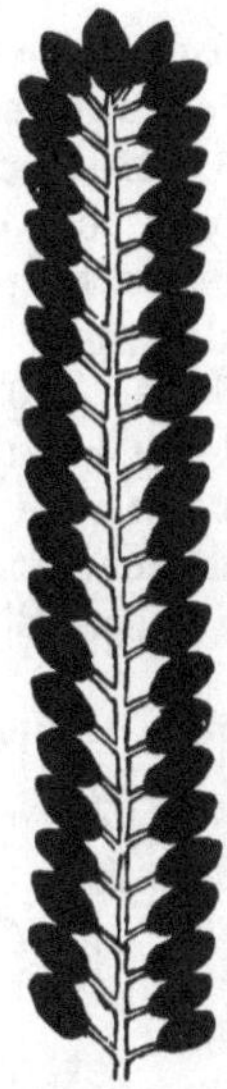

Scheinähre traubiger Herkunft (traubig gestielte Ährchen)

Scheinähren (Ährchen nur scheinbar ungestielt)

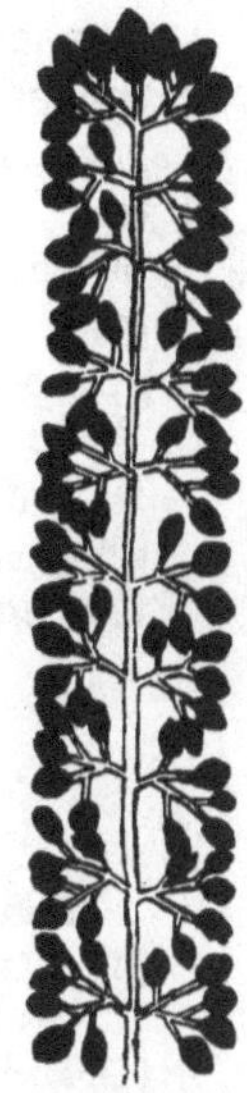

Scheinähre rispiger Herkunft (rispig gestielte Ährchen)

Echte Fingerähre
(mehrere Ähren in fingerartiger Anordnung)

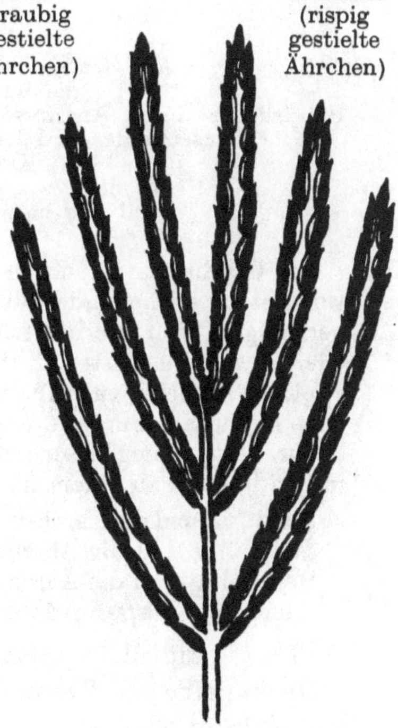

Unechte Fingerähre
(mehrere Ähren in traubiger Anordnung)

gemacht hat. Die Trespen-Gräser sind mit Ausnahme der Rauhen Trespe immer vielästig auf den unteren Stufen, die Schwingel-Gräser haben dagegen höchstens zwei Abästungen. Außerdem unterscheiden sich Schwingel- und Trespen-Gräser auch sehr einfach dadurch, daß die Zahl der Einzelährchen an der Blütenstandsspitze verschieden ist. Bei den Schwingelgräsern sind es vier oder mehr Einzelährchen, bei den Trespengräsern dagegen weniger als vier (s. Abb. S. 22, 23).

Zur Bestimmung der Gräser im Blütenzustande bedarf es außer der Blütenstandsunterschiede noch gewisser Blütenmerkmale. Wir können allerdings nach der Vermehrung der Blütenstandsmerkmale durch Hollrung auf die kniffligen Blütenunterschiede verzichten.

Grasblüte (schematisch, stark vergrößert)

Das äußere derbere, größere Blütendeckblatt
Deckspelze genannt
(Granne, wenn vorhanden, an dieser Deckspelze)

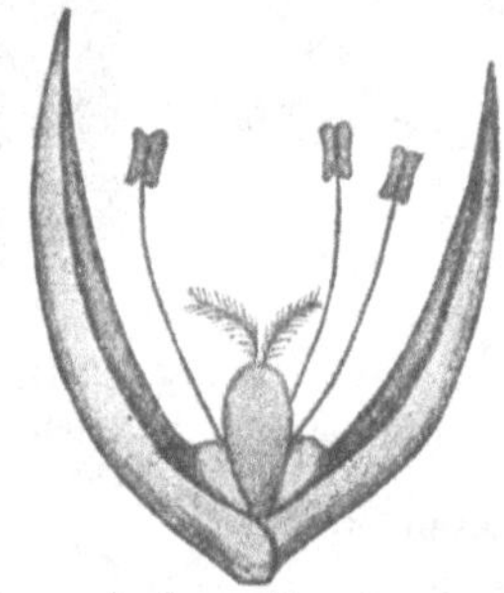

Das innere dünnere, kleinere, häutigere Blütendeckblatt
Vorspelze genannt

Am Grunde zwischen Deck- und Vorspelze
die beiden Schwellkörper
Sie drücken durch Anschwellen zur Blütezeit die Deck- und Vorspelze
auseinander und legen so die eigentliche Blüte frei:
Den Fruchtknoten
mit den zwei meist fiedrigen Narben darauf
und den meist drei Staubblättern darum

Die Grasblüten mit ihren Deck- und Vorspelzen sind nun nicht ohne weiteres als solche an der Blütenstandsachse mit oder ohne einfachen oder verzweigten Stiel inseriert, sondern sie sind zunächst einzeln oder zu zweien oder zu noch mehreren durch zwei Hüllblätter, durch die sog. Hüllspelzen zunächst zu Ährchen zusammengefaßt, die dann erst mit oder ohne einfachen oder verzweigten Stiel an der Blütenstandsachse sitzen.

Zur Bestimmung besonders wichtig ist nun, ob ein, zwei oder noch mehr Blüten zu einem Ährchen zusammengefaßt sind (Abb. S. 25).

Einblütig sind die Ährchen u. a. bei den Straußgräsern (*agróstis*-Arten).
Zweiblütig sind die Ährchen u. a. bei den Schmielen (*aíra*-Arten).
Mehrblütig sind die Ährchen u. a. bei den Hafergräsern (*avéna*-Arten) und den Rispengräsern (*póa*-Arten).

Über die Einzelheiten siehe den Schlüssel.

Deckspelze und Vorspelze verwachsen gewöhnlich bei der Reife mit dem Fruchtknoten zu einer **Scheinfrucht**, zu der sogenannten **Caryopse** der Gräser. Die Hüllspelzen bleiben dagegen nur in sehr seltenen Fällen, zumeist bei Gräsern mit einer oder doch mit wenigen Blüten im Ährchen zum Teil mit der Frucht verwachsen. Sehr selten haben wir es auch bei

Einblütiges Ährchen
(schematisch, stark vergrößert)

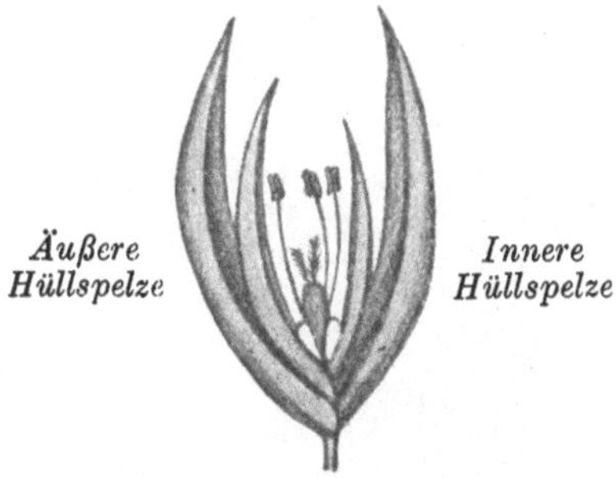

Die beiden Hüllspelzen, die äußere und die innere, umschließen eine Grasblüte

Mehrblütiges Ährchen
(schematisch, stark vergrößert)

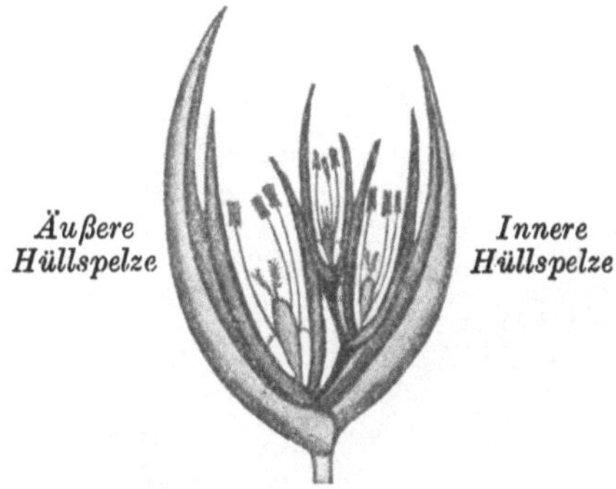

Die beiden Hüllspelzen, die äußere und die innere, umschließen drei Grasblüten

den Grasfrüchten mit einer nackten Frucht zu tun, bei der also nicht nur wie gewöhnlich die Hüllspelzen, sondern auch die Deck- und Vorspelze fehlen. Nackte oder reine Frucht ist ja botanisch bekanntlich das, was aus dem Fruchtknoten hervorgeht, während Scheinfrüchte solche Früchte sind, die außerdem noch andere Bestandteile enthalten, wie hier bei der Caryopse der Gräser noch Deckspelze und Vorspelze.

Die gewöhnliche Grasfrucht, also die Deckspelze und Vorspelze mitenthaltende Caryopse, trägt natürlich bei den begrannten Gräsern, da die Granne ja immer an der Deckspelze sitzt, eine Granne. Außerdem hat diese Caryopse, diese Grasscheinfrucht, bei den Gräsern mit mehrblütigen Ährchen meistens noch ein sogenanntes Stielchen, das bei der Unterscheidung der verschiedenen Arten sehr dienlich ist. Dieses Stielchen ist das Stück der Blütenstandsachse bis zur nächst höheren Blüte im Ährchen.

Außer der Blütenzahl der Ährchen interessiert bei den Blütenmerkmalen vor allem die Begrannung der Blüten, also der Deckspelze: ob Grannen überhaupt vorhanden sind oder nicht, wie groß die Grannen sind und vor allem, von wo die Grannen ihren Anfang nehmen, ob vom Grunde der Deckspelze oder von der Mitte der Deckspelze oder von der Spitze der Deckspelze oder von dem Rücken, etwas unter der Spitze der Deckspelze. Je nachdem unterscheidet man Grundgrannen, gewöhnliche Rückengrannen, Spitzengrannen und etwas unter der Spitze angesetzte Rückengrannen. Da der Ansatzpunkt der Granne bei den Früchten am deutlichsten ist, seien hier vier Grasfrüchte mit typisch verschiedenem Grannenansatz nebeneinandergestellt (Abb. S. 26).

Grundgrannen haben Draht- und Rasenschmiele (*aíra flexuósa* und *aíra caespitósa*), ferner Wolliges und Weiches Honiggras (*hólcus lanátus* und *hólcus móllis*) und schließlich die Ruchgräser (*anthoxánthum odorátum* und *anthoxánthum puélii*).

Rückengrannen haben die Hafergräser (*avéna*-Arten).

Hoch, etwas unter der Spitze angesetzte Rückengrannen haben die Trespengräser (*brómus*-Arten) und der Windhalm.

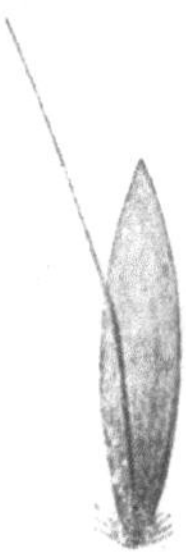

Drahtschmiele *(aíra flexuósa)* mit Grundgranne

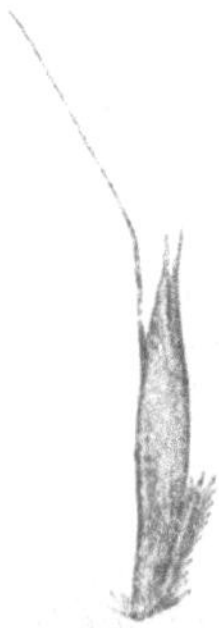

Goldhafer *(avéna flavéscens)* mit gewöhnlicher Rückengranne

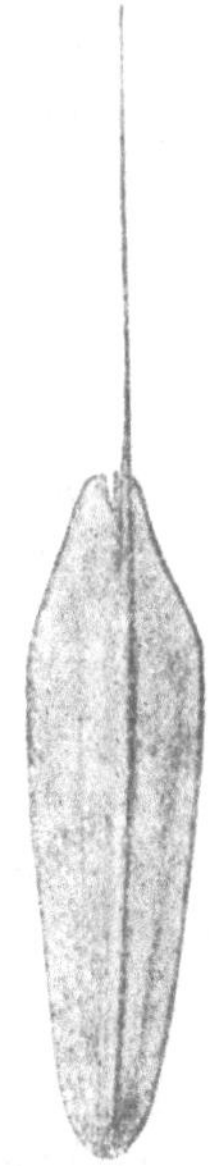

Weiche Trespe *(brómus móllis)* mit hoch, etwas unter der Spitze angesetzter Rückengranne

Rotschwingel *(festúca rúbra)* mit Spitzengranne

Spitzengrannen sind das gewöhnliche. Typisch vor allem auch für die Schwingelgräser (*festúca*-Arten).

Außer der Blütenzahl der Ährchen und der Begrannung der Deckspelze spielen bei der Bestimmung der Gräser im Blütenzustande noch viele Einzelmerkmale eine Rolle, so die Größe der Ährchen u. a. m. Aber auch die schon behandelten Blattmerkmale werden, wie bereits betont, soweit sie sehr leicht kenntlich sind, zweckmäßigerweise herangezogen.

B. Schlüssel zum Bestimmen der Gräser nach den Blütenständen und nach den Blütenmerkmalen

Erste Gruppe:

Blütenstand eine geschlossene echte Ähre

In diese Gruppe gehören nur Mäusegerste (*hórdeum murínum*) und Roggengerste (*hórdeum secalínum*), deren Blütenstände allerdings auch keine reinen echten Ähren sind, sondern ein Gemisch von echter Ähre und Scheinähre; denn von den drei Ährchen, die an einer Spindelansatzstelle sitzen, sind das mittlere ungestielt (echte Ähre) und die beiden seitlichen gestielt (Scheinähre).

I. Alle drei Hüllspelzenpaare borstenförmig ausgebildet

Roggengerste (*hórdeum secalínum*)
Grannen nicht länger als die Deckspelze

II. Nur die beiden seitlichen Hüllspelzenpaare borstenförmig, das mittlere aus breitem bewimpertem Grunde in eine Granne auslaufend

Mäusegerste (*hórdeum murínum*)
Grannen viel länger als die Deckspelze.

Zweite Gruppe:

Blütenstand eine unterbrochene echte Ähre

Hierzu gehören die Weidelgräser, die Queckengräser und der Bocksbart.

I. Ähre mit einseitswendig angeordneten Ährchen

Bocksbart (*nárdus strícta*)
Ährchen ohne Hüllspelzen. Deckspelze mit kurzer Spitzengranne. Brettartiger Horst.

II. Ähre nicht mit einseitswendigen, sondern mit zweizeilig angeordneten wechselständigen Ährchen:

1. Ährchen mit der Breitseite der Blütenstandsachse anliegend (alle Ährchen deshalb auch, wie normal, mit zwei Hüllspelzen)

a) Hüllspelzen und Deckspelzen unbegrannt

Echte Quecke (*tríticum répens*)
mit langen unterirdischen Ausläufern

b) Hüllspelzen und Deckspelzen begrannt

aa) Alle Grannen kurz, steifborstig

Eine Abart der echten Quecke (*tríticum aristátum*)

Quecken und Weidelgräser

bb) Nur die Hüllspelzen mit kurzer Granne, die Deckspelzen dagegen mit sehr langer zarter Granne

Hundsquecke (*tríticum canínum*)
ohne Wurzelausläufer, horstiges Waldgras.

2. Ährchen mit der Schmalseite der Blütenstandsachse anliegend (Ährchen bis auf das freistehende Spitzenährchen mit nur einer äußeren Hüllspelze)

a) Blüten unbegrannt

Deutsches Weidelgras (*lólium perénne*)
Hüllspelze so lang wie die ihr anliegende Deckspelze (mit Wurzelblättern)

b) Blüten begrannt

aa) Deckspelze grannenspitzig oder nur ganz kurzbegrannt. Hüllspelzen fast so lang wie das ganze Ährchen

Ackerlolch, Leinlolch (*lólium arvénse* oder *remótum*)
(Ackerunkraut, ohne Wurzelblätter)

bb) Deckspelze mit kurzer Spitzengranne. Hüllspelze höchstens so lang wie die ihr anliegende Deckspelze

Welsches Weidelgras (*lólium itálicum*)
(mit Wurzelblättern)

cc) Deckspelze mit sehr langer Spitzengranne. Hüllspelzen länger als das ganze Ährchen

Taumellolch (*lólium temuléntum*)
(Ackerunkraut, ohne Wurzelblätter)

Man könnte versucht sein, auch die beiden Zwenken (*brachypódium*-Arten) in diese Gruppe einzubeziehen. Aber die Ährchen sind, wenn auch nur wenig, so doch deutlich gestielt, so daß wir es hier mit traubigen Blütenständen zu tun haben. Auch die Strandgerste (*élymus arenárius*) wurde bisher fast immer zu den echtährigen Gräsern gerechnet. Die Ährchen sind hier noch deutlicher gestielt, und wir reihen sie deshalb unter die Scheinährigen ein.

Dritte Gruppe:

Blütenstand eine Scheinähre traubiger oder rispiger Herkunft

Hierher gehören Kopfgras, Kammgras, Wimperperlgras, grüne und gelbe Hirse, die Kammschmielen, Strandgerste, Strandhafer, die Ruchgräser, die Fuchsschwanzgräser und die Lieschgräser.

A. Scheinähre sehr kurz, kopfig, blau überlaufen.

Kopfgras (*sesléria coerúlea*)
Das früheste Gras der deutschen Flora. Blüht bereits im März.
Ährchen mehrblütig.

B. Scheinähren nicht kopfig, wirklich wie Ähren.

I. Scheinähre einseitswendig. Unter jedem Ährchen ein kammartiges Deckblatt

Kammgras (*cynosúrus cristátus*)
Ährchen mehrblütig, Scheinähre traubiger Herkunft

II. Scheinähre normal mehrseitswendig

1. Ährchen mit grannenartigen Borsten umgeben oder borstig behaart

a) Ährchen mit grannenartigen Borsten umgeben

aa) Borsten grün

Grüne Hirse (*pánicum víride*)
Scheinähre rispiger Herkunft, an beiden Enden stark verjüngt. Der ganze Blütenstand klumpig, nicht ebenmäßig, Ährchen einblütig

bb) Borsten gelb

Gelbe Hirse (*pánicum glaúcum*)
Scheinähre traubiger Herkunft, der Blütenstand vollkommen walzlich, Ährchen einblütig

b) Ährchen borstig behaart

Wimperperlgras (*mélica ciliáta*)

Ährchen zweiblütig, eine fruchtbar, eine unfruchtbar. Die Deckspelze der fruchtbaren Blüte ist dicht seidenhaarig. Die Haare spreizen nach dem Abblühen aus dem Ährchen, so daß der ganze Blütenstand wie eine walzige seidenhaarige Bürste aussieht.

2. Ährchen weder mit grannenartigen Borsten noch borstig behaart, Begrannung allerdings oft vorhanden

a) Ährchen mehrblütig

aa) Drei Ährchen an einer Spindelansatzstelle, wie bei der echten Gerste, wo allerdings die Ährchen einblütig und nicht mehrblütig sind wie hier

Strandgerste (*élymus arenárius*)

bb) Ein Ährchen an einer Ansatzstelle

αα) Hüllspelzen glänzend und kurz bewimpert, wie auch die Blätter

Kammschmiele (*koeléria cristáta*)

Scheinähre nicht dicht geschlossen, sondern locker. Während der Blüte spreizen die kurzen Seitenäste ab, daß der Blütenstand die Tracht einer Rispe annimmt

ββ) Hüllspelzen glänzend, aber nicht bewimpert, sondern kahl wie die ganze Pflanze

Blaue Kammschmiele (*koeléria glaúca*)

b) Ährchen einblütig

aa) Ährchen ohne Granne. Deckspelze und Hüllspelze auch nicht grannenspitzig

Strandhafer (*ammóphila arenária*)

Hüllspelzen umhüllen das ganze Ährchen, wie auch bei den echten Hafergräsern, Scheinähre rispiger Herkunft

bb) Ährchen ohne Granne, Hüllspelzen aber grannenspitzig und zusammengewachsen, sozusagen einen Stiefelknecht bildend

Lieschgräser

Lieschgräser (*phléum*-Arten)

αα) Scheinähre traubiger Herkunft (besonders sichtbar beim Biegen über den Finger)

Wiesenlieschgras (*phléum praténse*)

ββ) Scheinähre rispiger Herkunft (besonders sichtbar beim Biegen über den Finger)

Böhmers Lieschgras (*phléum boehméri*)

cc) Ährchen mit Granne

αα) Jedes Ährchen mit zwei Grannen (einer längeren und einer kürzeren)

Ruchgras (*anthoxánthum*)

Wiesenruchgras (*anthoxánthum odorátum*)
Die längere Granne kurz über der Spelze gekniet

Ackerruchgras (*anthoxánthum puélii*)
Die längere Granne hoch über der Spelze gekniet

Fuchsschwanzgräser *ββ*) Jedes Ährchen mit einer Granne

Fuchsschwanzgräser

Roter Fuchsschwanz (*alopecúrus fúlvus*)
Deckspelze mit einer sehr kurzen Granne

Geknieter Fuchsschwanz (*alopecúrus geniculátus*)
Deckspelze mit langer Granne
Scheinähre traubiger Herkunft, klein, kurz
Stengel niederliegend, gekniet
Hüllspelzen kurz bewimpert, nur am Grunde verwachsen

Wiesenfuchsschwanz (*alopecúrus praténsis*)
Deckspelze mit einer langen Granne,
Scheinähre rispiger Herkunft, groß, gleichmäßig dick
Stengel aufrecht
Hüllspelzen bis zur Mitte verwachsen, langzottig, seidenhaarig

Ackerfuchsschwanz (*alopecúrus agréstis*)
Deckspelze mit langer Granne
Scheinähre traubiger Herkunft, sehr dünn, an beiden Enden zugespitzt, Stengel aufrecht
Hüllspelzen unbehaart, auch fast ohne Wimpern, bis zur Mitte verwachsen.

Vierte Gruppe:

Blütenstand eine einfache Traube

In diese Gruppe gehören eigentlich nur die Zwenken (*brachypódium*-Arten) und außerdem die Weiche Trespe und der Wiesenhafer. Mit einem gewissen Vorbehalt kann man aber auch praktisch den Dreizahn (*sieglíngia decúmbens*) und das nickende Perlgras (*mélica nútans*) hier unterbringen. Wiesenhafer und Weiche Trespe werden wir übrigens bei der Besprechung der Hafergräser und der Trespen nochmal berücksichtigen, weil sie auch als solche durch andere einfache Merkmale leicht kenntlich sind.

A. Blütenstand eine einfache, einästige Traube.

Zwenkengräser (*brachypódium*-Arten)
Die Ährchen sind so kurz gestielt, daß der traubige Blütenstand fast wie eine unterbrochene Ähre wirkt, wie dort bereits betont wurde

I. Deckspelze mit kurzer Spitzengranne, Blütenstand aufrecht

Fiederzwenke (*brachypódium pinnátum*)
Ährchen vielblütig, rundlich

II. Deckspelze mit langer haardünner Spitzengranne. Blütenstand überhängend

Waldzwenke (*brachypódium silváticum*)
Ährchen vielblütig, rundlich

B. Blütenstand eine mehrästige, einfache Traube

I. Blütenstand eine ein- bis zweiästige Traube

Wiesenhafer (*avéna praténsis*)
Ährchen meist vierblütig, jede Blüte mit langer Rückengranne

II. Blütenstand eine ein- bis zwei- bis mehrästige einfache Traube

Weiche Trespe (*brómus móllis*)
Ährchen mehrblütig, jede Blüte mit hoch, etwas unter der Spitze angesetzter Rückengranne
Blattscheide geschlossen

C. Blütenstand nur scheinbar eine einfache Traube, in Wahrheit sind Doppeltrauben vorhanden

I. Ährchen überhängend, nickend, einseitswendig

Nickendes Perlgras (*mélica nútans*)
Ährchen dreiblütig, die oberste taub, wie bei allen *mélica*-Arten

II. Ährchen aufrecht, mehrseitswendig

Niederliegender Dreizahn (*sieglíngia decúmbens*)
Ährchen mehrblütig, die Hüllspelzen schließen die ganze Blüte ein. Deckspelze dreizähnig (Dreizahn!). Nur eine Abästung auf jeder Stufe. Ist ein Ast doppeltraubig, so hat er nur zwei Ährchen.

Fünfte Gruppe:

Blütenstand eine Doppeltraube

Hierher gehören sehr viele wichtige Gräser. So die Hafergräser, die Trespen, die Schwingelgräser, einige Rispen (*póa*-Gräser), die wir allerdings bei den echten Rispengräsern, zu denen ihre Verwandten im allgemeinen gehören, noch einmal bringen werden. Dasselbe gilt für das Flutende Mannagras, das im Gegensatz zu seinen Verwandten kein echtes Rispengras ist, sondern hier seinen eigentlichen Platz hat. Auch dieses soll dort noch einmal zusammen mit seinen Verwandten besprochen werden. Schließlich gehören noch Zittergras und Einblütiges Perlgras hierher.

A. Ährchen mit Grannen

I. Grannen ungewöhnlich lang, etwa 10mal so lang wie die Deckspelze

1. Granne ein einfaches Haar

Haargras (*stípa capilláta*)
Einfache bis doppelte Traube

2. Granne federig behaart

Federgras (*stípa pinnáta*)
Einfache bis doppelte Traube

II. Grannen von normaler Länge

1. Granne vom Rücken der Deckspelze ausgehend (Rückengranne). Hüllspelze so lang wie das ganze Ährchen, hüllt das ganze Ährchen ein

Hafergräser (*avéna*-Arten)
Weil die Hafergräser durch die Rückengranne und durch die lange Hüllspelze so besonders charakterisiert sind, sollen hier alle Hafergräser zusammen abgehandelt werden, also nicht nur die hierhergehörigen Glatthafer, Flaumhafer und Wildhafer, sondern auch der Goldhafer, obwohl er eine echte Rispe hat, und der Wiesenhafer, der bereits bei den Gräsern mit einfacher Traube seinen sicheren Platz gefunden hat.

Hafergräser

a) Ährchen mit einer Granne

Glatthafer (*avena elátior*)
Ährchen an sich zweiblütig, aber die obere männliche Blüte ist ohne Granne

b) Ährchen mit zwei Grannen

Goldhafer (*avéna flavéscens*)
Ährchen zweiblütig, jede Blüte mit einer Granne
Ährchenansatz spindelnah
Blütenstand aber eine echte Rispe

c) Ährchen mit drei purpurroten Grannen

Flaumhafer (*avéna pubéscens*)
Ährchen dreiblütig (behaartes Schienenblatt)

d) Ährchen mit vier Grannen

Wiesenhafer (*avéna praténsis*)
Ährchen vierblütig, Blütenstand eine einfache Traube (zusammengefaltetes Schienenblatt).

Der auf dem Acker vorkommende Wildhafer (*avéna fátua*) ist schon durch den spindelfernen Ährchenansatz, abgesehen von seinem Standort auf dem Acker und seinen eigentümlich bewimperten Blättern leicht kenntlich. Die Ährchen sind an sich dreiblütig, haben auch drei Grannen, zwei davon sind aber nur besonders deutlich.

2. Grannen auch noch vom Rücken, aber doch sehr kurz unter der Spitze der Deckspelze abgehend (hoch, etwas unter der Spitze angesetzte Rückengranne).

Hierher gehören die Trespengräser (*brómus*-Arten) mit Ausnahme der Weichen Trespe, die bereits bei den Gräsern mit einfacher Traube abgehandelt worden ist, aber hier doch noch einmal gebracht werden soll, weil der Ausgangspunkt der Granne für die ganzen Trespen charakteristisch ist. Allerdings hat eine Trespe, nämlich die grannenlose Trespe (*bromus inermis*) keine Grannen, so daß dies an sich so einfache Merkmal hier versagt. Außerdem ist der Ausgangspunkt der Granne auch nicht immer so ohne weiteres festzustellen. Namentlich versagt es manchmal bei dem Vergleich mit den Schwingelgräsern, deren Granne direkt von der Spitze ausgeht. Wir fügen hier deshalb für die Trespengräser noch zwei Merkmale hinzu, die Hollrung gefunden hat und die eine leichte Bestimmung ermöglichen, wenn sie auch in einem nicht wichtigen Sonderfall, auf den wir noch hinweisen werden, versagen. Die Trespen haben im Gegensatz zu den Schwingelgräsern nur bis vier Einzelährchen an der Spitze des Blütenstandes, und außerdem haben sie im Gegensatz zu den Schwingelgräsern mehr als zwei Abästungen auf den unteren Stufen. Nur die Rauhe Trespe (*brómus ásper*) hat wie die Schwingelarten nur zwei Äste. Im übrigen sind die ganzen *brómus*-Arten durch die geschlossenen Blattscheiden noch charakterisiert.

a) Granne fehlt

Grannenlose (Wehrlose) Trespe (*brómus inérmis*)
kenntlich an der geschlossenen Blattscheide, am doppeltraubigen Blütenstand und an der Vielästigkeit der unteren Stufen

b) Granne vorhanden

aa) Blütenstand aufrecht

Trespengräser

Aufrechte Trespe (*brómus eréctus*)
Ährchen mehrblütig, lanzettlich
Granne halb solang wie die Deckspelze
Blattspreiten gewimpert

bb) Blütenstand hängend

αα) Ährchen in der Mitte am breitesten

Ackertrespe (*brómus arvénsis*)
Grannen fast so lang wie die Deckspelze, Ährchenansatz sehr spindelfern. Blütenstand sehr reichästig, nach allen Seiten überhängend

ββ) Ährchen spachtelförmig, an der Spitze am breitesten

Taube Trespe (*brómus stérilis*)
Granne länger als die Deckspelze
Ährchen hängen graziös über

Dachtrespe (*brómus tectórum*)
Granne so lang wie die Deckspelze
Ährchenäste hängen schlaff über
Blütenstand eventuell etwas rispig

Die beiden anderen Trespen, die etwas abweichend gebaut sind, lassen sich ohne weiteres unterscheiden. Die Weiche Trespe (*brómus móllis*) hat einfache Trauben und die Rauhe Trespe (*brómus ásper*) hat höchstens zwei, meist aber nur einen Ast auf der unteren Stufe. Im übrigen ist die Rauhe Trespe an dem in weitem Bogen überhängenden Blütenstand nicht nur unverkennlich, sondern auch an den Blättern (große Blattöhrchen bei geschlossener Blattscheide).

3. Grannen von der Spitze der Deckspelze ausgehend (Spitzengranne) Schwingelgräser (*festúca*-Arten).

Streng gesprochen gehören nicht alle Schwingelgräser ohne weiteres hierher. So hat namentlich der Wiesenschwingel überhaupt keine Grannen, während immerhin der Rohrschwingel doch noch grannenspitzig ist. Wir wollen hier aber trotzdem alle Schwingelarten abhandeln, dann aber ein weiteres von Hollrung gegebenes Merkmal hinzufügen, nämlich die Ästigkeit auf den unteren Stufen. Die Schwingelgräser haben im Gegensatz zu den Trespen nur zwei Abästungen auf den unteren Stufen, außerdem mindestens vier, meist aber mehr Einzelährchen an der Spitze des Blütenstandes.

Die Schwingelgräser (*festúca*-Arten)

a) Deckspelzen ohne Grannen, höchstens stachelspitzig

aa) Der kleinere Ast der untersten Stufe mit nur einem Ährchen, der größere Ast mit höchstens fünf Ährchen

Wiesenschwingel (*festúca praténsis*)
Ährchen mehrblütig
Blattgrund ohne Zähne
Blätter schmal

bb) Der kleinere Ast auf der untersten Stufe mit mindestens drei Ährchen, der längere Ast sehr reichährig

Schwingelgräser

Rohrschwingel (*festúca arúndinácea*)
Ährchen mehrblütig
Blattgrund gezähnt
Blätter breit

b) Deckspelzen mit Grannen

aa) Grannen sehr lang

Riesenschwingel (*festúca gigánthea*)
Ährchen mehrblütig
Blätter unterseits speckglänzend
Blütenstand mit rispigen Bestandteilen

bb) Grannen kurz

αα) Der längere Ast der untersten Stufe halb so lang wie der ganze Blütenstand

Rotschwingel (*festúca rúbra*)

Ährchen mehrblütig, Halmblätter flach. Wurzelblätter auch flach, jedenfalls sehr leicht auseinanderzubreiten, mit mindestens fünf sehr deutlichen Riefen. Die alten Blattscheiden zerfasern bald, erhalten sich nicht lange. Mit mehr oder weniger langen unterirdischen Ausläufern.

ββ) Der untere längere Ast nicht einmal halb, etwa nur ein Drittel so lang wie der ganze Blütenstand

Schafschwingel (*festúca ovína*)

Ährchen mehrblütig. Halmblätter borstig, Wurzelblätter auch borstig, nur sehr schwer auseinanderzufalten

Die alten Blattscheiden zerfasern nicht schnell, sondern sie erhalten sich lange

Ohne Ausläufer, Horstgras

Der verschiedenblättrige Schwingel (*festúca heterophýlla*) hat im Blütenstande Ähnlichkeit mit dem Rotschwingel, aber anstatt ein bis zwei hat er gewöhnlich zwei bis drei Abästungen auf den unteren Stufen. Besonders leicht ist er aber an den Blättern zu unterscheiden. Er hat flache Halmblätter wie der Rotschwingel, aber noch borstigere Wurzelblätter als der Schafschwingel. Zum Unterschiede vom Schafschwingel zerfasern wie beim Rotschwingel die Blattscheiden schnell, und die borstigen Wurzelblätter hängen schopfartig nach einer Seite.

B. Ährchen ohne Grannen

I. Ährchen hängend

Zittergras (*bríza média*)

Ährchen gedrungen, herzförmig, wie bei keinem anderen Gras.

Ährchen mehrblütig

II. Ährchen nicht hängend

Einblütiges Perlgras (*mélica uniflóra*)

Ährchen zweiblütig, allerdings nur eine fruchtbare Blüte, die oberste Blüte ist taub wie bei allen *melica*-Arten.

Ein- bis zweiästige Doppeltraube

Seitenäste nicht mehr als zwei Ährchen tragend

An sich würden auch die Grannenlose Trespe (*brómus inérmis*) und der Wiesenschwingel (*festúca praténsis*), da ja beide grannenlos sind, in diese grannenlose Abteilung B hineingehören. Sie wurden aber bereits bei den Trespen bzw. bei den Schwingelgräsern abgehandelt, so daß es hier mit dieser Erwähnung genug sein mag.

Sechste Gruppe:

Blütenstand eine echte Rispe

Zu dieser Gruppe gehören die Straußgräser, die eigentlichen Rispengräser (*póa*-Arten), die Honiggräser, die Schmielen (Draht- und Rasenschmiele), die Mannagräser und eine Reihe anderer mehr oder weniger wichtiger Gräser wie Rohrglanzgras, Pfeifengras, Schilfrohr, Igelgras, Flattergras und die Reitgräser (*calamagróstis*-Arten). Streng genommen gehören zwar nicht alle eigentlichen Rispengräser (*póa*-Arten) hierher. Einige haben keine echte Rispe, sondern mehr traubige Blütenstände, so die Hainrispe (*póa nemorális*) und die Sumpfrispe (*póa palústris*). Aber die eigentlichen Rispengräser (*póa*-Arten) sollen hier trotzdem alle zusammenfassend abgehandelt werden, weil sie durch ihre kleinen, vielblütigen unbegrannten Ährchen sehr gut charakterisiert sind und man sie auch leicht an den Blättern als zusammengehörig (Schienenblatt) erkennt.

A. Einige Gräser mit echter Rispe, die man schon an den Blättern ohne weiteres erkennt

I. Igelgras (*weingärtnéria canéscens*)
Igeliges Horstgras mit Borstblättern. Borstblatt mit sehr langem, weißem Blatthäutchen. Ährchen zweiblütig, von den Hüllspelzen vollständig eingehüllt. Deckspelze mit Grundgrannen, die an der Spitze keulenförmig verdickt sind (Lupe)

II. Schilfrohr (*phragmítes commúnis*)
Statt eines Blatthäutchens ist ein Kranz von Haaren vorhanden, die, weil sie sehr spröde sind, im Alter meist abbrechen, so daß dann weder Blatthäutchen noch Blatthärchen, sondern nur ein rudimentärer Haarkranz übrig ist. Die Seitenäste der Rispe zweigen nicht regelmäßig, sondern regellos von der Hauptachse ab. Ährchen zahlreich, klein, drei- bis siebenblütig. Nach der Blüte wachsen weiße steife Haare von der Blütenstandsachse aus dem Ährchen heraus

III. Pfeifengras (*molínia coerúlea*)
Statt eines Blatthäutchens ist wie beim Schilfrohr ein Haarkranz vorhanden. Wie dort zweigen auch die Seitenäste der Rispe regellos von der Hauptachse ab. Die Ährchen sind aber nur zweiblütig, auch bei der Reife ohne Haare und liegen der Ährenachse an. Die Halme sind ohne Knoten, die Blätter sind viel schmäler als beim Schilf. Gewöhnlich erreichen sie nur eine Breite von 0,5 cm und nur bei besonderen Abarten 1 cm.

B. Rispengräser mit geknäuelt angeordneten Ährchen

Knaulgras

I. Knaulgras (*dáctylis glomeráta*)
Knäuelung ganz besonders stark. Die Ährchen sind einzeln nicht zu erkennen. Rispe einseitswendig und einästig. Nur in Ausnahmefällen einmal zweiästig. Ährchen drei- bis vierblütig

Rohrglanzgras

II. Rohrglanzgras (*phálaris arundinácea*)
Knäuelung weniger ausgeprägt, aber immerhin noch deutlich. Die Ährchen sind schon einzeln erkennbar. Rispe allseitswendig und zweiästig auf den untersten Stufen. Ährchen einblütig

Sand-rohr

III. S a n d r o h r (*cálamagróstis épigeíos*)
Knäuelung noch deutlich. Die Ährchen sind schon einzeln erkennbar. Rispe allseitswendig und nicht nur zwei-, sondern mehrästig Ährchen einblütig

Sowohl Knaulgras als auch Rohrglanzgras als auch Sandrohr sind im übrigen wie die vorigen Gräser auch an den Blättern schon leicht zu erkennen.

C. Die übrigen Gräser mit echten Rispen

I. Ährchen mit Grannen

1. Ährchen mit Grundgrannen (die Granne geht vom Grunde der Deckspelze aus). Von den Seitenästen des Blütenstandes gehen die Nebenäste immer zu zweien ab. Einzig in der ganzen Flora (typisch für *aira*-Arten)

Honiggräser und Schmielen

(Draht- und Rasenschmiele)

a) Die Grundgranne ragt aus dem Ährchen hervor

Drahtschmiele (*aíra flexuósa*)
Ährchen zweiblütig, Blätter borstig, Wuchsform horstig

b) Die Grundgranne ragt nicht aus dem Ährchen hervor

Rasenschmiele (*aíra caespitósa*)
Ährchen zweiblütig, Blätter stark gerieft, rückwärts rauh, mit weißen durchscheinenden Rillen und langem Blatthäutchen, Wuchsform horstig

2. Ährchen mit Rückengrannen (die Grannen gehen vom Rücken, vom mittleren Drittel der Deckspelze aus)

a) Ährchen zweiblütig

Honiggräser (*hólcus*-Arten)

aa) Rückengranne ragt aus dem Ährchen hervor

Weiches Honiggras (*hólcus móllis*)

bb) Rückengranne ragt nicht aus dem Ährchen heraus

Wolliges Honiggras (*hólcus lanátus*)

b) Ährchen einblütig

Hundsstraußgras (*agróstis canína*)

Leicht kenntlich auch an den borstlichen Wurzelblättern. Im übrigen auch sehr vielästig auf den untersten Stufen wie alle *agróstis*-Arten

3. Mit hoher Rückengranne (die Grannen gehen etwas unter der Spitze der Deckspelze ab (ähnlich wie bei den Trespengräsern)

Windhalm (*agróstis spica vénti*)

Die Grannen des Windhalms sind besonders lang. Die Ährchen sind einblütig. Ebenso wie das Hundsstraußgras wird auch diese *agróstis*-Art bei der Besprechung der *agróstis*-Arten noch einmal erwähnt werden

II. Ährchen ohne Grannen

1. Ährchen einblütig

a) Ährchenansatz spindelfern, Blütenstand infolgedessen überhängend

Flattergras (*mílium effúsum*)

b) Ährchenansatz spindelnäher, Blütenstand infolgedessen nicht überhängend. Sehr viele Äste, mindestens sieben und mehr auf den untersten Stufen

Straußgräser

(s. a. oben)

Straußgräser (*agróstis*-Arten)

aa) Abästungen auf den untersten Stufen regelmäßig wie folgt: 1 langer Ast nach vorn, 2 etwas kürzere nach vorn, 2 etwas kürzere nach hinten, 2 etwas noch kürzere dazwischen. Rispenäste gerade

Weißes Straußgras (*agróstis álba*)

bb) Abästungen nicht gerade, im Gegenteil einen stumpfen Winkel bildend

Rotes Straußgras (*agróstis vulgáris*)

Blatthäutchen nicht lang und spitz wie beim Weißen Straußgras, sondern kurz und gerade abgestumpft

2. Ährchen mehrblütig

Deckspelzen am Rücken gekielt, spitz auslaufend

Die eigentlichen Rispengräser

(*póa*-Arten)

Eigentliche Rispengräser (*póa*-Arten)

Es sollen hier auch das Sumpfrispengras (*póa palústris*) und das Hainrispengras (*póa nemorális*) abgehandelt werden, obwohl beide keine echten Rispen haben, sondern traubige Blütenstände aufweisen. Auch durch die Blätter sind übrigens die eigentlichen Rispengräser sehr gut von den anderen unterschieden

a) Auf den unteren Stufen fünf Abästungen, und zwar meistens in regelmäßiger Anordnung: ein langer Ast, zwei kurze Äste und wieder zwei lange Äste. Abästungen wechselständig

aa) Wiesenrispe (*póa praténsis*)
Fruchthalme stielrund, Rispe gedrungen, Ährchen plump. Halm rückwärts glatt. Blatthäutchen an den Wurzelblättern nur ein Saum und an den Halmblättern größer, aber stumpf abgeschnitten. Mit unterirdischen Ausläufern

bb) Gemeine Rispe (*póa triviális*)
Rispe zierlicher und lockerer. Halm rückwärts rauh. Blatthäutchen an den Halmblättern zungenförmig. Mit oberirdischen Ausläufern

b) Auf den unteren Stufen nur ein Ast oder höchstens zwei Äste

Jährige Rispe (*póa ánnua*)

Meist schon dadurch kenntlich, daß sie das ganze Jahr hindurch blüht

c) Auf den unteren Stufen nie regelmäßig fünf Abästungen, sondern meist nur drei.

aa) Ährchenansatz spindelnah. Tracht dadurch walzlich. Fruchthalme platt, zusammengedrückt

Platthalmrispe (*póa compréssa*)

bb) Ährchenansatz spindelferner

αα) Ährchen an der Spitze violett überlaufen. Blütenstand aufrecht

Sumpfrispe (*póa palústris*)

ββ) Ährchenspitzen nicht violett überlaufen. Blütenstand etwas hängend

Hainrispe (*póa nemorális*)

Im übrigen lassen sich die verschiedenen *póa*-Arten sehr leicht an den Blättern unterscheiden, wie in den entsprechenden Kapiteln näher nachgelesen werden mag

3. Ährchen vielblütig
Deckspelze am Rücken nicht gekielt und nicht spitz auslaufend, sondern rund abgestumpft

Mannagräser

Mannagräser (*glycéria*-Arten)

Eine Verwechslung mit den eigentlichen Rispengräsern (*póa*-Arten) ist auch schon deshalb ausgeschlossen, weil sie ausgeprägte Blattmerkmale aufweisen. Das Ansehnliche Mannagras hat große breite Schienenblätter und ein großes weißes Blatthäutchen. Das Flutende Mannagras ist sowohl auf der Blattunterseite als auch auf der Blattoberseite gerieft und hat ein langes weißes Blatthäutchen. Der Salzschwaden, der nur sehr selten vorkommt, hat ein Schienenblatt, das nicht nur geschient, sondern außerdem noch etwas gerieft ist

a) Rispe sehr groß und sehr ährchenreich

Ansehnliches Mannagras (*glycéria aquática*)

b) Rispe nicht so ährchenreich. Die unteren Seitenäste zweigen ähnlich wie bei der Wiesenrispe typisch ab: 1 langer Ast, 2 kurze Äste und dann wieder 2 längere Äste. Nach der Blüte spreizen die Zweige nach unten

Salzschwaden oder Spreizschwaden (*glycéria dístans*)

Der Flutende Schwaden (*glycéria flúitans*) schließlich gehört eigentlich nicht hierher. Er hat keine echte Rispe, sondern nur eine Doppeltraube, trotzdem soll er hier aber erwähnt werden, weil er ein typisches Mannagras-Ährchen hat. Seine langen vielblütigen Ährchen sind besonders auffällig, sie sind meist der Blütenstandsachse angeschmiegt.

Siebente Gruppe:

Blütenstand eine echte Fingerähre

Nur ein einziges Gras gehört in diese Gruppe, der Fingerhundszahn (*cýnodon dáctylon*). Nur bei diesem Gras sind die Ähren wirklich fingerförmig angeordnet. Die anderen sogenannten Fingergräser sind dagegen unecht. Die einzelnen Ähren gehen nicht von einem Punkte fingerförmig aus, sondern sind an einer Achse traubig angesetzt.

Achte Gruppe:

Blütenstand eine unechte Fingerähre

In diese Gruppe gehören fast alle *pánicum*-Arten mit Ausnahme der beiden Hirsen mit Scheinähren (*pánicum víride* und *pánicum gláucum*). Außerdem ist hier noch das Bartgras zu nennen.

A. Der Ährchenbesatz reicht bei den einzelnen Ähren nicht bis an die gemeinsame Hauptachse heran

Bartgras (*andrópogon ischáemon*)

B. Der Ährchenbesatz der Nebenachsen reicht bis an die Hauptachse heran

I. Ährchen mit langer, grober Granne

Hühnerhirse (*pánicum crús gálli*)
ohne Blatthäutchen

II. Ährchen ohne Granne

1. Meist über 6 Nebenachsen

Hirsegräser

Bluthirse (*pánicum sánguinále*)
Blattscheide und Blattspreite stark behaart

2. Meist weniger als 6 Nebenachsen

Glatte Hirse (*pánicum glábrum*)
unbehaart, nur Haarbüschel am Blattgrund

3. Meist nur drei Nebenachsen

Kleine Hirse (*pánicum filifórme*)
unbehaart, nur einzelne Haare am Blattgrund.

III. Abbildung der Blätter, der Blütenstände und bei den angesäten Gräsern auch der Samen mit zusätzlichen Erläuterungen

Blütenstand: eine echte Rispe. Mit sehr vielen Ästen auf den untersten Stufen.

Ährchen: sehr klein, sehr zahlreich, einblütig, Blüte ohne Granne.

Ährchenansatz spindelnah.

Abästungen namentlich auf den unteren Stufen oft sehr regelmäßig, wie die Abbildung zeigt: 1 langer Ast nach vorn, 2 kürzere nach vorn, 2 kürzere nach hinten und 2 noch kürzere dazwischen. Rispenäste gerade, vor und nach der Blüte zusammengezogen.

Same (Spelzfrucht): in natürlicher Größe (1,5 mm bis 1,8 mm) und vergrößert. Tausendkorngewicht 0,08 g. Spelzen sehr zart, lassen die Frucht durchscheinen.

Blatt:
Jüngstes Blatt gerollt.
Blattspreiten stark gerieft.
Blätter ohne Öhrchen.
Blätter unbehaart.
Blatthäutchen weiß, lang, allmählich zugespitzt. Mehr stumpf als spitz, dreieckig

Zu Gruppe 8. Gräser mit Riefenblättern.

1. **Weißstraußgras** (*agróstis álba*). Beschreibung S. 106 u. 107.

Ausdauernd. Mit oberirdischen (Flechtstraußgras) oder unterirdischen (Fioringras) Ausläufern. Höhe unter 1 m. Blüte Anfang Juli, Reife mit dem Hafer.

Als Flechtstraußgras Unkraut auf zu nassen Äckern, als Fioringras geschätztes, spätes Untergras auf feuchten und nassen Dauerwiesen und Dauerweiden.

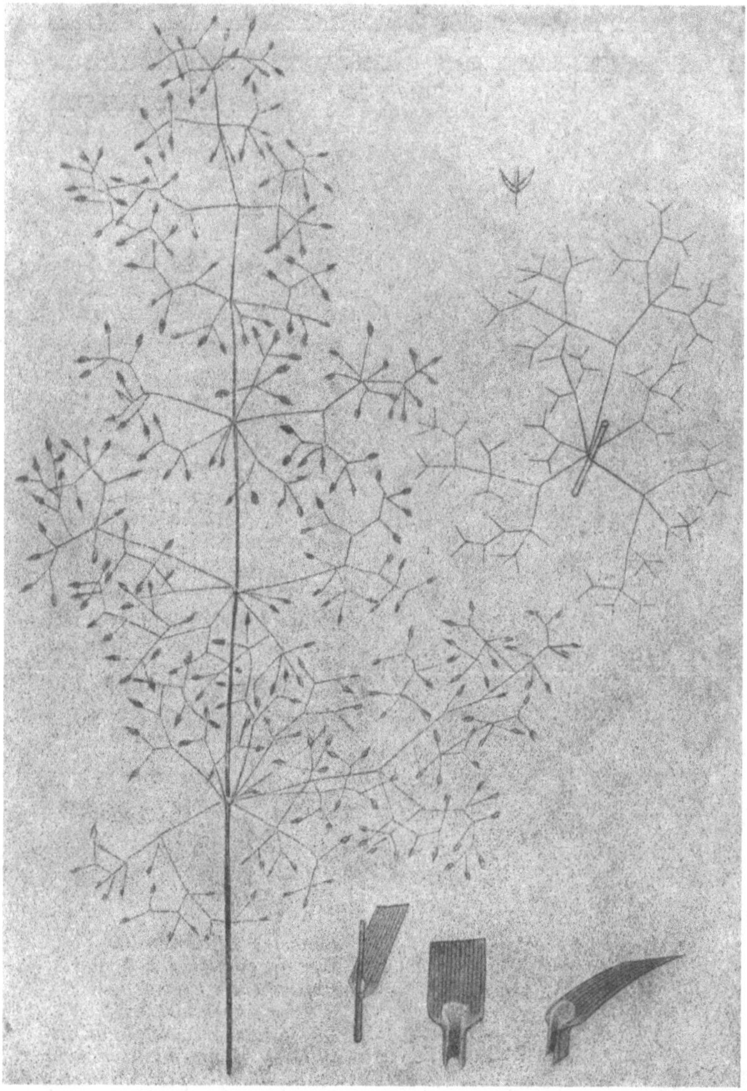

Blütenstand: eine echte Rispe. Mit sehr vielen Ästen auf den untersten Stufen.

Ährchen: sehr klein, sehr zahlreich, einblütig, Blüte ohne Granne.

Rispenäste gabelig, Gabeläste gegenseitig einen stumpfen Winkel bildend und nicht nur während der Blüte ausgebreitet, sondern auch vorher und nachher.

Blatt: *Jüngstes Blatt gerollt. Blattspreiten stark gerieft. Blätter ohne Öhrchen. Blätter unbehaart. Blatthäutchen gerade abgeschnitten, kurz gestutzt.*

Zu Gruppe 8. Gräser mit Riefenblättern.

2. Gemeines Straußgras (*agróstis vulgáris*). Beschreibung S. 107 u. 108.

Ausdauernd. Mit kurzen unterirdischen Ausläufern. Höhe bis über 50 cm. Blüte Anfang Juli.

Als Sandquecke queckenartiges Unkraut auf leichteren Äckern, als Rotstraußgras nicht gerade schlechtes Futtergras auf geringen Hutungen, wenn auch wirklich wertvoll nur in höheren Gebirgslagen.

Blütenstand: eine echte Rispe. Mit sehr vielen Ästen auf den unteren Stufen.

Ährchen: sehr klein, sehr zahlreich, einblütig. Blüte mit Granne, die unter der Mitte des Rückens der Deckspelze entspringt und etwas aus dem Ährchen herausragt.

Abästungen zahlreich. Rispenäste vor und nach der Blüte zusammengezogen.

Blatt:

Jüngstes Blatt gefaltet.
Blattspreiten schwach gerieft.
Blätter ohne Öhrchen.
Blätter unbehaart.
Wurzelblätter borstenförmig.
Halmblätter flach, aber schmal.
Blatthäutchen länglich, dreieckig.
Blätter schlaff.

Zu Gruppe 2. Gräser mit Borstblättern.

3. **Hundsstraußgras** (*agróstis canína*). Beschreibung S. 108.

Ausdauernd. Horstig. Höhe über 50 cm. Blüte Juni/Juli.

Wertloses Gras auf armen Grünländereien, namentlich in Heidegegenden.

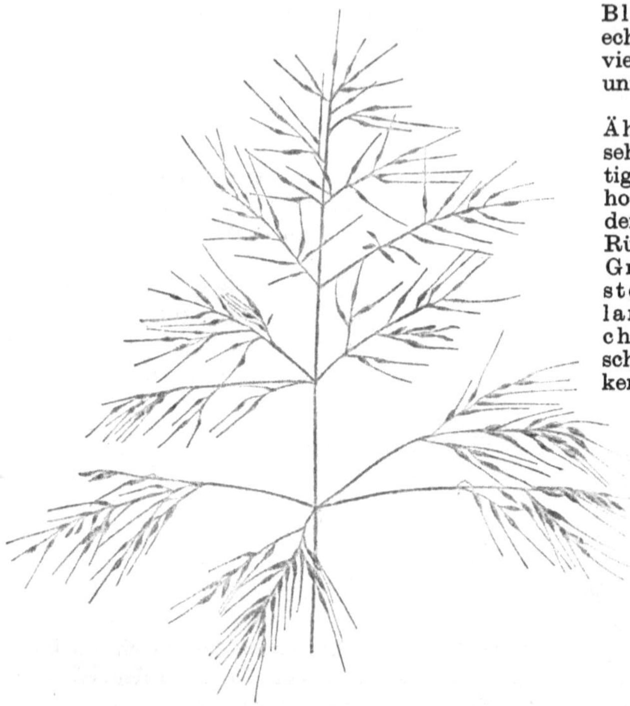

Blütenstand: eine echte Rispe. Mit sehr vielen Ästen auf den unteren Stufen.

Ährchen: sehr klein, sehr zahlreich, einblütig. Blüte mit sehr hoch, etwas unter der Spitze angesetzter Rückengranne. Granne mindestens viermal so lang wie das Ährchen (dadurch allein schon genügend gekennzeichnet).

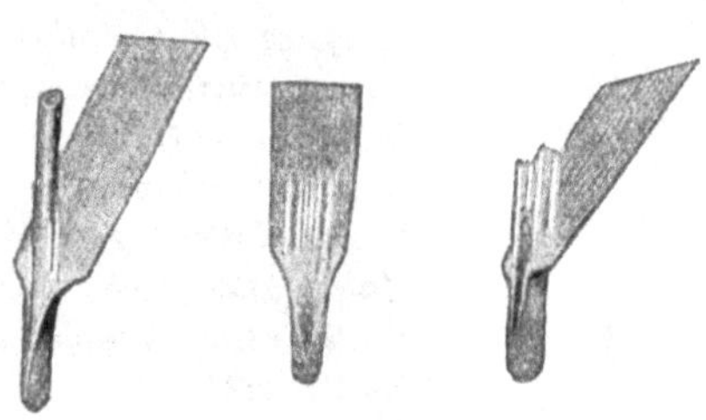

Blatt:
Jüngstes Blatt gerollt. Blattspreiten stark gerieft. Blätter ohne Öhrchen. Blätter unbehaart. Blatthäutchen tief ausgefranst.

Zu Gruppe 8. Gräser mit Riefenblättern.

4. Windhalm (*agróstis spíca vénti*). Beschreibung S. 108—109.

Überjährig, seltener einjährig. Horstig ohne Wurzelblätter. Höhe über 1 m. Blüte Juni/Juli.

Weitverbreitetes und gefährliches Ackerunkraut der leichteren Böden. Auch an Wegrändern dortselbst sehr häufig.

Blütenstand: eine echte Rispe.

Von den Seitenästen gehen die Nebenäste immer zu **zweien** ab.

Ährchen: klein, sehr zahlreich, zweiblütig. Jede Blüte mit einer Granne am Spelzengrunde, die aber meist von den Hüllspelzen verdeckt bleibt.

Ährchenansatz ziemlich spindelfern.

Same (Spelzfrucht): in natürlicher Größe ($\pm$ 2,5 mm) und vergrößert.

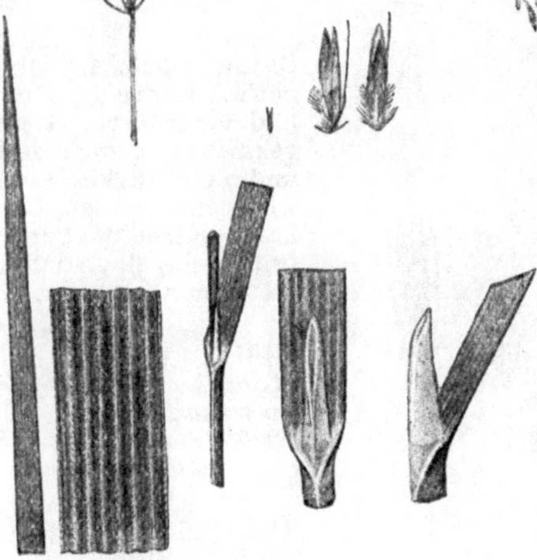

Blatt:

Jüngstes Blatt gefaltet.
Blattspreiten ausgeprägt gerieft (gerippt).
Riefen durch verkieselte Zähne rückwärts rauh.
Zwischen den Riefen weiß durchscheinende Linien.
Blätter ohne Öhrchen.
Blätter unbehaart.
Blatthäutchen lang, derb, oft zerschlitzt.

Zu Gruppe 1. Leichtkenntliche Gräser. Sonst zu 8. Gräser mit Riefenblättern.

5. **Rasenschmiele** (*aíra cáespitósa*). Beschreibung S. 110 u. 111.

Ausdauernd. Stark horstig. Höhe über 1 m. Blüte Juli.

Sehr mäßiges Futtergras, aber notwendiges Übel auf etwas zu nassen Wiesen. Schlimmes Unkraut auf gutem feuchtem Grünland.

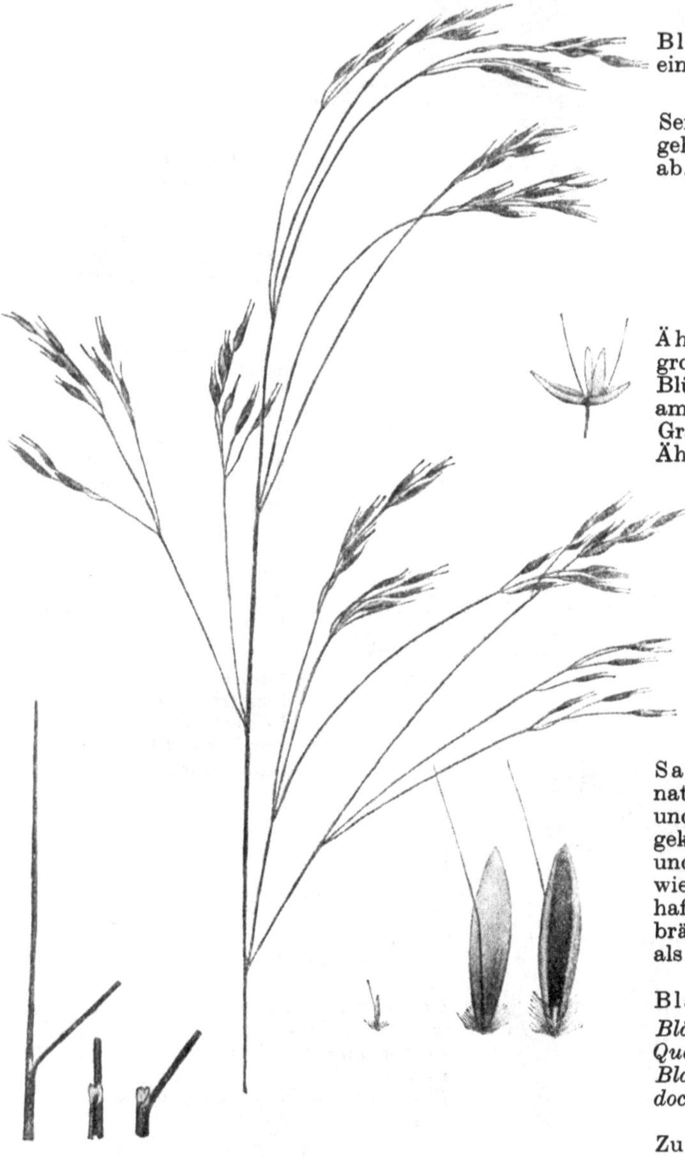

Blütenstand: eine echte Rispe.

Seitenäste und Nebenäste gehen immer zu zweien ab.

Ährchen: klein–mittelgroß, zweiblütig. Jede Blüte mit einer Granne am Spelzengrunde. Die Granne ragt über das Ährchen hinaus.

Ährchenansatz ziemlich spindelfern.

Same (Spelzfrucht): in natürl. Größe (±5 mm) und vergrößert. Granne gekniet, grundständig und nicht rückenständig wie beim echten Goldhafer. Farbe des Samens bräunlich-gelb, dunkler als beim Goldhafer.

Blatt:
Blätter borstenförmig (im Querschnitt rund). Blatthäutchen kurz, aber doch deutlich, eingekerbt.

Zu Gruppe 2. Gräser mit Borstblättern.

6. **Drahtschmiele** (*aíra flexuósa*). Beschreibung S. 111.

Ausdauernd. Horstig. Höhe bis über 50 cm. Blüte Juni.

Hauptgras der Kiefernwälder. Aber auch auf trockenen Hutungen und Heiden häufig. Ziemlich wertlos. Der minderwertige Same wird manchmal dem hochwertigen Goldhafersamen zugesetzt.

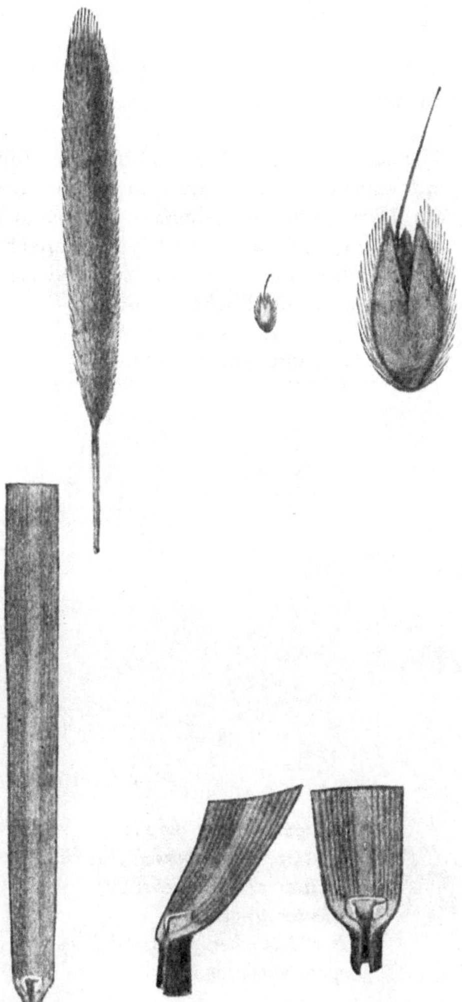

Blütenstand: eine lange, dicke, walzliche Scheinähre rispiger Herkunft.

Ährchen: klein, einblütig, Blüte mit langer, weit aus dem Ährchen herausragender Spelzengrundgranne (nicht wie Timothe mit kurzer Stachelspitze), seidig behaart.

Same (Ährchenfrucht): in natürlicher Größe (3—6 mm) und vergrößert. (Hüllspelzen lang zusammengewachsen.) Tausendkorngewicht 0,80 g.

Blatt:

Jüngstes Blatt gerollt.
Blattspreiten gerieft, aber in der Mitte ein ungeriefter schmaler Streifen (s. Abb.).
Blätter ohne Öhrchen.
Blätter unbehaart.
Blatthäutchen kurz, gerade abgeschnitten derb grünlich.

Zu Gruppe 8. Gräser mit Riefenblättern.

7. **Wiesenfuchsschwanz** (*alopecúrus praténsis*). Beschreibung S. 111 u. 112.

Ausdauernd. Horstig. Höhe bis über 1 m. Blüte Mai. Reife 4 bis 5 Wochen vor dem Roggen, um Mitte Juni.

Bestes Obergras der gutfeuchten, nährstoffreichen Wiesen.

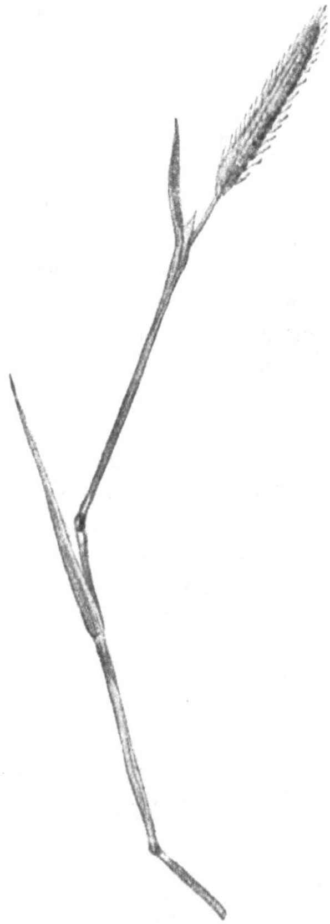

Blütenstand: eine kürzere, zierliche Scheinähre rispiger Herkunft.

Ährchen: sehr klein, einblütig. Blüte mit einer Granne. Granne unter der Mitte der Deckspelze entspringend und aus dem Ährchen lang herausragend (von zweifacher Blütenlänge im Gegensatz zu dem sonst ähnlichen Roten Fuchsschwanz).

Halm am Grunde meist gekniet.

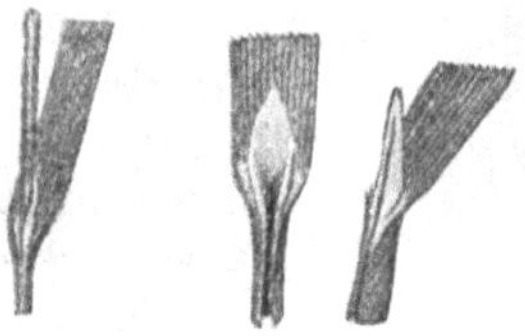

Blatt:

Jüngstes Blatt gerollt.
Blattspreiten oberseits stark gerieft.
Blätter ohne Öhrchen.
Blätter unbehaart.
Blatthäutchen groß, weiß, spitzdreieckig zulaufend.

Zu Gruppe 8. Gräser mit Riefenblättern.

8. **Geknieter Fuchsschwanz** (*alopecúrus geniculátus*). Beschreibung S. 113.
Überjährig bis einjährig. Höhe unter 50 cm. Blüte Juni.
Auf Überschwemmungswiesen. Landwirtschaftlich kaum von Bedeutung.

9. **Roter Fuchsschwanz** (*alopecúrus fúlvus*). Beschreibung S. 113.
Überjährig bis einjährig. Höhe unter 50 cm. Blüte Juni.
Auf Überschwemmungswiesen. Landwirtschaftlich kaum von Bedeutung.

Blütenstand: eine längere, schlanke Scheinähre traubiger Herkunft.

Ährchen: mittelgroß, einblütig, Blüte mit einer Spelzengrundgranne. Granne über doppelt so lang wie die Blütenspelze, weit aus dem Ährchen hervorragend.

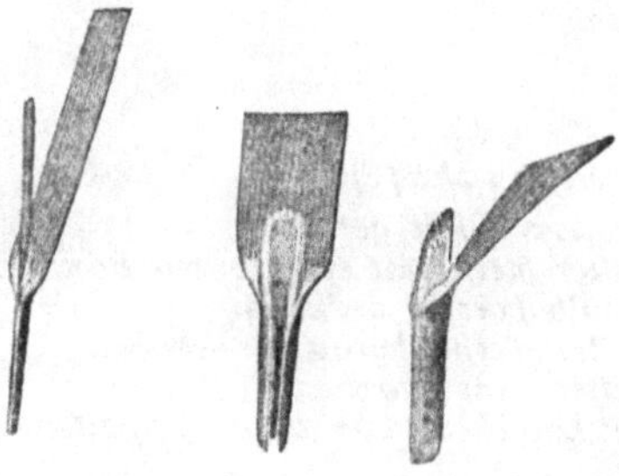

Blatt:

Jüngstes Blatt gerollt.
Blattspreiten gerieft.
Blätter ohne Öhrchen.
Blätter unbehaart.

Blatthäutchen ziemlich lang.

Zu Gruppe 8. Gräser mit Riefenblättern.

10. Ackerfuchsschwanz (*alopecúrus agréstis*). Beschreibung S. 113. Überjährig und seltener einjährig. Höhe über 50 cm. Blüte Juni. Ackerunkraut namentlich auf schweren Böden.

11. **Strandhafer** (links).

Blütenstand: eine Scheinähre rispiger Herkunft.

Ährchen: groß, einblütig. Blüte ohne Granne. Hüllspelzen länger als das Ährchen (Strandhafer!).

12. **Strandgerste.**

Blütenstand: eine Scheinähre traubiger Herkunft.

Ährchen: groß, 2—3blütig. Blüten ohne Granne. Hüllspelzen viel kürzer als das Ährchen. Drei Ährchen auf einer Stufe (Strandgerste!). Entweder die Seitenährchen oder das Mittelährchen schlecht ausgebildet.

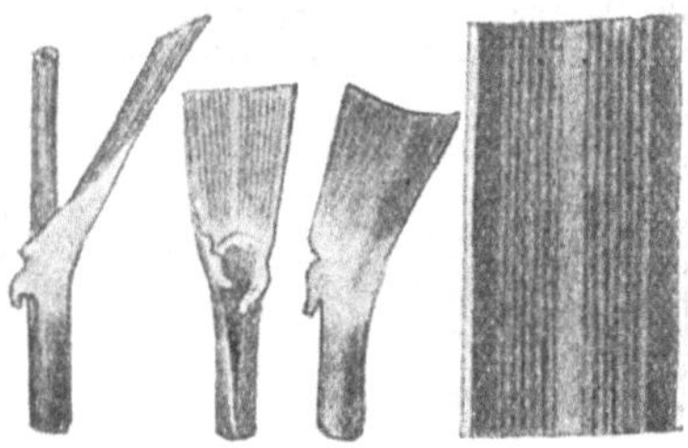

12. Strandgerste.

Jüngstes Blatt gerollt.
Blätter steif, flachausgebreitet.
Blattspreite stark gerieft.
Blätter mit Öhrchen.
Blätter bläulichgrau, unbehaart.
Blatthäutchen unscheinbar.

Zu Gruppe 8. Gräser mit Riefenblättern.

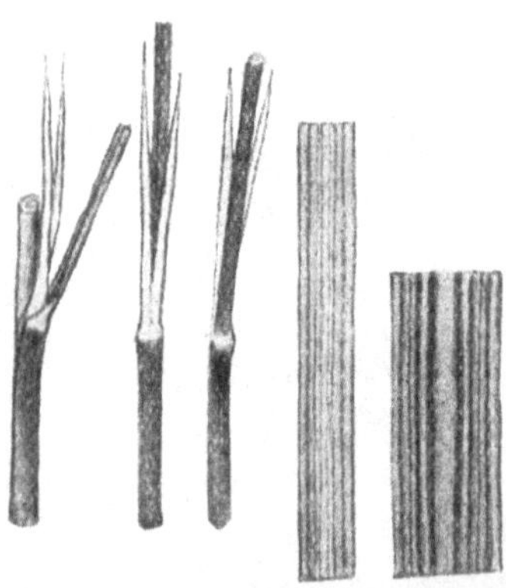

11. Strandhafer.

Jüngstes Blatt gerollt.
Blätter steif, mit eingerollten Rändern, deshalb borstig wirkend.
Blätter weißlichgrau, unbehaart.
Blätter ohne Öhrchen.
Blatthäutchen sehr lang, gespalten.

Zu Gruppe 8. Gräser mit Riefenblättern.

11. Strandhafer (*ammóphila arenária*). Beschreibung S. 113 u. 114.

Ausdauernd, mit weithinkriechenden unterirdischen Ausläufern. Höhe bis 1 m. Blüte Juli. — Landwirtschaftlich ohne Bedeutung. Wertvolles Gras zur Befestigung der Dünen.

12. Strandgerste (*élymus arenárius*). Beschreibung S. 125.

Ausdauernd, mit weithinkriechenden unterirdischen Ausläufern. Höhe bis 1 m: Blüte Juli. — Landwirtschaftlich ohne Bedeutung. Wertvolles Gras zur Befestigung der Dünen.

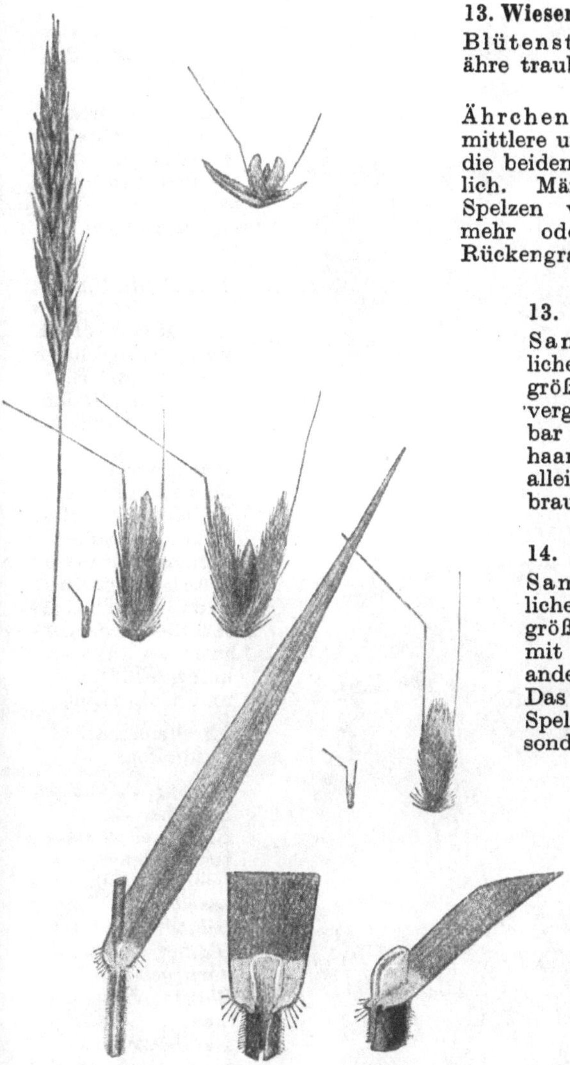

13. Wiesenruchgras. 14. Ackerruchgras.
Blütenstand: eine lockere Scheinähre traubiger Herkunft.

Ährchen: mittelgroß, dreiblütig, die mittlere unbegrannte eine Zwitterblüte, die beiden seitlichen begrannten männlich. Männliche Blüten bis auf die Spelzen verkümmert. Granne: eine mehr oder weniger tief angesetzte Rückengranne.

13. Wiesenruchgras.
Same (Ährchenfrucht): in natürlicher Größe (3—4 mm) und vergrößert und auseinandergebreitet vergrößert, um die Frucht sichtbar werden zu lassen. Stark behaart. Tief rotbraun. Die Frucht allein ohne Hüllen glänzend, braun, 1,5 mm groß.

14. Ackerruchgras.
Same (Ährchenfrucht): in natürlicher Größe (2,5—3 mm) und vergrößert. Die eine männliche Blüte mit gerader Granne und die andere mit einer geknieten Granne. Das Knie nicht kurz über der Spelze wie beim Wiesenruchgras, sondern beträchtlich höher.

Blatt:
13. Wiesenruchgras.
14. Ackerruchgras.
Jüngstes Blatt gerollt.
Blätter mit kleinen Öhrchen.
Blattspreiten weichhaarig.
Blattgrund bärtig behaart.
Blatthäutchen mittelgroß.

Zu Gruppe 1. Leichtkenntliche Gräser.

13. Wiesenruchgras (*anthoxánthum odorátum*). Beschreibung S. 114.

Ausdauernd. Höhe unter 50 cm. Blüte Mai.

Auf armen vernachlässigten Wiesen und auch Weiden oft bestandbildend. Sehr mäßiges Futtergras.

14. Ackerruchgras (*anthoxánthum puélii*). Beschreibung S. 114 und 115.

Überjährig und seltener auch einjährig. Höhe unter 50 cm. Blüte Mai.

Gefährliches Unkraut, namentlich unter Roggen, aber auch in der Hackfrucht auf leichteren Böden.

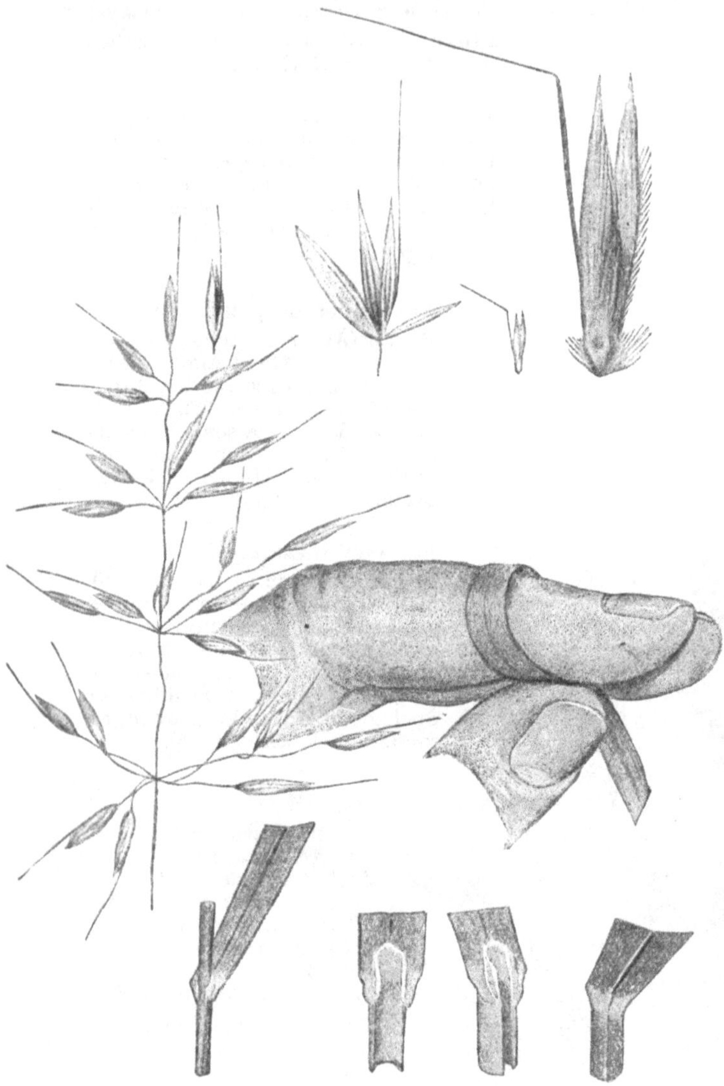

Blütenstand: eine mehrästige, einfache bis doppelte Traube.

Same (Ährchenfrucht) (rechts): in natürlicher Größe (8—10 mm) und vergrößert. Tausendkorngewicht 3 g.

Ährchen (links): in natürlicher Größe und vergrößert, groß, zweiblütig, die untere Blüte männlich mit langer, am Grunde gedrehter, geknieter Rückengranne, die obere Blüte eine Zwitterblüte ohne Granne (also Ährchen nur mit **einer Rückengranne** und nur einer Zwitterblüte, im Gegensatz zu Wiesenhafer, Flaumhafer und Goldhafer).

Ährchenansatz spindelfern.

Blatt: *Jüngstes Blatt gerollt. Blätter oberseits kurz behaart, namentlich beim Biegen über den Finger sichtbar (s. oben). Blätter unterseits stark gekielt. Blätter ohne Öhrchen. Blatthäutchen: groß, weiß, in der Mitte emporgezogen, stark gefranst.*

Zu Gruppe 9. Gräser mit ungerieften Blättern.

15. Glatthafer (*avéna elátior*). Beschreibung S. 115 u. 116.

Ausdauernd. Horstig. Höhe über 1 m. Obergras. Blüte Ende Mai, Anfang Juni. Reife 3 Wochen vor dem Roggen.

Sehr geschätztes Obergras der nicht gerade feuchten, mehr frischen Wiesen. Wird in den höheren Lagen durch den Goldhafer ersetzt. Von einiger Bedeutung im mehrjährigen Kleegrasbau. Bedeutungslos auf Weiden.

Blütenstand: eine echte Rispe (im Gegensatz zu allen anderen Haferarten).

Ährchen vergrößert (auseinandergebreitet).

Ährchen mittelgroß, zahlreich, zweiblütig, jede Blüte mit zarter Rückengranne. (Also zwei Rükkengrannen in einem Ährchen.)

Ährchenansatz spindelnah.

Viele Abästungen auf einer Stufe.

Same (Spelzfrucht) in natürlicher Größe (5—6 mm) und vergrößert. Tausendkorngewicht 0,35 g. Beachte die Rückengranne (im Gegensatz zur Grundgranne des „falschen Goldhafers“, der Drahtschmiele [6]) und die hellere gelbe Farbe.

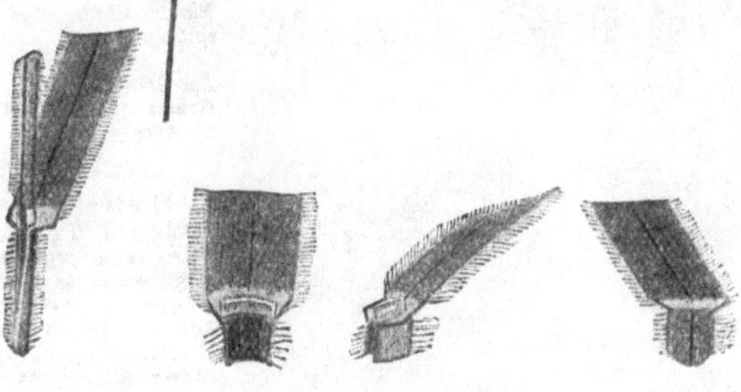

Blatt:

Jüngstes Blatt gerollt.
Blätter behaart.
Blattscheide zottig behaart.
Blätter unterseits stumpf gekielt.
Blätter ohne Öhrchen.
Blatthäutchen gerade abgeschnitten, kurz, fein gezähnelt.

Zu Gruppe 1. Leichtkenntliche Gräser.

16. Goldhafer (*avéna flavéscens*). Beschreibung S. 116 u. 117.

Ausdauernd. Horstig. Höhe bis 1 m. Untergras. Blüte Ende Mai, Anfang Juni. Reife 3—4 Wochen vor dem Roggen.

Sehr geschätztes Untergras auf den nicht gerade feuchten, mehr frischen Wiesen Mittel- und Süddeutschlands. Besonders wertvoll in den Höhenlagen, wo es den Glatthafer ersetzt.

17. Flaumhafer (links).

Blütenstand:
eine mehr- bis vielästige einfache bis doppelte Traube.

Ährchen:
sehr groß, dreiblütig, jede Blüte fruchtbar und mit purpurroter Rückengranne. (Also drei purpurrote Rückengrannen im Ährchen.)

Ährchenansatz spindelnah.

18. Wiesenhafer (rechts).

Blütenstand:
eine einfache ein- bis zweiästige Traube.

Ährchen:
sehr groß, meist vierblütig. Jede Blüte mit langer Granne.

Ährchenzahl **gering**. (Also vier Rückengrannen in einem Ährchen.)

Ährchenansatz spindelnah.

Blatt:

18. Wiesenhafer.
Jüngstes Blatt gefaltet.
Blattspreiten geschient (erst auseinanderfalten), also Poablatt.
Blätter unbehaart.
Blätter ohne Öhrchen.
Blatthäutchen: lang und spitz.

Zu Gruppe 5.
Gräser mit Schienenblättern.

17. Flaumhafer.
Jüngstes Blatt gefaltet.
Blattspreiten geschient.
Blattspreiten bewimpert (einziges behaartes Schienen- oder Poablatt).
Blätter ohne Öhrchen.
Blattscheiden behaart.
Blatthäutchen: kurz.

Zu Gruppe 5.
Gräser mit Schienenblättern.

17. **Flaumhafer** (*avéna pubéscens*). Beschreibung S. 117.
Ausdauernd. Horstig. Höhe über 50 cm. Blüte Mai/Juni.
Auf an sich guten Magerwiesen.

18. **Wiesenhafer** (*avéna praténsis*). Beschreibung S. 117.
Ausdauernd. Horstig. Höhe über 50 cm. Blüte Juni/Juli.
Auf trockenen kalkhaltigen Hutungen.

Blütenstand:
eine quirlästige, einfache bis doppelte Traube.

Ährchen:
sehr groß, nicht sehr zahlreich, zwei- bis dreiblütig, meist dreiblütig.
Jede Blüte mit einer sehr langen Rückengranne.

Ährchenspindel und untere Blütenspelzen stark behaart, rostgelb.

Same (Spelzfrucht):
in natürlicher Größe (1,5 bis 2 cm) mit stark gedrehter und geknieter Rückengranne.

Ährchenansatz spindelfern.

Blatt:
Jüngstes Blatt gerollt.
Blätter ohne Öhrchen.
Blattspreitenränder unten bewimpert.
Blätter sonst unbehaart.
Blatthäutchen: deutlich.

19. **Flughafer** (*avéna fátua*). Beschreibung S. 117 u. 118.
Einjährig. Höhe bis über 1 m. Blüte Juni bis August.
Gefährliches Ackerunkraut in Kalkgegenden.

20. Fiederzwenke (links).

Blütenstand: eine aufrechte, einfache Traube.

Ährchen: sehr groß, drehrund, vielblütig, jede Blüte mit einer kurzen Spitzengranne.

21. Waldzwenke (rechts).

Blütenstand: eine überhängende einfache Traube.

Ährchen: sehr groß, drehrund, vielblütig, jede Blüte mit einer langen haardünnen Spitzengranne.

Blatt:

20. Fiederzwenke.
21. Waldzwenke.
Jüngstes Blatt gerollt.
Blätter ohne Öhrchen.
Blattspreiten sich nach oben und unten verjüngend.

20. Fiederzwenke (links).
Blattspreiten bewimpert.
Blatthäutchen klein.

21. Waldzwenke (rechts).
Blattspreiten nicht bewimpert.
Blattscheiden behaart.
Blatthäutchen größer.

Zu Gruppe 6. Gräser mit Blättern, die sich nach oben und unten verjüngen, Zwenkenblätter.

20. **Fiederzwenke** (*bráchypódium pinnátum*). Beschreibung S. 119. Ausdauernd. Mit unterirdischen Ausläufern. Höhe bis 1 m. Blüte Juni. Mehr in Mittel- und Süddeutschland. Auf Kalkhutungen und Rainen.

21. **Waldzwenke** (*bráchypódium silváticum*). Beschreibung S. 119. Ausdauernd. Horstig. Höhe bis 1 m. Blüte Juli. Waldgras auf Kalkboden.

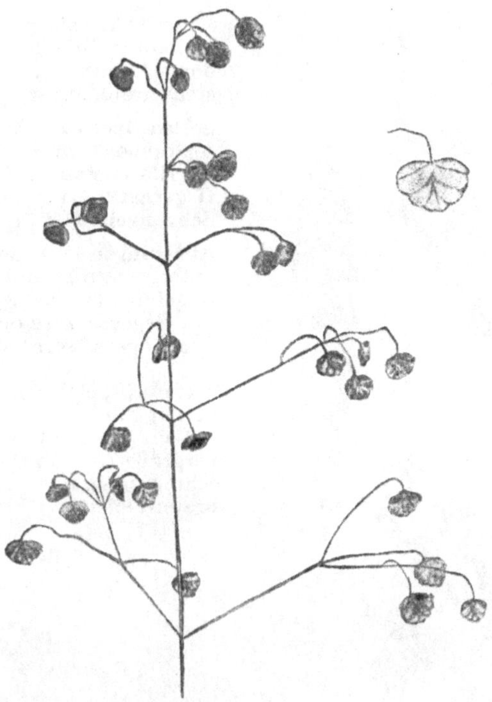

Blütenstand: eine einfache bis doppelte Traube (selten rispig).

Ährchen: mittelgroß, mehrblütig, nicht zahlreich, Blüten ohne Granne.

Ährchenansatz spindelfern.

Abästungen zart, daher Äste mit den Ährchen leicht überhängend.

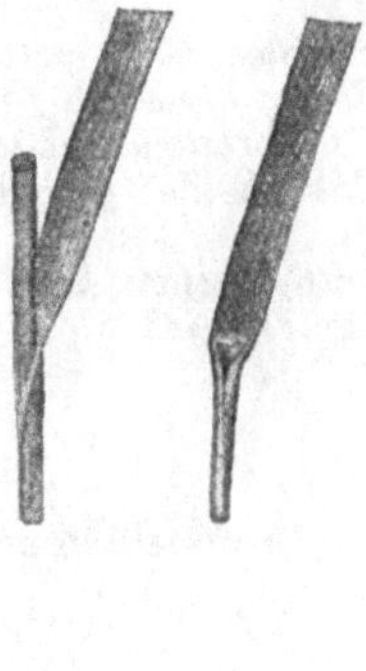

Blatt:
Jüngstes Blatt gerollt.
Blattspreiten ohne auffällige Riefen.
Blätter ohne Öhrchen.
Blätter nicht behaart.
Blattscheide geschlossen.
Blatthäutchen sehr kurz, fast nicht vorhanden.
Blattkiel schwach.

Zu Gruppe 9. Gräser mit ungerieften Blättern.

22. Zittergras (*bríza média*). Beschreibung S. 119.

Ausdauernd. Horstig. Höhe unter 50 cm. Blüte Mai bis Juli.

Auf armen Wiesen als Untergras. Landwirtschaftlich ohne Bedeutung.

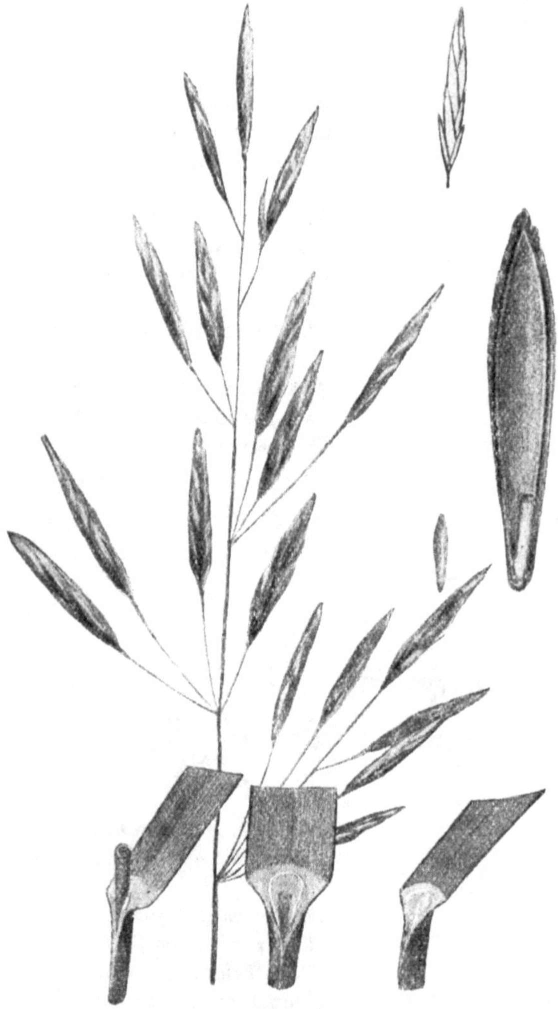

Blütenstand: eine einfache bis doppelte Traube.

Ährchen: sehr groß, vielblütig, Blüten alle ohne Granne (höchstens grannenspitzig).

Selten über drei Einzelährchen am Ende des Blütenstandes (im Gegensatz zu den Schwingelgräsern).

Abästungen auf den unteren Stufen in der Regel mehr als zwei (im Gegensatz zu den Schwingelgräsern).

Same (Spelzfrucht): in natürlicher Größe (10 bis 13 mm) und vergrößert. Farbe: schmutzig-grau-braun-violett.

Blatt:

Jüngstes Blatt gerollt.
Blätter ohne Öhrchen.
Blattspreite unbehaart.
Blattscheide geschlossen.
Blatthäutchen kurz, aber deutlich.

Zu Gruppe 7.
Gräser mit auffällig geschlossener Blattscheide (Bromusblättern).

23. Wehrlose Trespe (*brómus inérmis*). Beschreibung S. 120.

Ausdauernd. Mit langen unterirdischen, queckenartigen Ausläufern (Quecktrespe). Höhe bis 1 m. Blüte Ende Juni, Reife mit oder kurz vor dem Roggen.

Von einiger Bedeutung auf Trockenwiesen und im Feldfutterbau auf leichteren Böden.

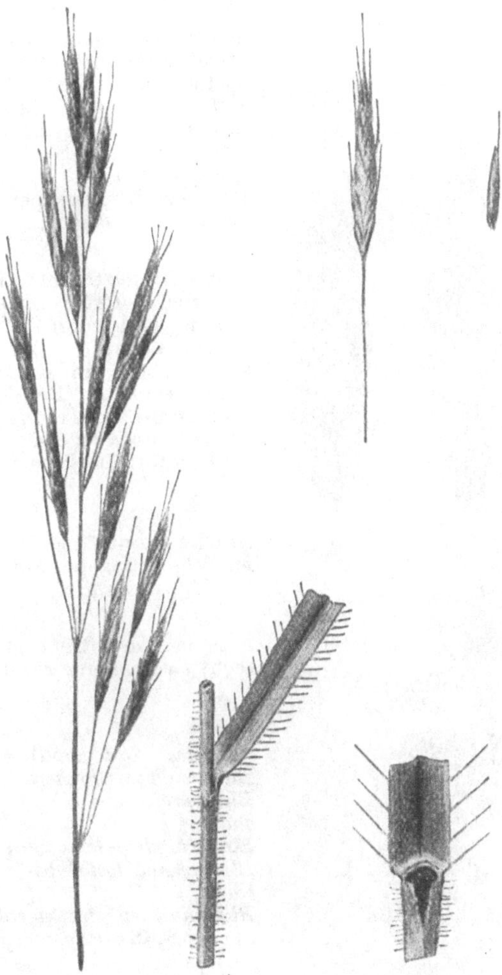

Blütenstand: eine aufrechte einfache bis doppelte Traube.

Ährchen: sehr groß, lanzettlich, plattgedrückt, mehrblütig. Jede Blüte mit einer sehr hoch (etwas unter der Spitze) angesetzten Rückengranne. Granne etwa halb so lang wie die Deckspelze.

Nie mehr als drei Einzelährchen am Ende des Blütenstandes (im Gegensatz zu den Schwingelarten).

Abästungen auf den unteren Stufen drei bis fünf (also nicht nur zwei wie bei den Schwingelarten).

Blatt:

Jüngstes Blatt gefaltet.
Blätter ohne Öhrchen.
Blattränder kammförmig bewimpert.
Blattscheide deutlich geschlossen.
Blattscheide kurz behaart.
Blatthäutchen sehr kurz (kürzer als der Blattgrund).

Zu Gruppe 1. Leichtkenntliche Gräser oder zu Gruppe 7.

24. Wiesentrespe (aufrechte Trespe, Burst) (*brómus eréctus*). Beschreibung S. 119 und 120.

Ausdauernd. Horstig. Höhe bis 1 m. Blüte Mai/Juni.

Das Gras der Trocken- und Magerwiesen in Kalkgegenden. Dort, obwohl im Ertrag und Futterwert nicht erstklassig, am Platze, falls nicht Ackerbau auf diesen Trockenländereien vorzuziehen ist.

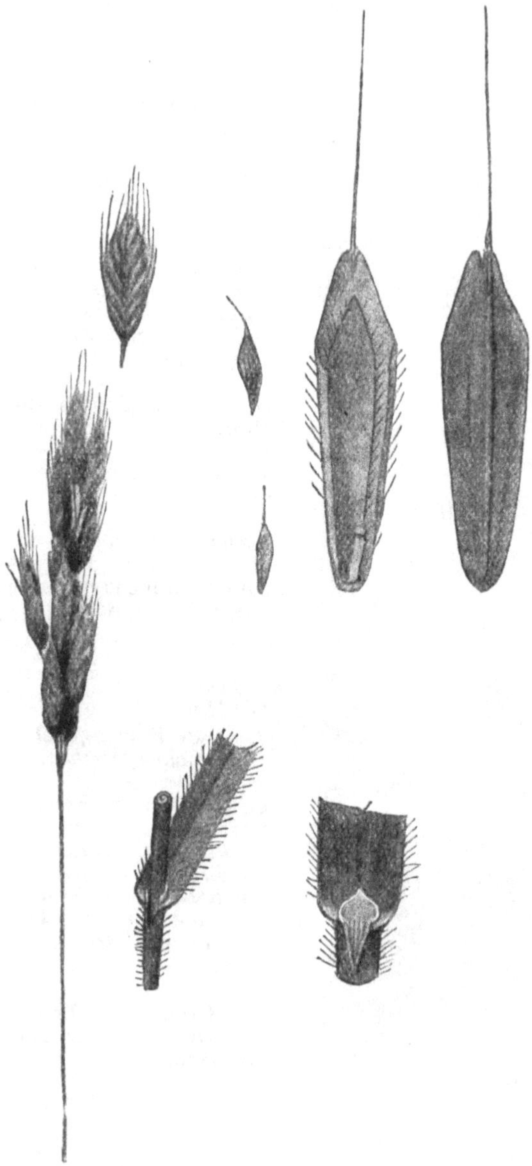

Blütenstand:
eine mehrästige einfache Traube.

Ährchen: sehr groß, spindelförmig, drehrund, vielblütig. Jede Blüte mit einer sehr hoch, knapp unter der Spitze angesetzten Rückengranne. Granne fast so lang wie die Deckspelze. Deckspelze behaart.

Same (Spelzfrucht): in natürlicher Größe (8 bis 9 mm) und vergrößert. Weich behaart. Deckspelze oben am Rande stumpfwinklig. (Bei der sehr ähnlichen Traubentrespe [*brómus racemósus*] sind die Deckspelzen kahl.)

Ährchenansatz spindelnah (gedrungene Form des Blütenstandes).

Äste nach der Blüte aufrecht zusammengezogen.

Blatt:
Jüngstes Blatt gerollt.
Blätter ohne Öhrchen.
Blattspreite weich behaart.
Blattscheide geschlossen.
Blattscheide weich behaart.
Blatthäutchen mittelgroß in eine Spitze aufgezogen.

Zu Gruppe 7. Gräser mit auffällig geschlossener Blattscheide.

25. **Weiche Trespe** (*brómus móllis*). Beschreibung S. 120.

Überjährig und auch einjährig. Höhe über 50 cm. Blüte Mai/Juni.

Häufig auf lückigen Wiesen. Nicht gerade minderwertig, aber doch nicht voll- oder gar hochwertig.

Blütenstand: eine einfache (selten doppelte) überhängende Traube. Ährchen: groß, nach oben hin sich verbreiternd (spachtelförmig), vielblütig. Blüte mit einer sehr langen hoch angesetzten Rückengranne. Ährchenzahl gering. Ährchenansatz spindelfern (daher graziöses Überhängen).

Blatt: *Jüngstes Blatt gerollt. Blätter ohne Öhrchen. Blattspreite behaart. Blattscheide geschlossen. Blattscheide behaart. Blatthäutchen groß, tief gefranst.*

Zu Gruppe 7. Gräser mit auffällig geschlossener Blattscheide.

26. Taube Trespe (*brómus stérilis*). Beschreibung S. 120.

Überjährig, seltener auch einjährig. Höhe bis über 50 cm. Blüte Mai/Juni. Meist nur an Ackerrainen, aber auch als Unkraut in der Luzerne.

Blütenstand: eine einfache bis doppelte Traube. (Neigt als einzige Trespenart zur Ausbildung von rispigen Seitenzweigen.)

Äste nach einer Seite schlaff überhängend. Die taube Trespe dagegen spreizt graziös nach allen Seiten.

Ährchen: groß, mehrblütig. Jede Blüte mit einer eben unter der Spitze entspringenden langen Rückengranne. Granne so lang wie die Deckspelze (bei der tauben Trespe dagegen Granne viel länger als die Deckspelze). Ährchen: spachtelförmig, breitgedrückt, zahlreich.

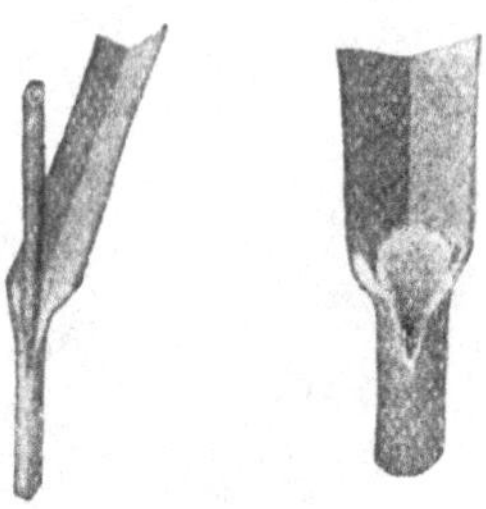

Blatt:

Jüngstes Blatt gerollt.
Blätter ohne Öhrchen.
Blattspreiten kurzhaarig, meist bewimpert.
Blattscheiden kurzzottig behaart.
Blattscheide geschlossen.
Blatthäutchen rund, nicht sehr lang, fein gezähnelt.

Zu Gruppe 7. Gräser mit auffällig geschlossener Blattscheide.

27. **Dachtrespe** (*brómus tectórum*). Beschreibung S. 120.
Einjährig. Höhe bis unter 50 cm. Blüte Mai/Juni.
An Ackerrainen und auf Schuttstellen.

Blütenstand:
eine überhängende einfache bis doppelte Traube.

Ährchen:
sehr groß, annähernd lineal, an sonnigen Plätzen rot gefärbt, vielblütig.
Jede Blüte mit einer etwas unter der Spitze angesetzten Rückengranne. (Granne von Deckspelzenlänge.) Ährchenansatz spindelfern. Selten mehr als drei Einzelährchen an der Spitze des Blütenstandes. Vielästig auf den unteren Stufen.

Blatt:
Jüngstes Blatt gerollt.
Blätter ohne Öhrchen.
Blattspreite zottig behaart.
Blattscheide geschlossen.
Blattscheide zottig behaart.
Blatthäutchen mittelgroß, fein eingekerbt.

Zu Gruppe 7. Gräser mit auffällig geschlossener Blattscheide.

28. Ackertrespe (*brómus arvénsis*). Beschreibung S. 120.

Überjährig, seltener auch einjährig. Höhe bis 1 m. Blüte Juni/Juli.
Unkraut an Ackerrainen, seltener auf dem Acker.

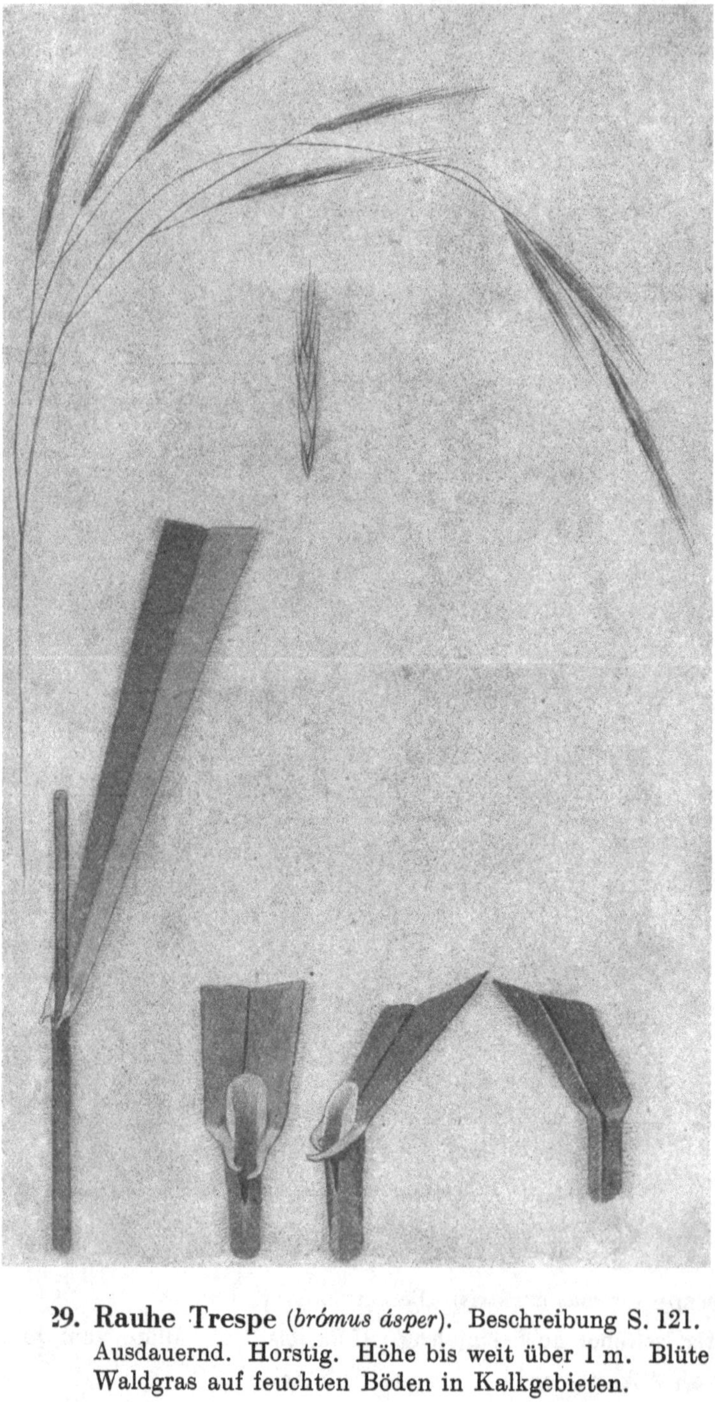

Blütenstand: eine in weitem Bogen überhängende einfache bis doppelte Traube.

Ährchen: groß, lanzettlich, mehrblütig, Blüte mit einer kurzen, unter der Spitze angesetzten Rückengranne. Granne so lang wie die Deckspelze. Ährchenzahl gering.

Ährchenansatz spindelfern.

Abästungen auf den unteren Stufen nicht so viele wie bei den Trespen üblich, sondern nur zwei, wie bei den Schwingelgräsern.

Blatt:

Jüngstes Blatt gerollt.
Blätter mit großen Öhrchen.
Blattspreiten nach oben und unten sich verjüngend.
Blattspreitenränder kurz bewimpert.
Blattspreite unterseits gekielt.
Blattscheide geschlossen.
Blattscheide behaart.
Blatthäutchen groß.

Zu Gruppe 7. Gräser mit auffällig geschlossener Blattscheide.

29. **Rauhe Trespe** (*brómus ásper*). Beschreibung S. 121.
Ausdauernd. Horstig. Höhe bis weit über 1 m. Blüte Juli/August. Waldgras auf feuchten Böden in Kalkgebieten.

Blütenstand: eine echte Rispe.

Ährchen: klein (wenn auch doppelt so groß wie Straußgrasährchen), sehr zahlreich, einblütig, Blüte mit einer kurzen feinen Spitzengranne. Am Grunde der Blüte dichter Haarkranz, der nach der Blüte besonders hervortritt und die Granne verdeckt.

Ährchen nicht geknäult wie beim Sandrohr.

Abästungen viele, immer mehr als drei (im Gegensatz zum Rohrglanzgras, das auch einblütig ist und Haare am Grunde der Blütenspelze hat).

Blatt:
Stengel verzweigt sich häufig über der Erde. Jüngstes Blatt gerollt. Blätter ohne Öhrchen. Blätter sehr schmal, nur bis 5 mm breit. Blattspreite rinnig, mit heruntergeklappten Rändern wie bei den Sauergräsern, auch am Rande so rauh und scharf wie diese. Blatthäutchen nicht lang, aber deutlich.

Zu Gruppe 1. Leichtkenntliche Gräser.

30. Schmalblättriges Reitgras (*cálamagróstis lanceoláta*). Beschreibung S. 121.

Ausdauernd. Mit unterirdischen Ausläufern. Höhe bis über 1 m, Blüte Juli/August. — Auf nassen Wiesen oft ebenso bestandbildend wie die Sauergräser und, obwohl Süßgras, doch ebenso minderwertig wie jene.

Blütenstand: eine steif aufrechte echte Rispe.

Ährchen: klein (doppelt so groß wie bei den Straußgräsern), sehr zahlreich, einblütig, Blüte mit einer hochangesetzten deutlichen Rückengranne. Am Grunde der Blüten Haarkranz, der besonders nach der Blüte hervortritt.

Ährchen geknäuelt gehäuft (dadurch etwas Ähnlichkeit mit Knaulgras und Rohrglanzgras, aber durch die Vielästigkeit der Rispe, namentlich an den untersten Stufen sofort zu unterscheiden.

Blatt:

Jüngstes Blatt gerollt. Blätter ohne Öhrchen. Blattstreifung typisch wie in der Zeichnung. Blätter hart, schilfartig (Sandrohr) Blattränder rauh. Blatthäutchen deutlich, derb.

Zu Gruppe 9. Gräser mit ungerieften Blättern.

31. Sandrohr (*cálamagróstis épigéios*). Beschreibung S. 121.

Ausdauernd. Mit weithin kriechenden unterirdischen Ausläufern. Höhe bis weit über 1 m. Blüte Juli/August.

Landwirtschaftlich bedeutungslos. Nur auf landwirtschaftlich nicht genutzten Sandhügeln oder auch in Kiefernwäldern.

Blütenstand: eine einseitswendige Scheinähre traubiger Herkunft.

Ährchen: klein bis mittelgroß, zwei- bis mehrblütig. Blüten mit kurzer feiner Stachelspitze. Unter jedem Ährchen ein kammartiges Deckblatt (gekämmt, *cristatus*, Kammgras. Deckblatt aus zweizeilig gestellten tauben Spelzen hervorgegangen).

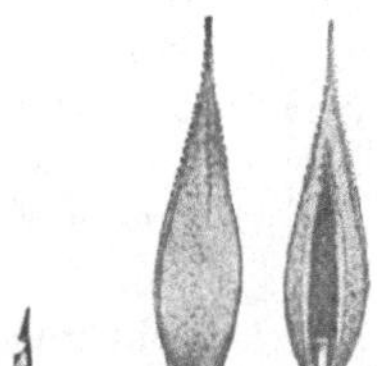

Same (Spelzfrucht): in natürlicher Größe (3—4 mm) und vergrößert.

Tausendkorngewicht 0,45 g.

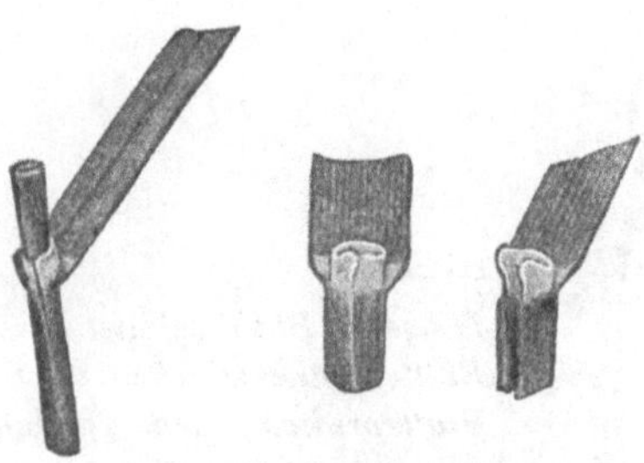

Blatt:

Jüngstes Blatt gefaltet.
Blattspreiten gerieft.
Blätter ohne Öhrchen.
Blatthäutchen gerade, vorn lappig emporgezogen (im Gegensatz zum sonst zum Verwechseln ähnlichen Deutschen Weidelgras, allerdings sperriger im Wuchs als dieses und Blattunterseite auch nicht glänzend; Blattspreiten schwertartig verjüngt und nicht überall gleich breit wie beim Weidelgras).

Zu Gruppe 8. Gräser mit Riefenblättern.

32. Kammgras (*cynosúrus cristátus*). Beschreibung S. 123 u. 124.

Ausdauernd. Horstig. Höhe bis über 50 cm. Blüte Juni. Reife kurz vor dem Roggen.

Wichtiges Untergras, namentlich auf den Höhenwiesen. Auch als Weidegras manchmal wichtig.

Blütenstand: eine einseitswendige geknäuelte echte Rispe (meist einästig, ausnahmsweise zweiästig).

Ährchen: mittelgroß, 3 bis 4 blütig. Deckspelze grannenspitzig, desgleichen die Hüllspelze.

Same (Spelzfrucht): in natürlicher Größe (5—6 mm) und vergrößert. Tausendkorngewicht 1 g. Wegen der starken Kielung und des Plattgedrücktseins immer auf der Seite, nie auf dem Rücken liegend. Spitze gekrümmt. Stielchen $^1/_4$ bis $^1/_5$ der Länge der Spelzfrucht, mit keulenförmig verdickter Spitze.

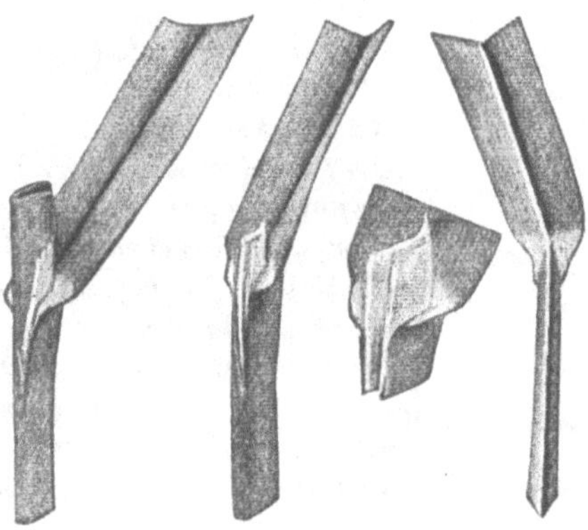

Blatt:

Jüngstes Blatt gefaltet. Blätter ohne Öhrchen. Blattspreiten nicht gerieft, nur mit tiefer Mittelrinne, unterseits sehr scharf gekielt. Blattscheide zweikielig, platt. Blatthäutchen lang, weiß, in eine Spitze ausgezogen.

Zu Gruppe 1: Leichtkenntliche Gräser.

33. Knaulgras (*dáctylis glómeráta*). Beschreibung S. 124 u. 125.

Ausdauernd. Horstig. Höhe bis über 1 m. Obergras. Blüte Anfang Juni. Reife zwei bis drei Wochen vor dem Roggen.

Sehr geschätztes Obergras auf nicht zu feuchten, mehr frischen Wiesen, auch Rieselwiesen. Auf guten Weiden ein Unkraut, auf Hutungen dagegen erwünscht. Im Feldfutterbau von einiger Bedeutung.

34. Wiesenschwingel.

Blütenstand: eine aufrechte einfache bis doppelte Traube.

Einzelährchen an der Blütentsandsspitze mindestens vier (bei den Trespen dagegen weniger). Auch an den unteren Stufen nur zwei Abästungen (bei den Trespen dagegen mehrere).

Ährchen: groß, vielblütig, Blüten ohne Grannen.

Ährchen von Rohrschwingel: ähnlich, aber etwas plumper, ferner zahlreicher. Der kleinere der beiden unteren Äste mit mindestens drei Ährchen (bei Wiesenschwingel nur 1) und der größere sehr reichährig (bei Wiesenschwingel bis 5).

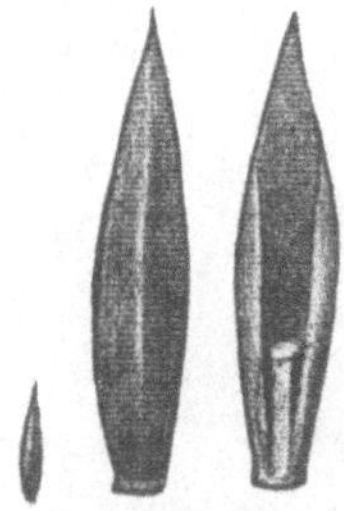

Same (Spelzfrucht): in natürlicher Größe (6—7 mm) und vergrößert. Stielchen dünner und länger als bei dem im Samen sonst ähnlichen Deutschen Weidelgras. Tausendkorngewicht 2 g.

Ährchen von Riesenschwingel: mehrblütig, Blüten lang begrannt. Granne schlaff, häufig zusammengewunden.

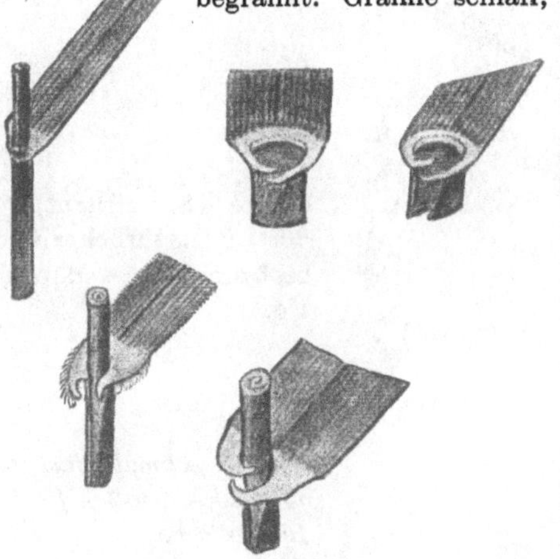

Blatt:

Jüngstes Blatt gerollt.
Blätter gerieft.
Blätter mit ausgeprägten Öhrchen.
Blätter unbehaart.
Blatthäutchen kürzer als der Blattgrund (im Gegensatz zum Welschen Weidelgras).

Rohrschwingelblatt wie oben, aber Blattrand gesägt. Blattgrund behaart.

Riesenschwingelblatt wie oben, aber massiger und unterseits speckglänzend.

Alle zu Gruppe 8. Gräser mit Riefenblättern.

34. Wiesenschwingel (*festúca praténsis*). Beschreibung S. 125 u. 126.
Ausdauernd. Horstig. Höhe über 1 m. Blüte Anfang Juni. Reife 1—2 Wochen vor dem Roggen.
Ausgezeichnetes Wiesen- und Weidengras für die feuchten und frischfeuchten Lagen. Auch für Feldfutterbau geeignet.

35. Rohrschwingel (*festúca arúndinácea*). Beschreibung S. 127.
Ausdauernd. Horstig. Höhe bis 1,50 m. Blüte Juni/Juli.
Unkraut auf guten Wiesen.

36. Riesenschwingel (*festúca gigántea*). Beschreibung S. 127.
Ausdauernd. Horstig. Höhe bis 1,50 m. Blüte Juli/August.
Landwirtschaftlich bedeutungsloses Waldgras.

Blütenstand: eine einfache bis doppelte Traube.

Ährchen: mittelgroß bis groß, 4 bis 6blütig, jede Blüte mit einer Spitzengranne. Granne kürzer als die Deckspelze.

Abästungen: ein Ast, auf der untersten Stufe oder zwei. Der längere Ast der untersten Stufe halb so lang wie der ganze Blütenstand.

Same (Spelzfrucht): vergrößert, in natürlicher Größe (4,5 bis 6 mm). Tausendkorngewicht 1 g.

Blatt:

Blätter schmal, fast borstlich, aber doch deutlich flach.
Blätter gerieft.
Blätter unbehaart.
Blatthäutchen sehr kurz.

Zu Gruppe 8. Gräser mit Riefenblättern.

37. **Rotschwingel** (*festúca rúbra*). Beschreibung S. 127 u. 128.

Ausdauernd. Mit unterirdischen Ausläufern. Höhe bis 1 m. Blüte Juni. Reife 2 Wochen vor dem Roggen.

Häufiges Wiesen- und Weidengras.

Blütenstand: eine einfache bis doppelte Traube.

Ährchen: mittelgroß, 3—6 blütig, jede Blüte mit kurzer Spitzengranne oder doch grannenspitzig.

Auf jeder Stufe nur eine Abästung. Der unterste Ast nicht halb, sondern nur $^1/_3$ so lang wie der ganze Blütenstand.

Blatt: *Wurzelblätter borstlich. Blatthäutchen sehr kurz, fast fehlend.*

Zu Gruppe 2. Gräser mit Borstblättern.

38. **Schafschwingel** (*festúca ovína*). Beschreibung S. 128.

Ausdauernd. Horstig. Höhe bis unter 50 cm. Blüte Ende Mai, Anfang Juni. Reife 4 Wochen vor dem Roggen.

Brauchbares Weidegras auf armen Schafhutungen. Zur Samengewinnung auf leichtesten Sandböden gebaut, die durch die großen Wurzelrückstände erst kulturwürdig werden.

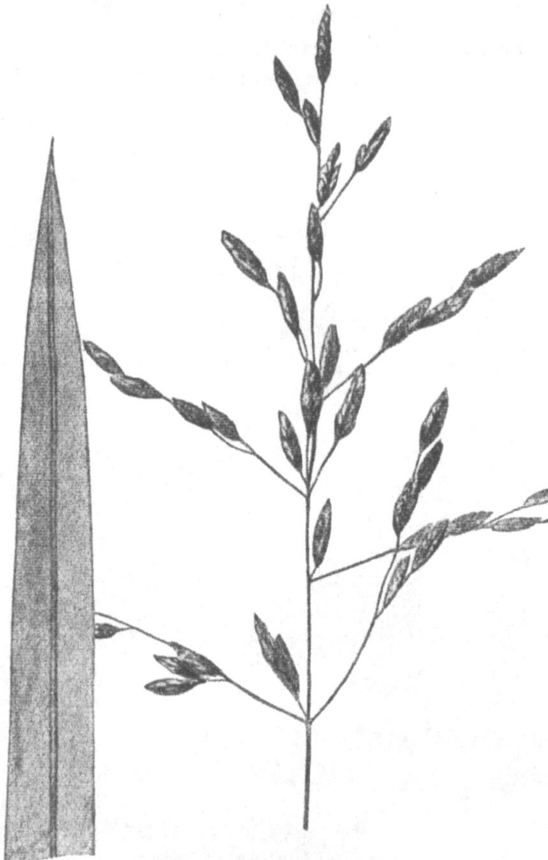

Blütenstand:
eine sehr große echte Rispe.

Ährchen: groß, lineal, zahlreich, mehrblütig. Blüten ohne Grannen, Deckspelzen abgestumpft (typisch für die Mannagräser).

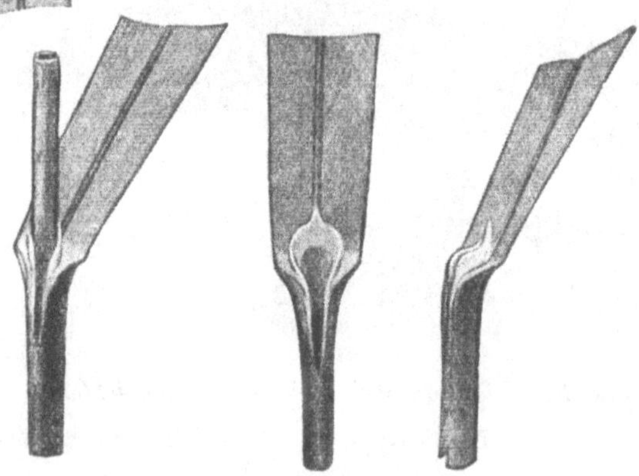

Blatt:
Jüngstes Blatt gefaltet. Blätter breit, dicklich, ohne Öhrchen.
Schienenblatt (Poablatt).
Blattscheide geschlossen.
Blätter unbehaart.
Blatthäutchen groß, weiß, in eine Spitze ausgezogen.

Zu Gruppe 5. Gräser mit Schienenblättern.

39. **Ansehnliches** (prächtiges) **Mannagras** (*glycéria aquática*). Beschreibung S. 129 u. 130.

Ausdauernd. Mit langen unterirdischen Ausläufern. Höhe bis 2 m und mehr. Blüte Juni bis August.

Auf noch nasseren Überschwemmungswiesen als das Rohrglanzgras. Nur selten hochwertig.

Blütenstand: eine doppelte Traube (sehr selten rispig).

Ährchen: sehr lang, schmal-länglich, vielblütig. Jede Blüte ohne Granne. Deckspelze abgestumpft (typisch für Mannagräser). **Ährchen den Tragästen angeschmiegt.**

Blatt:

Jüngstes Blatt gefaltet.
Blätter ohne Öhrchen.
Blätter oberseits und unterseits gerieft.
Blätter außerdem noch geschient.
Blattscheide geschlossen.
Blattscheide plattgedrückt.
Blätter unbehaart.
Blatthäutchen lang spitz dreieckig.

Zu Gruppe 5. Gräser mit Schienenblättern oder zu Gruppe 8. Gräser mit Riefenblättern.

40. Flutendes Mannagras (*glycéria flúitans*). Beschreibung S. 130.

Ausdauernd. Mit unterirdischen Ausläufern. Höhe über 1 m. Blüte Juni/Juli.

Sehr häufig auf nassen Wiesen und Weiden, dort landwirtschaftlich von einiger Bedeutung.

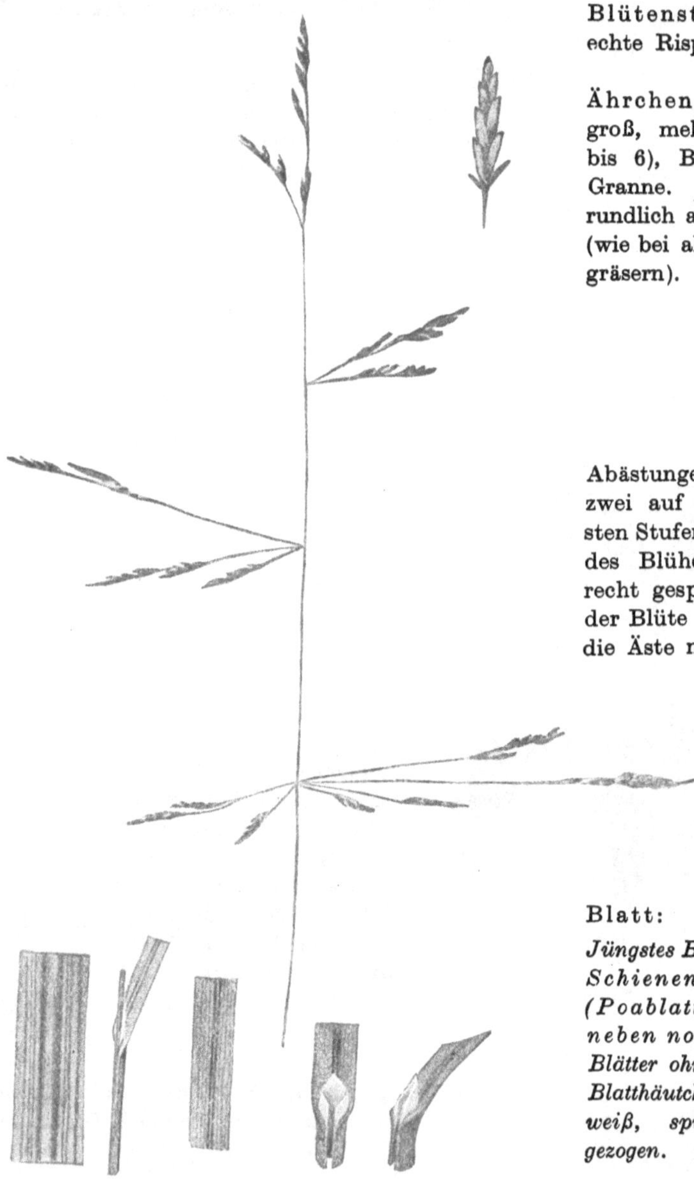

Blütenstand: eine echte Rispe.

Ährchen: mittelgroß, mehrblütig (4 bis 6), Blüten ohne Granne. Deckspelze rundlich abgestumpft (wie bei allen Mannagräsern).

Abästungen mehr als zwei auf den untersten Stufen. Während des Blühens waagerecht gespreizt, nach der Blüte senken sich die Äste nach unten.

Blatt:

Jüngstes Blatt gefaltet. Schienenblatt (Poablatt), aber daneben noch gerieft. Blätter ohne Öhrchen. Blatthäutchen deutlich weiß, spitz emporgezogen.

Zu Gruppe 5. Gräser mit Schienenblättern.

41. Salz- oder Spreizschwaden (*glycéria dístans*). Beschreibung S. 130. Ausdauernd. Horstig. Höhe bis 50 cm. Blüte Juni bis August. Wichtiges Gras auf Salzwiesen, namentlich des Binnenlandes.

Blütenstand: eine echte Rispe (deutlich nur während der Blüte, sonst fast scheinährig, da sich die Seitenäste vor und nach der Blüte an die Hauptachse anlegen).

Ährchen: klein, zweiblütig. Die obere Blüte taub, mit gebogener Rückengranne, die nicht aus dem Ährchen hervortritt, sondern von den Hüllspelzen verschlossen wird.

Same (Ährchenfrucht, Spelzfrucht, Frucht): vergrößert. Ährchenfrucht: in natürlicher Größe (4 mm).

Blatt:

Jüngstes Blatt gerollt.
Blätter ohne Öhrchen.
Blattspreite oberseits und unterseits weichhaarig.
Blattspreiten stark gekielt.
Blattscheide offen.
Blattscheide weichhaarig.
Blattscheide mit violetten senkrechten Streifen.
Blatthäutchen groß, stark gefranst.

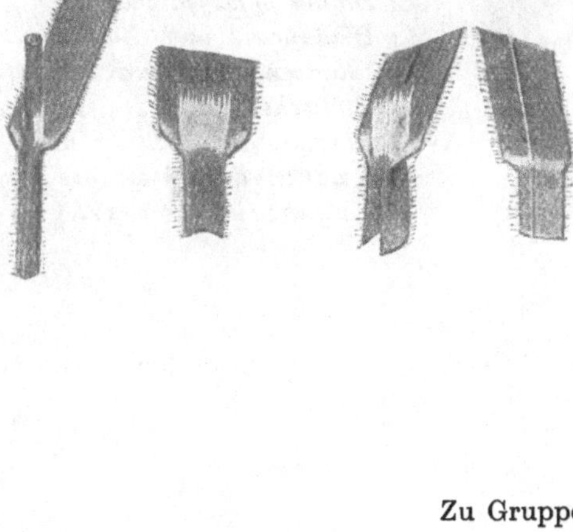

Zu Gruppe 1. Leichtkenntliche Gräser.

42. Wolliges Honiggras (*hólcus lanátus*). Beschreibung S. 130 u. 131.

Ausdauernd. Horstig. Höhe unter 1 m. Blüte Mai bis Juli.

Häufig auf mageren und vernachlässigten Wiesen. Auch auf Weiden. Auf gutem Grünland ein Unkraut. Der Same ist Hauptbestandteil der Heublumensaat.

Blütenstand: eine echte Rispe (deutlich nur während der Blüte, sonst fast scheinährig, da sich die Seitenäste vor und nach der Blüte an die Hauptachse anlegen).

Ährchen: klein bis mittelgroß, zweiblütig. Die obere Blüte taub, mit aus dem Ährchen herausragender Rückengranne.

Blatt:

Jüngstes Blatt gerollt.
Blätter ohne Öhrchen.
Blattspreite und Blattscheide nur sehr wenig und kurz behaart.
Blattscheide offen.
Blatthäutchen mittelgroß.
Knoten des Stengels typisch ringsherum behaart.

Zu Gruppe 1. Leichtkenntliche Gräser.

43. Weiches Honiggras (*hólcus móllis*). Beschreibung S. 131.

Ausdauernd. Mit unterirdischen Ausläufern. Höhe unter 50 cm. Blüte Juni bis August.

Häufig in Kiefernwäldern. Aber auch als Unkraut (Hochmoorquecke) auf mageren Äckern. Viel leichter zu bekämpfen als die echte Quecke.

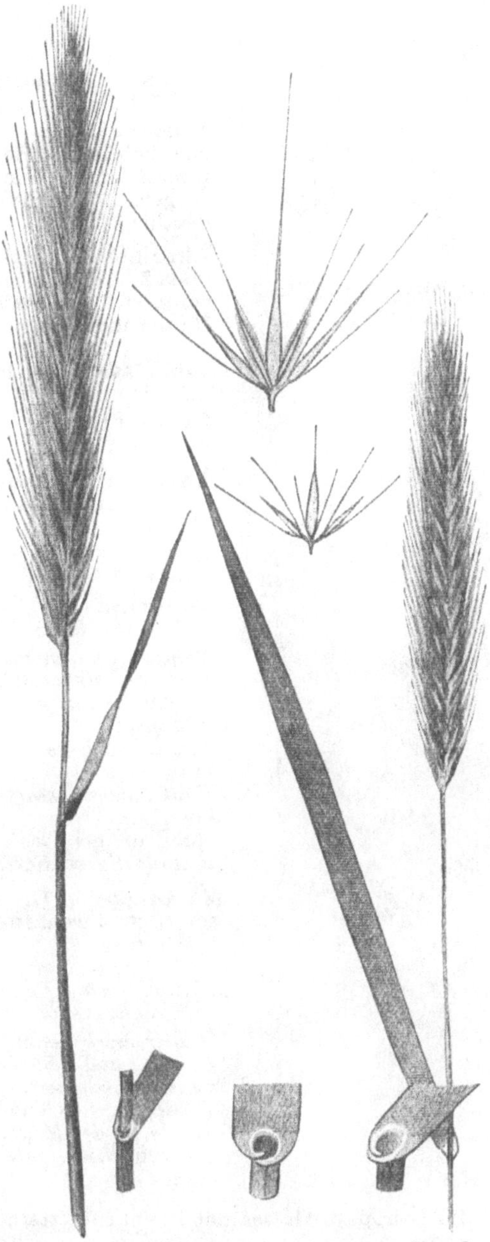

44. Mäusegerste (links).

Blütenstand: eine echte Ähre und auch Scheinähre. Von den drei Ährchen an einer Spindelansatzstelle ist nämlich das mittlere ungestielt (also echtährig), die beiden seitlichen sind aber gestielt (also scheinährig).

Ährchen: groß, zahlreich, einblütig. Deckspelze mit sehr langer Spitzengranne. Hüllspelzen der beiden seitlichen Ährchen vollkommen grannig, des mittleren Ährchens dagegen aus breitem bewimpertem Grunde in eine Granne auslaufend.

45. Wiesengerste (rechts).
Blütenstand: wie oben, aber kürzer.

Ährchen: kleiner, Hüllspelzen alle rein grannig. Grannen der Deckspelzen kürzer als bei der Mäusegerste.

Blatt:
44. Mäusegerste.
45. Wiesengerste.

Jüngstes Blatt gerollt.
Blätter mit Öhrchen, diese aber nicht derb und krallig wie bei der Quecke, sondern häutig, das Blatthäutchen gleichsam fortsetzend.
Blattscheide behaart (bei Mäusegerste).
Blattscheide kahl (bei Roggengerste).

Zu Gruppe 1. Leichtkenntliche Gräser.

44. Mäusegerste (*hórdeum murinum*). Beschreibung S. 131.
Überjährig und auch einjährig. Höhe unter 50 cm. Blüte Juli/August.
Häufig an Ackerrainen und Straßenrändern. Landwirtschaftlich ohne Bedeutung.

45. Roggen- oder Wiesengerste (*hórdeum secalínum*). Beschreibung S. 131.
Ausdauernd. Horstig. Höhe bis über 50 cm. Blüte Mai bis Juli.
Sporadisch auf guten Wiesen. Wertvolle Wiesenpflanze.

46a. **Kammschmiele** (links).

Blütenstand: eine Scheinähre rispiger Herkunft (beim Biegen besonders deutlich).

Ährchen: mittelgroß, 2—4 blütig, bewimpert, glänzend. Blüten ohne Granne.

46b. **Blaue Schmiele** (rechts).

Blütenstand: wie oben.

Ährchen: kleiner, kahl glänzend, 2—3-blütig.

Blatt:

46b. Blaue Schmiele.

Blätter blau, schmal, starr, nach unten sich verjüngend und spitz zulaufend.

Blätter stark gerieft, kahl.

Blatthäutchen sehr kurz.

Halm an der Basis zwiebelartig verdickt.

Zu Gruppe 6. Gräser mit Zwenkenblättern.

46a. Kammschmiele.

Blätter stark gerieft.

Blätter und Blattscheide bewimpert.

Blätter unten schmäler als in der Mitte.

Blatthäutchen ganz kurz.

Zu Gruppe 6. Gräser mit Zwenkenblättern.

46a. Kammschmiele (*koeléria cristáta*). Beschreibung S. 131.

Ausdauernd. Horstig. Höhe bis 50 cm. Blüte Juni/Juli.

Auf sonnigen Kalkhängen. Landwirtschaftlich bedeutungslos.

46b. Blaue Schmiele (*koeléria gláuca*). Beschreibung S. 131.

Ausdauernd. Horstig. Höhe unter 50 cm. Blüte Juni/Juli.

Auf den heidekrautlosen Sandfeldern mit dem Igelgras zusammen.

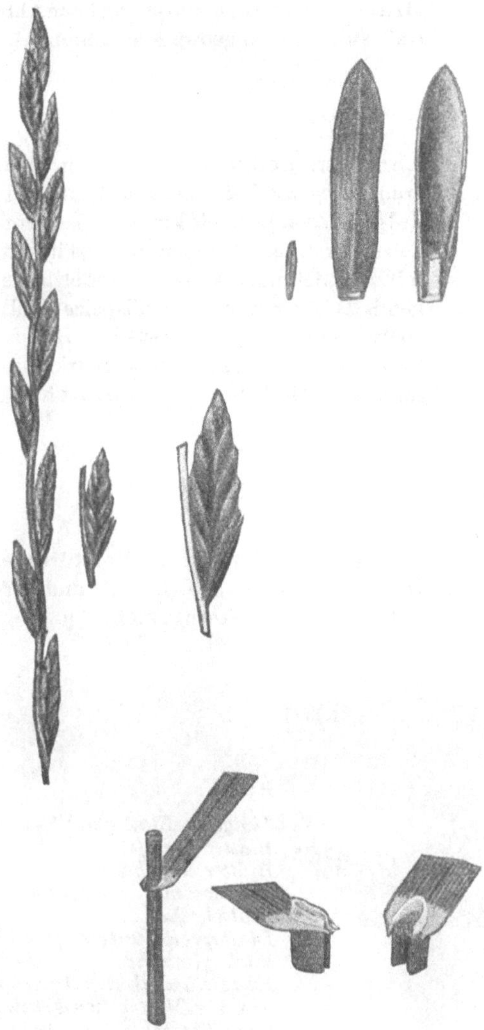

Blütenstand: eine unterbrochene Ähre (mit zweizeilig angeordneten Ährchen).

Same (Spelzfrucht): in natürlicher Größe (5—7 mm) und vergrößert. Tausendkorngewicht 2 g. Unbegrannt. Stielchen kurz und platt und breit (im Gegensatz zum sonst sehr ähnlichen Samen von Wiesenschwingel).

Ährchen: groß, vielblütig, Blüten nicht begrannt (siehe dagegen Welsches Weidelgras und Taumellolch). Schmalseite des Ährchens liegt der Spindel an (nicht die Breitseite wie bei der Quecke), deshalb nur eine Hüllspelze, mit Ausnahme des Spitzenährchens. Hüllspelzen (im Gegensatz zum Taumellolch) sehr kurz, höchstens von Blütenlänge.

Blatt:

Jüngstes Blatt gefaltet.
Blätter gerieft.
Blattspreite unterseits stark glänzend.
Blätter mit Öhrchen.
Blätter unbehaart.
Blattscheidengrund meist rot angelaufen.
Blatthäutchen nicht vorn emporgezogen, Blätter überall gleich breit (im Gegensatz zum sonst ähnlichen Kammgras).

Zu Gruppe 8. Gräser mit Riefenblättern.

47. **Deutsches Weidelgras** (früher englisches Raygras) (*lólium perénne*).
Beschreibung S. 134 u. 135.

Ausdauernd. Horstig. Höhe über 50 cm. Blüte Anfang Juni. Reife $2^1/_2$—3 Wochen vor dem Roggen.

Das wichtigste Dauerweidengras der schwereren Böden. Das Gras der Fettviehweiden. Wichtig auch für den Feldfutterbau.

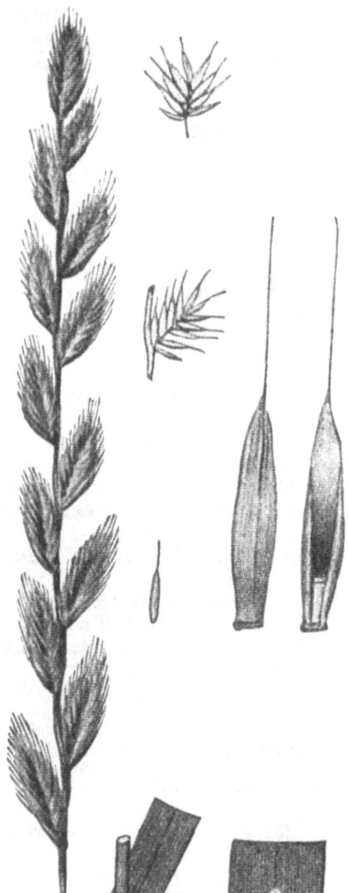

Blütenstand: eine unterbrochene Ähre (mit zweizeilig angeordneten Ährchen).

Ährchen: groß, vielblütig, Blüten nicht grannenlos wie beim Deutschen Weidelgras, sondern mit kurzer, aber deutlicher Granne. Ährchen breitgedrückt, mit der Schmalseite der Spindel anliegend. Deshalb nur eine Hüllspelze. Hüllspelzen sehr kurz, höchstens von Blütenlänge, nie aber von Ährchenlänge wie beim sonst sehr ähnlichen Taumellolch.

Same (Spelzfrucht): in natürlicher Größe (4—6 mm ohne Granne) und vergrößert. Tausendkorngewicht 2 g.

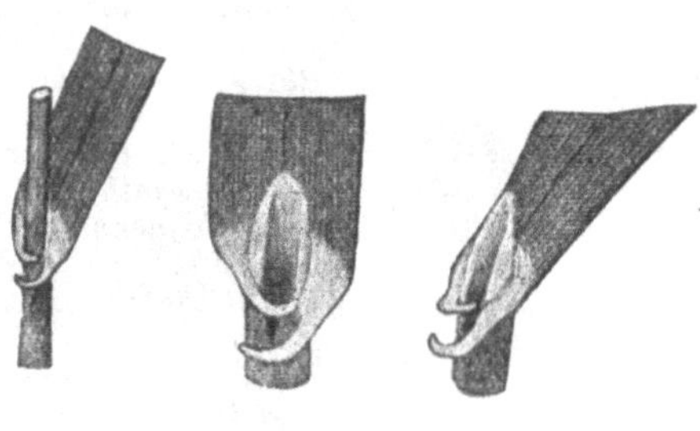

Blatt:

Jüngstes Blatt gerollt.
Blätter gerieft.
Blätter unbehaart.
Blätter mit ausgeprägten Blattöhrchen.
Blattspreite unterseits sehr stark glänzend.
Blatthäutchen länger als der Blattgrund (beim sehr ähnlichen Wiesenschwingel umgekehrt, also kürzer als der Blattgrund).

Zu Gruppe 8. Gräser mit Riefenblättern.

48. Welsches Weidelgras (früher italienisches Raygras) (*lólium itálicum*). Beschreibung S. 132 u. 133.

Überjährig bis zweijährig und auch einjährig. Horstig. Höhe bis 1 m und darüber. Blüte Anfang Juni. Reife 3 Wochen vor dem Roggen.

Da nicht ausdauernd, nicht geeignet für Dauerwiesen und Dauerweiden. Sehr wichtig aber für den Feldfutterbau und evtl. für Rieselwiesen.

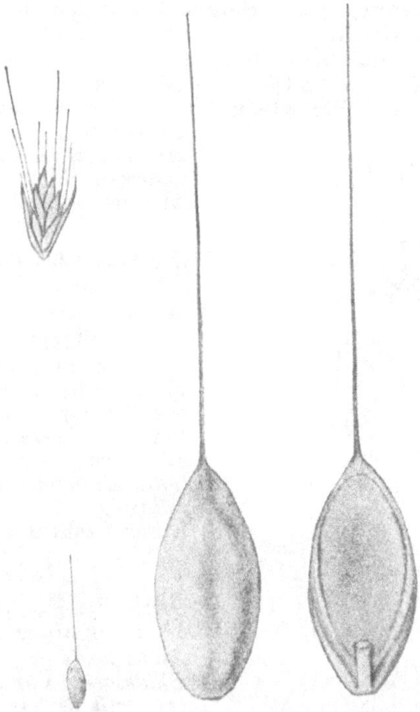

Blütenstand: eine unterbrochene Ähre (mit zweizeilig angeordneten Ährchen).

Ährchen: groß, mehrblütig. Blüten mit sehr langer Granne. Ährchen breitgedrückt, mit der Schmalseite der Spindel anliegend, deshalb nur eine Hüllspelze. Hüllspelzen sehr lang, so lang oder länger als das Ährchen. (Das in der Ähre ähnliche Welsche Weidelgras hat Hüllspelzen, die kurz, d. h. etwa von Blüten-, nie aber von Ährchenlänge sind.)

Same (Spelzfrucht): in natürlicher Größe (5 bis 6 mm ohne Granne) und vergrößert.

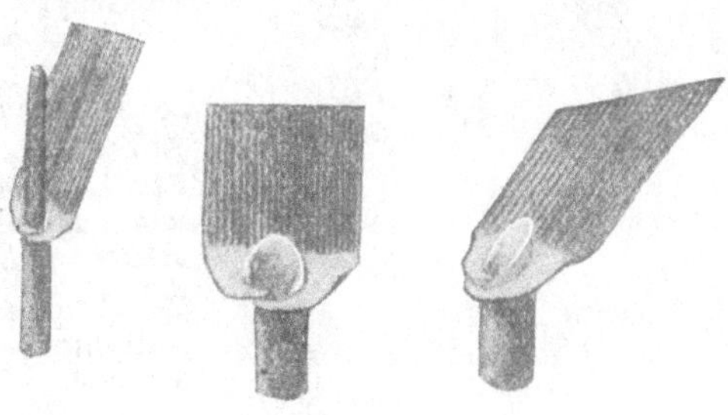

Blatt:

Am Blatt vom Welschen Weidelgras kaum zu unterscheiden.

Zu Gruppe 8. Gräser mit Riefenblättern

49. Taumellolch (*lólium temuléntum*). Beschreibung S. 135.
Einjährig. Höhe bis 1 m. Blüte August/September.
Giftiges Unkraut, aber sehr selten geworden.

50. **Wimperperlgras** (links).

Blütenstand: eine Scheinähre rispiger Herkunft (deutlich zu sehen beim Umbiegen der Blütenstandsachse).

Ährchen: mittelgroß, zweiblütig (eine Blüte steril, langgestielt und von plumper Gestalt wie bei allen Perlgräsern). Deckspelze trägt Haare von Spelzenlänge, welche nach dem Abblühen aus dem Ährchen spreizen und dem ganzen Blütenstand das Aussehen einer walzigen, seidenhaarigen Bürste geben. — Ährchen zahlreich.

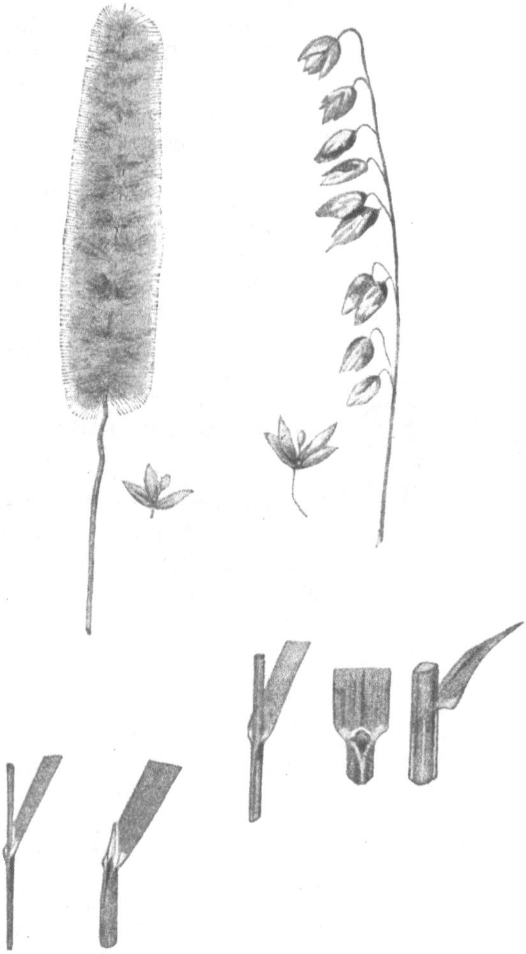

51. **Nickendes Perlgras** (rechts).

Blütenstand: eine einseitswendige Traube.

Ährchen: mittelgroß, dreiblütig (die oberste Blüte steril, langgestielt und von plumper Gestalt, wie bei allen Perlgräsern). Ährchen herabhängend, gedrungen, eiförmig.
Ährchenzahl gering.

Blatt:

51. Nickendes Perlgras.
Blattscheide geschlossen.
Blattscheide vorn und hinten mit je einer Längsleiste.
Blatthäutchen: ein sehr kurzer Rand.
Blätter unbehaart.

Zu Gruppe 1. Leichtkenntliche Gräser.

50. Wimperperlgras.
Blattscheide geschlossen.
Blatthäutchen: deutlich, länglich, zugespitzt.
Blätter nicht behaart.

Zu Gruppe 7. Gräser mit auffällig geschlossener Blattscheide.

50. **Wimperperlgras** (*mélica ciliáta*). Beschreibung S. 136.
Ausdauernd. Horstig. Höhe über 50 cm. Blüte Mai/Juni.
Eine Zierde der trockenen, sonnigen Kalkberge. Landwirtschaftlich ohne Bedeutung.

51. **Nickendes Perlgras** (*mélica nútans*). Beschreibung S. 136.
Ausdauernd. Mit unterirdischen Ausläufern. Höhe über 50 cm. Blüte Mai bis Juni.
Zierliches Waldgras. Landwirtschaftlich ohne Bedeutung.

Blütenstand: eine allseitswendige doppelte Traube.

Ährchen: mittelgroß, zweiblütig (eine Blüte davon steril, langgestielt, von plumper keulenförmiger Gestalt, wie bei allen Melicaarten). Blüten ohne Grannen.

Ährchenzahl gering.

Ährchenansatz spindelfern. Äste höchstens zwei auf jeder Stufe und jeder Ast mit nur 2 Ährchen.

Blatt:
Zapfenförmiger Fortsatz der geschlossenen Blattscheide gegenüber dem Blattspreitengrund (einzig in der ganzen Flora, sozusagen ein um 180° verschobenes Blatthäutchen).

Zu Gruppe 1. Leichtkenntliche Gräser.

52. **Einblütiges Perlgras** (*mélica úniflóra*). Beschreibung S. 136.
Ausdauernd, mit unterirdischen Ausläufern. Höhe über 50 cm. Blüte Mai/Juni.
Waldgras in Laubwaldungen.

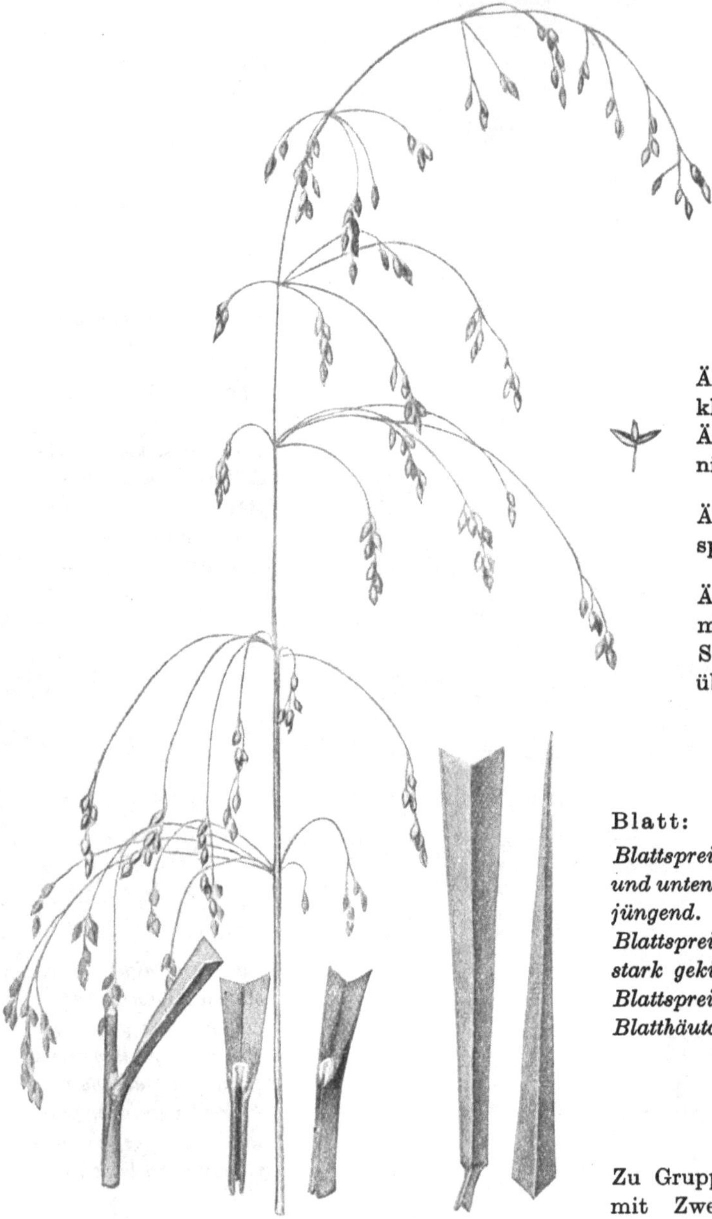

Blütenstand: eine überhängende echte Rispe.

Ährchen: klein, einblütig, Ährchenzahl nicht groß.

Ährchenansatz spindelfern.

Äste dünn, namentlich bei der Samenreife sehr überhängend.

Blatt:

Blattspreiten: nach oben und unten sich stark verjüngend.
Blattspreiten unterseits stark gekielt.
Blattspreiten unbehaart.
Blatthäutchen mittelgroß.

Zu Gruppe 6. Gräser mit Zwenkenblättern.

53. **Flattergras** (*mílium effúsum*). Beschreibung S. 136.

Ausdauernd. Horstig. Höhe über 1 m. Blüte Mai/Juni.

Einzelstehendes, landwirtschaftlich bedeutungsloses Waldgras. Eine Zierde der besseren Laubwälder.

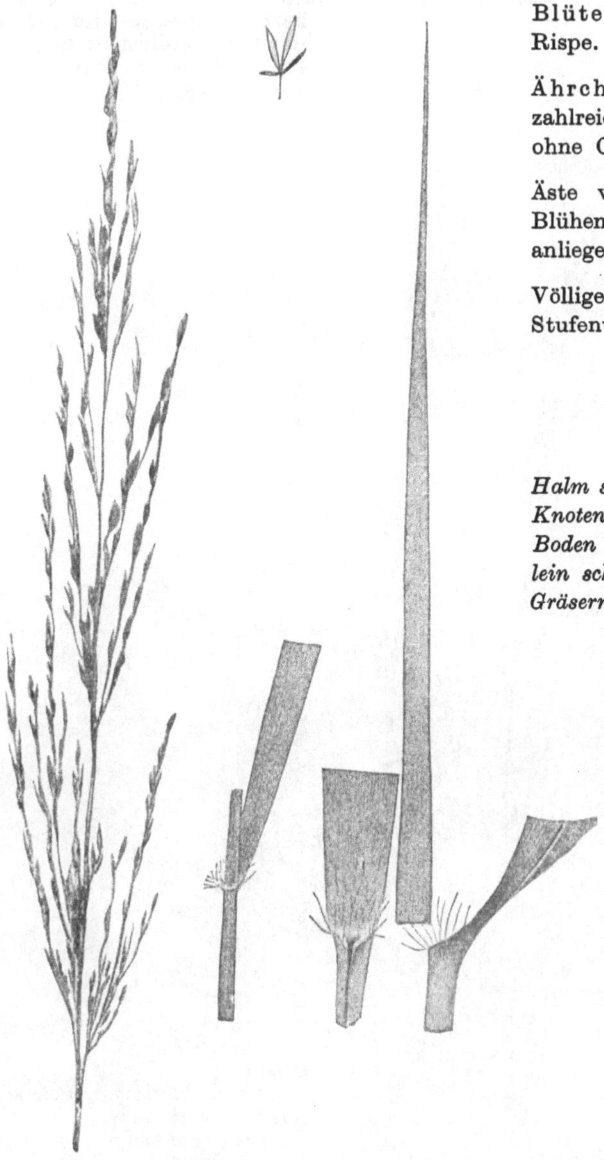

Blütenstand: eine echte Rispe.

Ährchen: klein, zweiblütig zahlreich, anliegend. Blüte ohne Granne.

Äste vor und nach dem Blühen der Hauptachse eng anliegend.

Völlige Regellosigkeit in der Stufenverteilung.

Halm scheinbar knotenlos. Knoten sind dicht über dem Boden gehäuft (dadurch allein schon von den anderen Gräsern zu unterscheiden).

Blatt:

Jüngstes Blatt gerollt. Blattspreite lang und scharf zugespitzt. Blätter mit Haarkranz statt Blatthäutchen, aber kein eigentlicher geschlossener Haarkranz wie beim Schilf, sondern vorn Haarbüschel und hinten vereinzelte lange Haare auf dem Blattgrunde und den untersten Teilen der Blattspreite.

Zu Gruppe 4. Gräser mit Haarkranz statt des Blatthäutchens.

54. Pfeifengras, Benthalm (*molínia coerúlea*). Beschreibung S. 136 u. 137.

Ausdauernd. Große Horste. Höhe bis weit über 1 m. Blüte September.

Nur auf Streuwiesen geschätzt. Die knotenlosen Halme werden gerne zum Reinigen der Tabakpfeifen benutzt, daher Pfeifengras.

Blütenstand: eine unterbrochene, einseitswendige echte Ähre.

Ährchen: klein, lang, schmal, vor der Blüte anliegend, nach der Blüte kammartig abspreizend, Blüte mit kurzer Spitzengranne, Hüllspelzen fehlen, verkümmert. – Ährchenzahl gering.

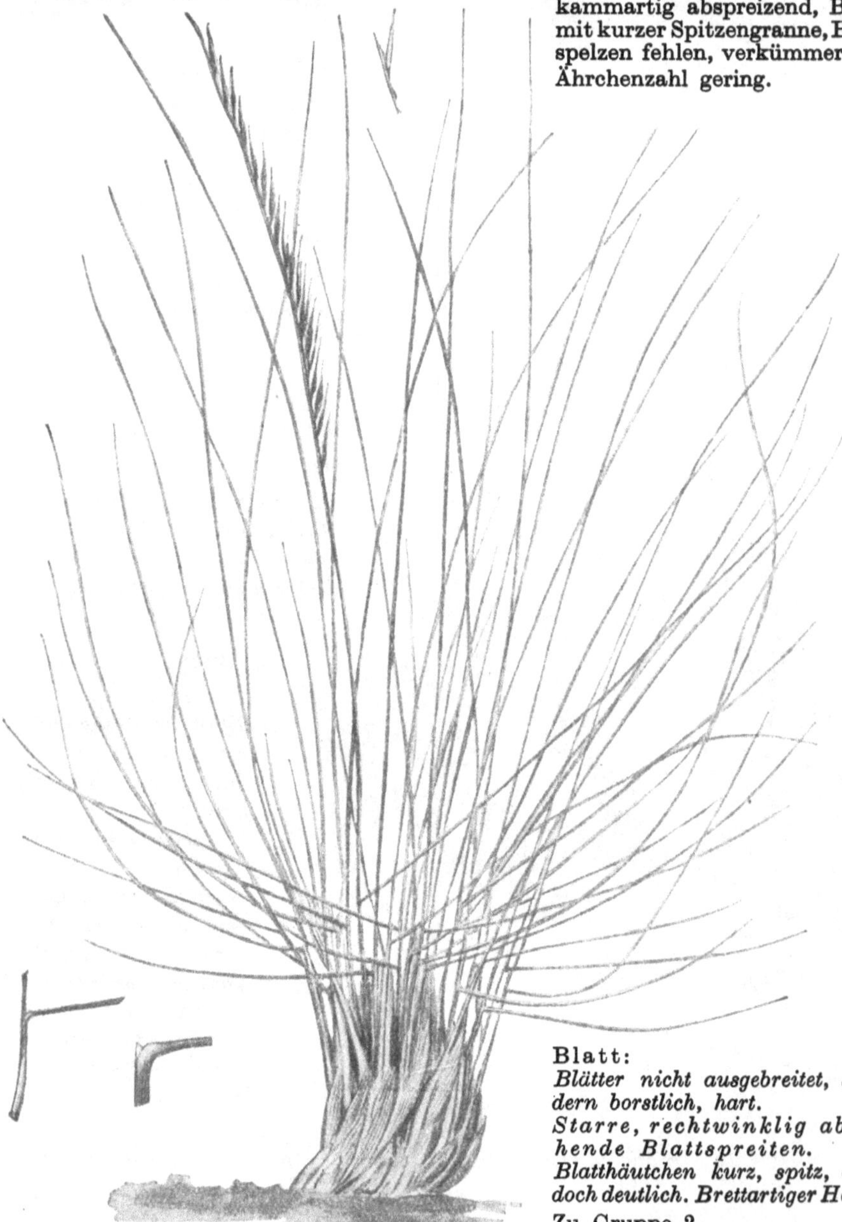

Blatt:
Blätter nicht ausgebreitet, sondern borstlich, hart.
Starre, rechtwinklig abgehende Blattspreiten.
Blatthäutchen kurz, spitz, aber doch deutlich. Brettartiger Horst.

Zu Gruppe 2.
Gräser mit Borstblättern.

55. Steifes Borstengras, Bocksbart (*nárdus strícta*). Beschreibung S. 137.
Ausdauernd. Horstig. Höhe selten mehr als 30 cm. Blüte Mai/Juni.
Das Hauptgras der sehr vernachlässigten mageren Wiesen und Weiden in den Höhengebieten. Wertlos.

56. Grüne Hirse (links).
Blütenstand: eine einfache Scheinähre rispiger Herkunft.

Ährchen: klein, einblütig, Blüten ohne Granne, aber mit aufwärts gerichteten, langen grünen Borsten unterhalb des Ährchens.

57. Gelbe Hirse (rechts).
Blütenstand: eine einfache Scheinähre traubiger Herkunft.

Ährchen: klein, einblütig, Blüten ohne Granne, aber mit ziemlich langen, aufrechten, gelben Borsten unterhalb des Ährchens.

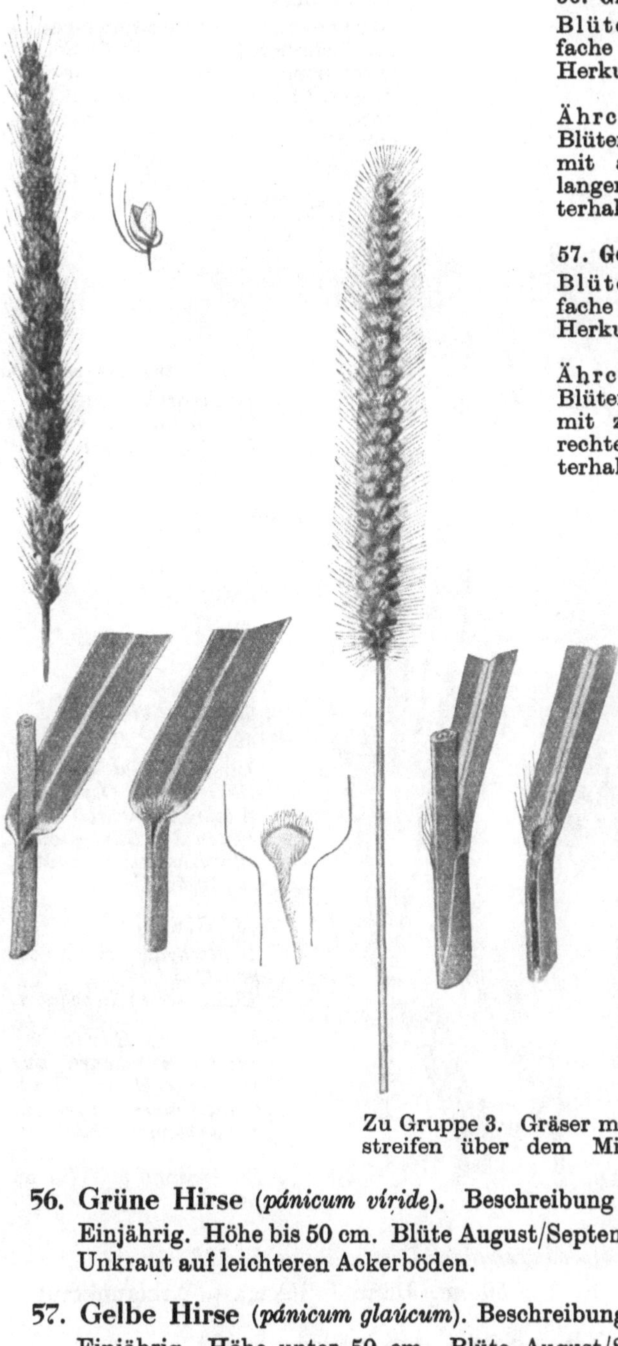

Blatt:
56. Grüne Hirse.
57. Gelbe Hirse.
Jüngstes Blatt gerollt. Weißer Hautstreifen inmitten der Blattspreite. Blattscheide plattgedrückt. Haarkranz statt Blatthäutchen.

56. Grüne Hirse (links). Blattscheidenrand haarig.

57. Gelbe Hirse (rechts). Blattscheidenrand glatt.

Zu Gruppe 3. Gräser mit einem weißen Hautstreifen über dem Mittelnerv der Blätter.

56. Grüne Hirse (*pánicum víride*). Beschreibung S. 138.
Einjährig. Höhe bis 50 cm. Blüte August/September.
Unkraut auf leichteren Ackerböden.

57. Gelbe Hirse (*pánicum glaúcum*). Beschreibung S. 138.
Einjährig. Höhe unter 50 cm. Blüte August/September.
Unkraut auf leichteren Äckern.

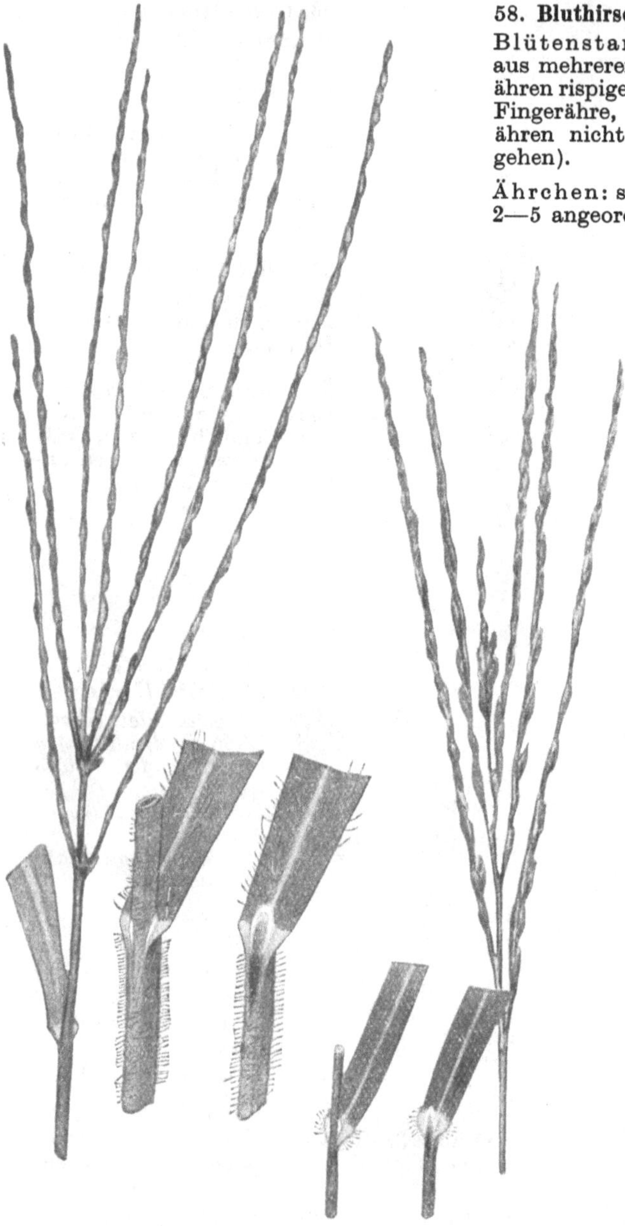

58. **Bluthirse** (links).

Blütenstand: Zusammengesetzt aus mehreren (meist über 6) Scheinähren rispiger Herkunft. (Keine echte Fingerähre, da die einzelnen Scheinähren nicht von einem Punkt ausgehen).

Ährchen: sehr klein, in Büscheln zu 2—5 angeordnet.

59. **Glatte Hirse** (rechts).
Blütenstand: wie oben, nur weniger (bis 6) Scheinähren.

Blatt:
58. Bluthirse.
59. Glatte Hirse.
Jüngstes Blatt gerollt. Blätter ohne Öhrchen. Weißer Hautstreifen inmitten der Blattspreite. Blatthäutchen: häutig, weiß, deutlich.

58. Bluthirse.
Blattscheide stark behaart.
Blattspreite fein behaart.

59. Glatte Hirse.
Blätter unbehaart, nur Haarbüschel am Blattgrund und Haarreihe am Blattscheidenrand.

Zu Gruppe 3. Wie 56 und 57.

58. Bluthirse (*pánicum sánguinále*). Beschreibung S. 138.
Einjährig. Höhe bis über 50 cm. Blüte Juli/August. Ackerunkraut.

59. Glatte Hirse (*pánicum glábra*). Beschreibung S. 138.
Einjährig. Höhe unter 50 cm. Blüte Juli/August. Ackerunkraut.

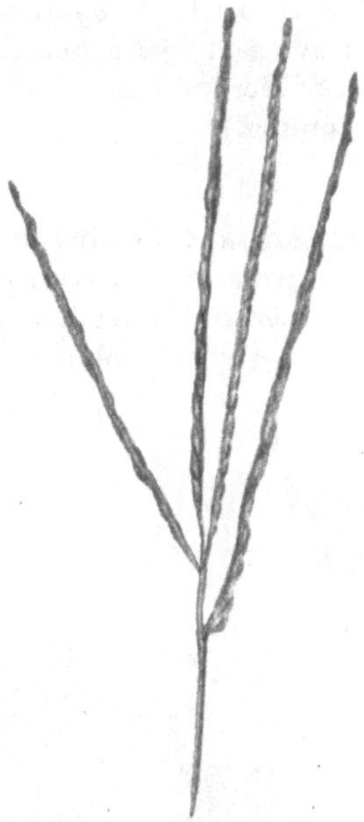

Blütenstand: Zusammengesetzt aus mehreren (meist 3) Scheinähren rispiger Herkunft.

Ährchen: sehr klein, in Büscheln angeordnet.

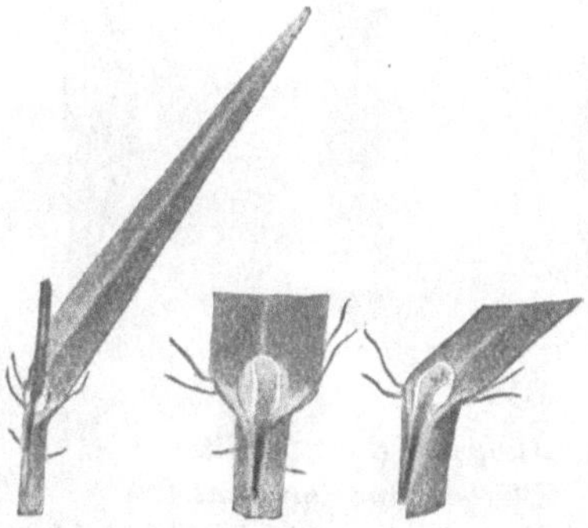

Blatt:
Jüngstes Blatt gerollt.
Weißer Hautstreifen inmitten der Blattspreite.
Blätter ohne Öhrchen.
An Blattgrund und Blattscheide einige spärliche längere Haare.
Blatthäutchen deutlich.

Zu Gruppe 3. Wie 56 und 57.

60. Kleine Hirse (*pánicum filifórme*). Beschreibung S. 138.
Einjährig. Höhe weit unter 50 cm. Blüte Juli/August.
Sehr häufiges Unkraut auf sehr geringen Sandäckern.

Blütenstand: Zusammengesetzt aus sehr vielen Scheinähren rispiger Herkunft in seitenästiger Anordnung.

Ährchen: klein, einblütig, Blüte mit längerer oder kürzerer grober, eben unter der Spitze angesetzter Granne. Ährchen zahlreich.

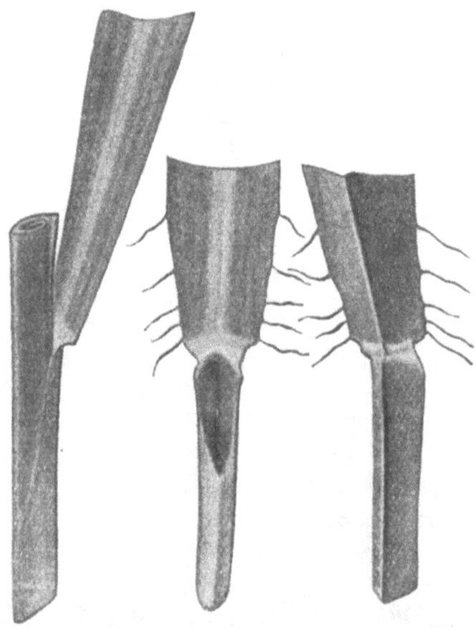

Blatt:

Jüngstes Blatt gerollt.
Blätter ohne Öhrchen.
Blattspreite mit weißem Mittelstreifen.
Blattspreite unten mit einzelnen spärlichen Haaren besetzt.
Blattscheide geschlossen.
Blattscheide seitlich plattgedrückt, aber nur auf dem Rücken gekielt.
Blätter ***ohne*** *Blatthäutchen und* ***ohne*** *Haarkranz.*

Zu Gruppe 3. Wie 56 und 57.

61. Hühnerhirse (*pánicum crús gálli*). Beschreibung S. 138.
Einjährig. Höhe über 1 m. Blüte Juli/August.
Unkraut in Gärten und Hackfrüchten.

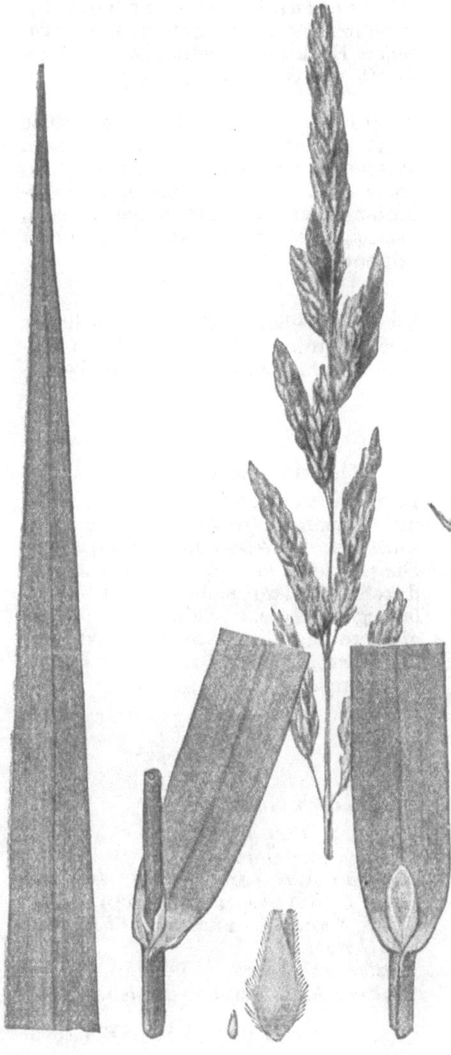

Blütenstand: eine gedrungene echte Rispe.

Abästungen: auf den unteren Stufen zwei Äste
und nicht ein Ast wie beim Knaulgras und nicht drei und mehr Äste wie bei anderen rohrartigen Gräsern (Schilfrohr, Sandrohr usw.).

Seitenäste allseitswendig und nicht einseitswendig wie beim Knaulgras.

Ährchenansatz spindelnah.

Ährchen: klein, zahlreich einblütig, Blüte ohne Granne.

Blatt:

Jüngstes Blatt gerollt.
Blätter ohne Öhrchen.
Blattspreiten rohrartig, aber nicht wie das Schilfrohr mit Haarkranz, sondern mit großem weißem dreieckigem Blatthäutchen.

Same (Spelzfrucht): in natürlicher Größe (3,5—4 mm) und vergrößert. Glänzend, Deckspelze weißlich behaart. Tausendkorngewicht 0,75 g.

Zu Gruppe 9. Gräser mit ungerieften Blättern.

62. **Rohrglanzgras** (*phálaris arúndinácea*). Beschreibung S. 138 u. 139. Ausdauernd. Mit unterirdischen Ausläufern. Höhe bis 2 m. Blüte Juni, Reife 1—2 Wochen vor dem Roggen.

Sehr häufig auf nassen Wiesen ohne stauende Nässe (meist Überschwemmungswiesen). Bildet dort eventuell die hochwertigen Rohrglanzgraswiesen, die ertragreichste Wiesenform Deutschlands. Auch als Streuepflanze hochgeschätzt.

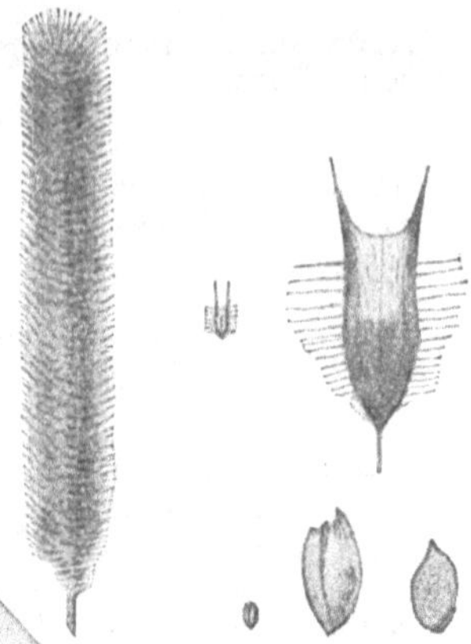

63. Wiesenlieschgras.

Blütenstand: eine zylindrische, gleichmäßig dicke Scheinähre traubiger Herkunft (nicht rispiger Herkunft wie Böhmers Lieschgras).

Ährchen: klein, einblütig, Blüte ohne Granne (im Gegensatz zum Wiesenfuchsschwanz). Aber Hüllspelzen in je eine Stachelspitze auslaufend und, da zusammengewachsen, sozusagen einen Stiefelknecht bildend.

Same (Spelzfrucht): in natürlicher Größe (2 mm) und vergrößert. Außerdem Frucht vergrößert. Tausendkorngewicht 0,37 g.

64. Böhmers Lieschgras.

Blütenstand: eine Scheinähre rispiger Herkunft (nicht traubiger Herkunft wie das Wiesenlieschgras). Beim Biegen zeigt sich die rispige Natur durch die dann sichtbar werdenden lappigen Äste. Scheinähre nicht gleichmäßig dick wie beim Wiesenlieschgras, sondern nach der Spitze zu schmäler.

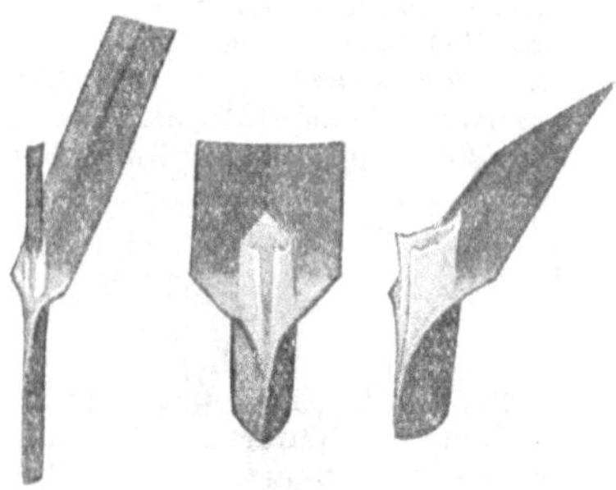

Blatt:
63. Wiesenlieschgras.
Jüngstes Blatt gerollt.
Blätter ohne Öhrchen.
Blatthäutchen: groß, weiß, in eine kleine Spitze ausgezogen, vorn mit je einem Eckzahn und meist überhaupt gezähnelt.
Blätter unbehaart.
Blätter ohne deutliche Riefen.

Zu Gruppe 9. Gräser mit ungerieften Blättern.

63. Wiesenlieschgras *(phléum praténse)*. Beschreibung S. 139 u. 140.

Ausdauernd. Horstig. Höhe über 1 m. Blüte Juli. Reife mit dem Roggen.

Hochwertiges Gras im Feldfutterbau. Auf dem Dauergrünland weniger wichtig.

64. Böhmers Lieschgras *(phléum boehméri)*. Beschreibung S. 140.

Ausdauernd. Horstig. Höhe bis 50 cm. Blüte Juli/August.

An sonnigen Hügeln. Landwirtschaftlich ohne Bedeutung.

Blütenstand: eine ausgeprägte echte Rispe. Die zahlreichen Abästungen nicht an regelmäßigen Stufen, sondern willkürlich.

Ährchen: zahlreich, klein. 3—7blütig, unterste Blüte männlich oder geschlechtslos, unbehaart, die übrigen zwitterig, mit langen von der Blütenstandsachse entspringenden weißen steifen Haaren, die aber erst nach der Blütezeit länger werden und sichtbar hervortreten und so dem ganzen Blütenstande ein wolliges Aussehen geben. Blüten unbegrannt. Hüllspelze kürzer als die Deckspelze. Deckspelze lang zugespitzt.

Blatt: *Jüngstes Blatt gerollt. Blätter ohne Öhrchen. Blattspreiten messerscharf. Haarkranz statt Blatthäutchen (an alten Exemplaren meist abgebrochen). Das wertvolle Rohrglanzgras hat dagegen ein schönes großes weißes Blatthäutchen.*

Zu Gruppe 4. Gräser mit Haarkranz statt des Blatthäutchens.

65. Schilfrohr (*phragmites commúnis*). Beschreibung S. 141.

Ausdauernd. Mit unterirdischen Ausläufern. Höhe mehrere Meter. Blüte September. Auf zu nassen Wiesen, seltener auf Äckern. Schilfflächen zur Reethgewinnung eventuell wertvoller als beste Wiesen.

Blütenstand: eine pyramidenförmig aufgebaute echte Rispe. (Rispe gedrungen und nicht so zierlich wie bei der Gemeinen Rispe.)

Abästungen: auf den unteren Stufen typisch 5sternig, wie die Abbildung zeigt (1 lang, 2 kurz, 2 wieder länger). Mehr als 5 Abästungen im allgemeinen nicht. Abästungen zwar einseitswendig, aber wechselständig.

Ährchen: klein, trotzdem aber vielblütig (hier 3 bis 5blütig) wie bei allen *poa*-Arten. Blüten unbegrannt.

Blatt:
Blattspreite parallelrandig mit kappenförmiger Spitze. Jüngstes Blatt gefaltet. Schienenblatt (Poablatt). Blatthäutchen kurz, gerade abgestutzt, an den Wurzelblättern gewöhnlich kürzer als der Blattgrund (an den Halmblättern auch größere Blatthäutchen). Halm aufwärts glatt (bei der Gemeinen Rispe dagegen aufwärts rauh).

Same (Spelzfrucht): 2,4 bis 3 mm. Fünfmal vergrößert. Nach von Oettingen. Tausendkorngewicht 0,23 g

Zu Gruppe 5. Gräser mit Schienenblättern.

66. Wiesenrispe (*póa praténsis*). Beschreibung S. 142 u. 143.

Ausdauernd. Mit unterirdischen Ausläufern. Höhe unter 1 m. Blüte Anfang Juni. Reife 3 Wochen vor dem Roggen.

Wichtiges Dauerweidengras aller leichteren und moorigen Böden. Dortselbst auch wichtiges Wiesenuntergras.

Blütenstand: eine pyramidenförmig aufgebaute echte Rispe. (Rispe zierlicher und lockerer als bei der Wiesenrispe.)

Abästungen: auf den unteren Stufen typisch 5sternig angeordnet, wie die Abbildung zeigt (1 lang, 2 kurz, 2 wieder länger).

Ährchen: klein, trotzdem mehrblütig (hier 3—4blütig) wie bei allen *poa*-Arten. Blüten unbegrannt.

Blatt:

Jüngstes Blatt gefaltet.
Schienenblatt (Poablatt).
Blattspreite spitz zulaufend.
Blattspreite unterseits glänzend.
Blatthäutchen lang, zungenförmig, aber an jungen Blättern kurz, jedoch auch hier schon deutlich in der Mitte etwas emporgezogen.
Halm aufrecht rauh, nicht glatt wie bei der Wiesenrispe.

Zu Gruppe 5. Gräser mit Schienenblättern.

Same (Spelzfrucht): fünfmal vergrößert. Natürliche Größe 2,5 mm.
(Nach von Oettingen.)

67. Gemeine Rispe (*póa triviális*). Beschreibung S. 143 u. 144.

Als Grünlandpflanze ausdauernd mit oberirdischen Ausläufern, als Ackerunkraut überjährig. Höhe bis 1 m. Blüte Ende Mai/Anfang Juni, Ernte 3—4 Wochen vor dem Roggen.

Wichtiges Untergras auf feuchten Wiesen. Dortselbst auch wichtiges Weidegras. Ackerunkraut auf etwas feuchten Äckern.

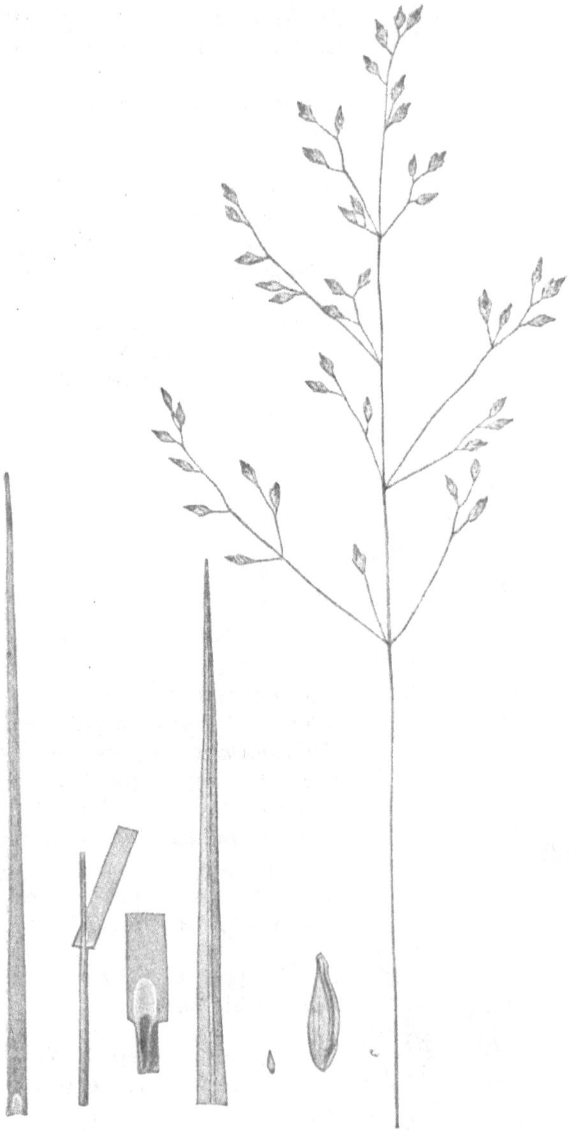

Blütenstand: eine doppelte Traube (etwas rispig).

Ährchen: klein, trotzdem mehrblütig wie bei allen *poa*-Arten. Blüten unbegrannt. Ährchen an der Spitze violett überlaufen.

Abästungen auf den untersten Stufen immer mehr als 2, meist 3, selten mehr.

Blatt:

Jüngstes Blatt gefaltet. Schienenblatt (Poablatt). Blattspreite (im Gegensatz zur Gemeinen Rispe) unterseits nicht glänzend. Blatthäutchen groß, zungenförmig.

Same (Spelzfrucht): in natürlicher Größe (2—2,5 mm) und vergrößert. (Nach von Oettingen.) Tausendkorngewicht 0,19 g.

Zu Gruppe 5. Gräser mit Schienenblättern.

68. Sumpfrispe (*póa palústris*). Beschreibung S. 145.

Ausdauernd. Horstig. Höhe bis 1 m. Blüte Ende Juni.

Gutes Untergras auf nassen Wiesen und gutes Weidegras dortselbst.

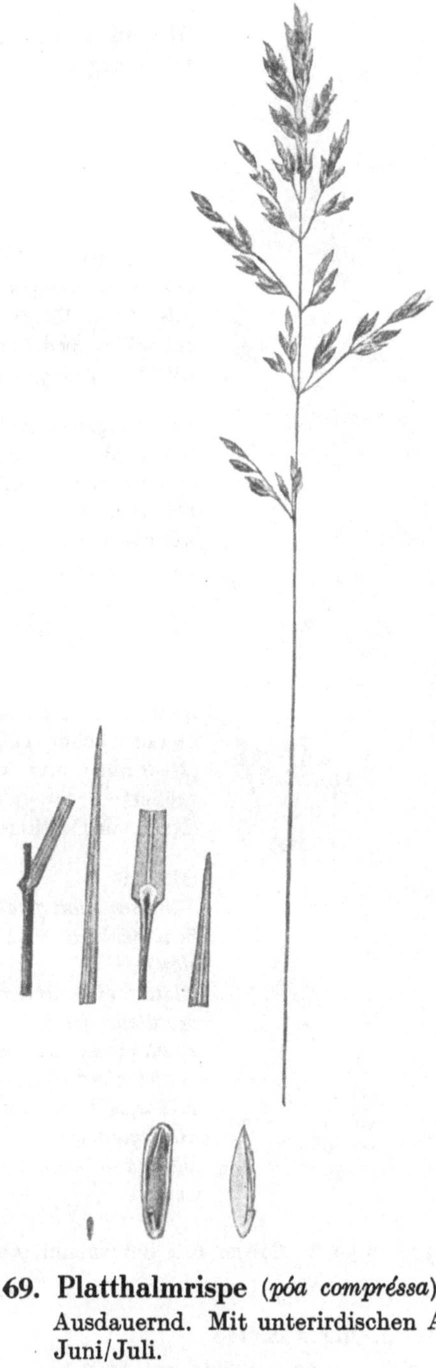

Blütenstand: eine echte Rispe. Ährchenansatz: spindelnah, daher nicht von pyramidaler, sondern von mehr walzlicher Tracht.

Ährchen: klein, trotzdem vielblütig (hier 5—8 blütig) wie bei allen *poa-arten*. Blüten unbegrannt.

Abästungen: auf den unteren Stufen meist nur 3, jedenfalls nie regelmäßig 5.

Blatt:
Jüngstes Blatt gefaltet.
Schienenblatt (Poablatt).
Blattspreite unterseits nicht glänzend.
Blatthäutchen: deutlich, kragenförmig, weiß.
Halm oft am Grunde gekniet.
Halm zusammengedrückt.

Same (Spelzfrucht): in natürlicher Größe (2,5—3 mm) und vergrößert. (Nach von Oettingen).

Zu Gruppe 5. Gräser mit Schienenblättern.

69. **Platthalmrispe** (*póa compréssa*). Beschreibung S. 145.

Ausdauernd. Mit unterirdischen Ausläufern. Höhe bis 50 cm. Blüte Juni/Juli.

Auf Mauern, auf trockenen Hängen häufig. Landwirtschaftlich ziemlich wertlos.

Blütenstand: eine echte Rispe.

Ährchen: klein, trotzdem mehrblütig (hier 2—5blütig) wie bei allen *poa*-Arten. Blüten unbegrannt.

Abästungen (zum Unterschied von allen anderen *poa*-Arten) im Höchstfalle 2, gewöhnlich nur 1 Ast auf jeder Stufe.

Same (Spelzfrucht): in natürlicher Größe (2—3 mm) und vergrößert.
(Nach von Oettingen.)

Blatt:
Jüngstes Blatt gefaltet. Schienenblatt (Poablatt). Blattspreitenränder parallellaufend. Blattspreite mit kappenförmiger Spitze. Blattspreite unterseits nicht glänzend. Blatthäutchen groß u. weiß.

Zu Gruppe 5. Gräser mit Schienenblättern.

70. Jährige Rispe (*póa ánnua*). Beschreibung S. 145.

Überjährig und einjährig. Horstig. Höhe bis 30 cm. Blüte Mai bis September. Lückenfüller in Dauerweiden. Unkraut in der Luzerne.

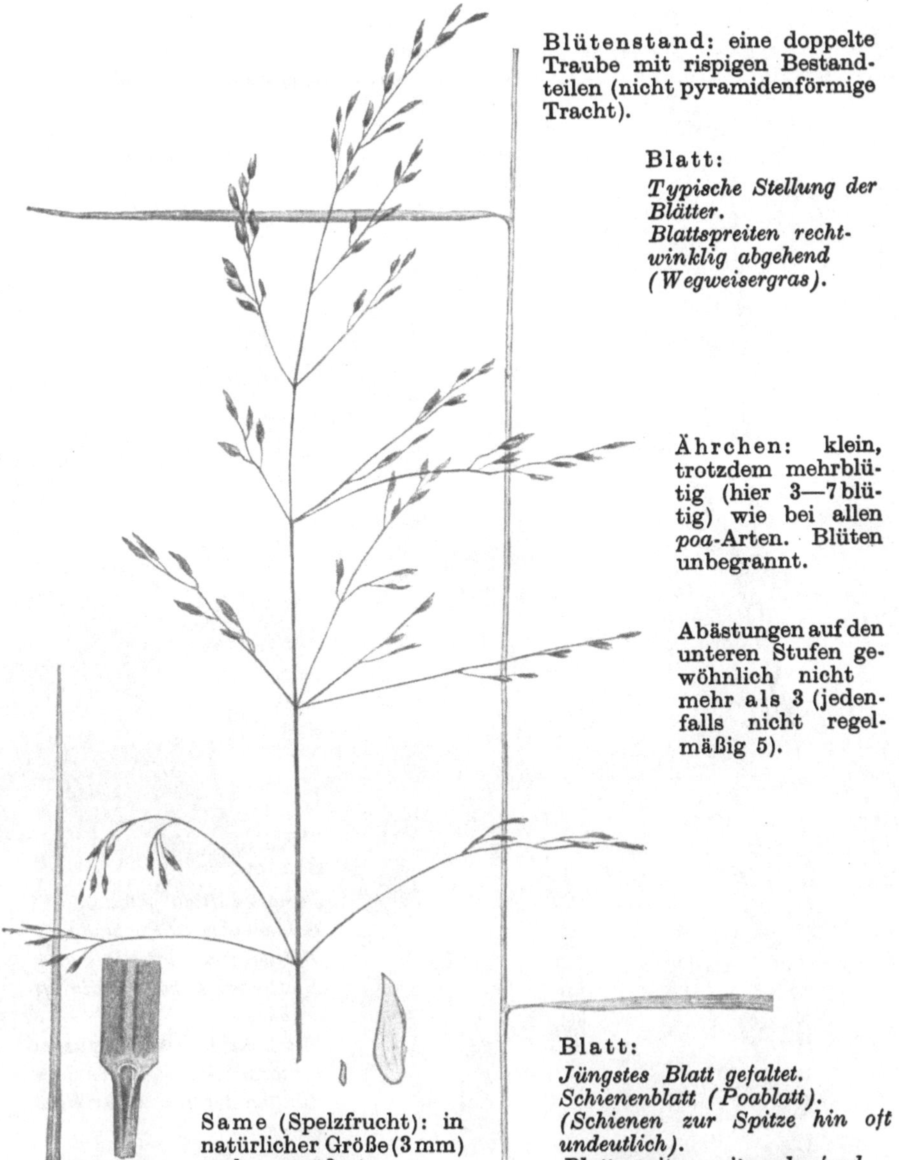

Zu Gruppe 5. Gräser mit Schienenblättern.

71. Hainrispe (*póa nemorális*). Beschreibung S. 145.

Ausdauernd. Horstig. Höhe bis 1 m. Blüte Juni/Juli.

Buchenwaldgras.

Blütenstand: eine einfache Scheinähre traubiger Herkunft, kopfig.

Ährchen: sehr klein, zweiblütig, Blüten mit kurzer Granne.

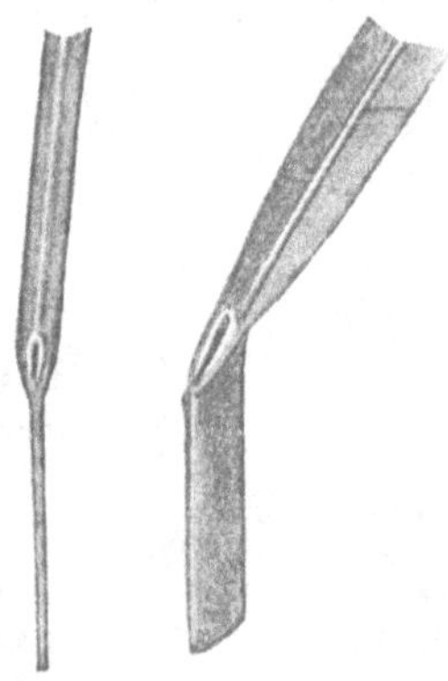

Blatt:

Jüngstes Blatt gefaltet.
Schienenblatt (Poablatt).
Blätter fest, glatt, ledrig.
Blattscheide vollständig geschlossen.
Blattscheide seitlich zusammengedrückt.
Blatthäutchen nur ein Hautkranz.

Zu Gruppe 5. Gräser mit Schienenblättern.

72. **Blaugras, Kopfgras** (*sesléria coerúlea*). Beschreibung S. 146.

Ausdauernd. Horstig. Höhe meist nicht über 30 cm. Blüte März bis Mai.

Überzieht die trockensten Kalkhänge. Landwirtschaftlich ohne Bedeutung.

Blütenstand: eine einfache und (seltener) eine doppelte Traube.

Ährchen: groß, nicht zahlreich, 3—5 blütig, oberste Blüte verkümmert, Hüllspelzen schließen die ganzen Blüten ein. Blüten ohne Granne. Deckspelze dreizähnig (Dreizahn!).

Abästungen: nur ein Zweig auf jeder Stufe.

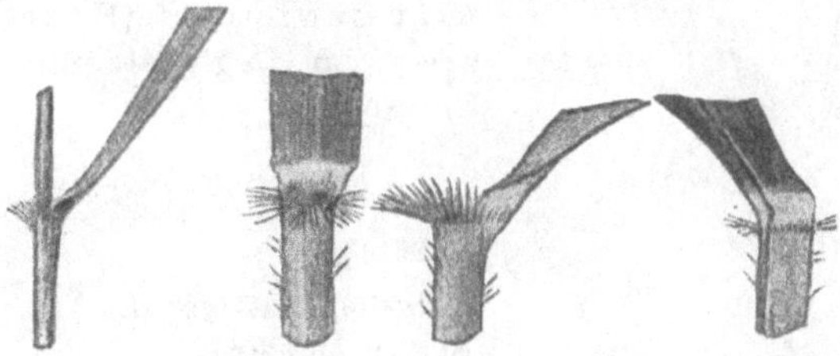

Blatt:

Jüngstes Blatt gefaltet.
Blätter steif.
Blattscheide geschlossen.
Blattscheide langhaarig bewimpert.
Haarkranz statt Blatthäutchen.
Haarkranz nicht nur oberseits, sondern auch unterseits sich fortsetzend.

Zu Gruppe 4. Gräser mit Haarkranz statt des Blatthäutchens.

73. Niederliegender Dreizahn (*sieglingia decúmbens*). Beschreibung S. 146.

Ausdauernd. Horstig. Höhe bis 50 cm. Blüte Juni/Juli.

Häufig auf armen Wiesen und Weiden in Heidegegenden.

Blütenstand: eine einfache bis doppelte Traube.

Ährchen: sehr groß, einblütig. Blüte mit ungewöhnlich langer Granne. Granne etwa 10mal so lang wie das Ährchen. Granne nicht bewimpert (Haargras) im Gegensatz zum Federgras.

Blatt:

Jüngstes Blatt gerollt.
Blätter borstlich.
Blatthäutchen: lang zugespitzt.
(Beim Federgras etwas stumpfer und kürzer).

74. **Haargras** (*stípa capilláta*). Beschreibung S. 146.
Ausdauernd. Horstig. Höhe bis über 1 m. Blüte Juli/August. Steppengras.

75. **Federgras** (*stípa pennáta*). Beschreibung S. 146.
Ausdauernd. Horstig. Höhe bis über 1 m. Blüte Juli/August. Steppengras.

75. **Federgras** (*stípa pennáta*). (Siehe vorhergehende Seite.)

Blütenstand: eine unterbrochene Ähre wie bei den Weidelgräsern (*lolium*-Arten), aber die Ährchen liegen nicht mit der Schmalseite der Spindel an, sondern mit der Breitseite.

tríticum répens:

Ährchen: groß, meist 5blütig, Hüllspelzen und Deckspelzen unbegrannt.

tríticum aristátum (Abart):

Ährchen: groß, meist 5blütig, aber Hüllspelzen und Deckspelzen kurz und steifborstig begrannt.

tríticum canínum:

Ährchen: groß, 2—5blütig, Hüllspelzen kurz begrannt, Deckspelzen mit langen zarten und geschlängelten Grannen von doppelter Ährchenlänge (harmloses, horstiges Waldgras).

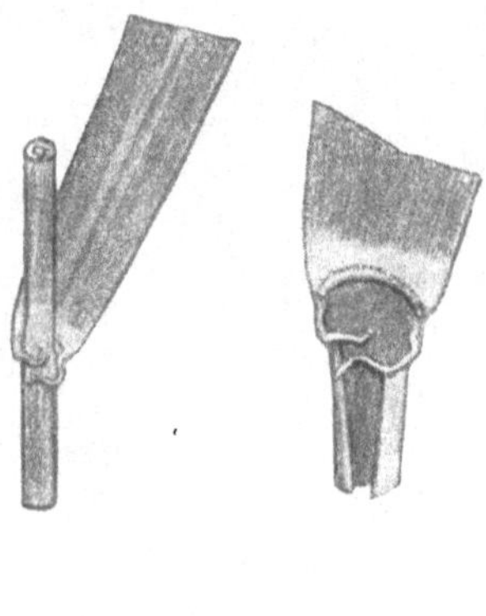

Blatt:

Jüngstes Blatt gerollt.
Blätter mit derben Öhrchen oder besser mit Krallen!!!.
Blatthäutchen sehr kurz, gerade abgeschnitten, doch gezähnelt (Lupe!).
Behaarung wechselt.

Zu Gruppe 1. Leichtkenntliche Gräser.

76. Echte Quecke (*tríticum répens*). Beschreibung S. 146—149.

Ausdauernd. Mit unterirdischen Ausläufern. Höhe über 1 m. Blüte Juni/Juli.

Schlimmes Ackerunkraut. Auf Wiesen, namentlich Jauchewiesen, aber wertvoll.

Blütenstand: eine echte Rispe. – *Ein typischer igeliger Horst.*

Ährchen: klein, zweiblütig. Jede Blüte mit einer über dem Grunde entspringenden Granne, die keulenförmig endigt und in der Mitte einen behaarten Knoten hat (L!). Die Hüllspelzen hüllen Blüten und Grannen vollständig ein.

Blatt: *Blätter borstig. Blatthäutchen sehr lang, weiß.*

Zu Gruppe 2. Gräser mit Borstblättern.

77. **Igelgras** (*weíngärtnéria canéscens*). Beschreibung S. 149.

Ausdauernd. Igelhorstig. Höhe bis 30 cm. Blüte Juni/Juli.

Anspruchslosestes Gras der deutschen Flora. Landwirtschaftlich fast ohne jede Bedeutung. Bedeckt mit seinen verstreuten igeligen Horsten (Igelgras!) die ärmsten, heidekrautlosen Sandfelder.

ZWEITER TEIL

Die einzelnen Gräser als Futterpflanzen und Unkräuter

Die Straußgräser (*agróstis*-Arten)

1. **Weißstraußgras** (*agróstis álba*). Abb. 1, Seite 41.
(Queckenartiges Ackerunkraut auf feuchten Äckern und wichtiges Wiesenuntergras und Weidengras auf feuchtem und nassem Grünland)

2. **Rotstraußgras** (*agróstis vulgáris*). Abb. 2, Seite 42.
(Queckenartiges Ackerunkraut auf Sandböden [Sandquecke]. Auf geringem, sandigem Boden und in Höhengebieten auch auf besseren Böden von einiger Bedeutung als Grünland- bzw. Hutungspflanze)

3. **Hundsstraußgras** (*agróstis canína*). Abb. 3, Seite 43.
(Geringwertiges Horstgras auf heideartigem Grünland)

4. **Windhalm** (*agróstis spíca vénti*). Abb. 4, Seite 44.
(Gefährliches über- und seltener auch einjähriges Ackerunkraut namentlich unter Winterroggen auf leichteren Böden)

Weißstraußgras (*agróstis álba*). Abb. 1, Seite 41.

Das Weißstraußgras ist eines der formenreichsten Gräser der deutschen Flora.

Eine Abart mit langen oberirdischen Ausläufern (*agróstis álba prorépens*) tritt als Unkraut auf feuchten Äckern auf. Wehsarg schlägt vor, den örtlich gebräuchlichen deutschen Namen des Unkrauts, Flechtstraußgras, allgemein anzuwenden. Dem kann nur beigestimmt werden, denn es überzieht den Boden mit seinen oberirdischen Ausläufern gleichsam wie mit einem Flechtwerk. Bis zu 2 m ist das normale Längenwachstum der Ausläufer in einem Jahr, bis 5 m sind in Ausnahmefällen festgestellt worden.

Die Bekämpfung ist trotz dieser wuchernden Wüchsigkeit nicht allzu schwierig. Es hat ja nur grüne, oberirdische, wenig speichernde, nicht aber dicke, unterirdische, stark speichernde Ausläufer. Wird die Stoppel rechtzeitig und gut geschält, d. h. werden die grünen Ausläufer beim Schälen wirklich mit Erde bedeckt, dann vergehen sie bald. Nur wenn sie trotz des Schälens unbedeckt weiter grünen können oder das Flechtstraußgras Gelegenheit hat, sich auf ungeschältem Acker bis in den Winter hinein auszudehnen und zu kräftigen, dann kann seine Vertilgung Schwierigkeiten bereiten. Stark tritt es nur auf feuchten Äckern auf, übersteht aber Trockenzeiten sehr gut, wird dabei allerdings so hart und steif, daß es nicht einmal von den Schafen gefressen wird.

Außer auf dem Acker tritt diese Abart mit langen oberirdischen Ausläufern, die sich an jedem Knoten bewurzeln, auch in den Morästen auf. Schon Gradmann bezeichnet das Flechtstraußgras als die typische Morastpflanze.

Auch auf dem Grünlande fehlt diese Abart nicht. Sie ist dort aber in dieser alles verfilzenden Form nur auf Weiden von einigem Wert. Viel wertvoller ist dagegen auf dem Grünlande die Form mit unterirdischen Ausläufern, das eigentliche Fioringras. Es ist eins der besten Wiesenuntergräser und Weidengräser der feuchten und nassen Lage. Es treibt zwar sehr spät, blüht auch erst Ende Juni/Anfang Juli anstatt Anfang Juni und trägt so wenig zum ersten Schnitt bzw. zur ersten Weideperiode bei. Dafür treibt aber namentlich die bessere Form reich beblätterte Stengel und viele volle Blattbüschel zum zweiten Schnitt bzw. zur Nachweide und grünt bis in den Herbst hinein. Es ergänzt somit vorzüglich das andere Wiesenuntergras bzw. Weidengras der feuchten und nassen Lage, die gemeine Rispe, die gerade zum ersten Schnitt und in der ersten Weideperiode besonders kräftig treibt.

Wegen seiner großen Wasseransprüche ist das Fioringras nur für Dauerwiese und Dauerweide, dagegen nicht für Wechselweide und auch kaum für Wechselwiese zu gebrauchen. Für kurzjährige Wechselflächen scheidet es aber auch schon deshalb aus, weil seine Jugendentwicklung zu langsam ist. Im Ansaatjahre kommt es nicht zum Schoßen, im dritten Jahre erreicht es erst seine volle Entwicklung.

Die Handelssaat ist bei dem Formenreichtum des Fioringrases von sehr verschiedenem Wert. Sie stammt meist aus Amerika, zum Teil wird sie aber auch in Deutschland von wilden Beständen gewonnen. Die Zuchtsorten sind sehr überlegen, so vor allem die Tabertshausener und die Weihenstephaner.

Der Samenbau ist nicht ganz einfach, jedenfalls nichts für Anfänger. Als feinsamiges, ausläufertreibendes Untergras stellt es an die Düngung und an die Pflege ebenso hohe Ansprüche wie die Wiesenrispe. Es gehört zu den wenigen Gräsern, deren Reifezeit ungünstig liegt, nämlich nicht vor, sondern in der Getreideernte. Bei den hohen Preisen, die meist für Fioringras bezahlt werden, kann aber der Anbau doch recht lohnend sein, namentlich auf humosen, anmoorigen Böden, die keine hohen Getreideernten liefern, aber, wenn sie nicht zu naß und unkrautwüchsig sind, dem Fioringras sehr zusagen. Schwere, schlecht offen zu haltende, verkrustende, die Bestockung und Ausläuferbildung erschwerende Böden scheiden für den Samenbau aus.

Rotstraußgras (*agróstis vulgáris*). Abb. 2, Seite 42.

Auch das Rotstraußgras ist sehr formenreich.

Auf den leichteren Äckern tritt eine ausläufertreibende Abart als queckenartiges Unkraut auf. Obwohl dieses Unkraut unterirdische Ausläufer hat, ist die Bekämpfung dieser sogenannten Sandquecke doch nicht so schwierig wie die der echten Quecke. Die Ausläufer sind weniger lang, sie speichern weniger und schlagen nicht so kräftig aus wie die der echten Quecke. Bei gutem Ackerbau verschwindet diese Quecke ohne besondere Maßnahmen. Bei der Bekämpfung der echten Quecke (*tríticum répens*) wird übrigens noch einmal im Zusammenhang auf das Auftreten und die Bekämpfung aller queckenartigen Unkräuter zurückzukommen sein.

Auf dem Grünlande ist das Rotstraußgras im allgemeinen mehr horstig. Es ist der Hauptbestandsbildner aller Sandböden ohne erreichbares Grundwasser. Zwar werden diese Böden meist ackerbaulich benutzt, aber es beherrscht hier dann die Ackerraine. Auf besseren Böden kommt es im Tieflande nur vor, wenn diese in einem geringen Düngungs- und Kulturzustande sind. Bei Düngung, namentlich Kalk- und Phosphorsäuredüngung weicht es hier besseren, wüchsigeren Gräsern. Anders verhält es sich dagegen in den Höhenlagen. Nach Stebler bildet es in der Schweiz in den Höhenlagen über 1000 m gerade auf gedüngten Wiesen einen eigenen Typ. Ähnlich tritt es in Deutschland in den Mittelgebirgen in den Lagen über 500 m auf gutem Grünland stark hervor. Die konkurrierenden besseren Gräser fehlen dort z. T. schon aus Wärmemangel. Vielleicht handelt es sich in den Höhenlagen um besondere Rassen. Gerade das Rotstraußgras ist sehr formenreich. Außerdem treten, wahrscheinlich aus Kreuzungen, Übergangsformen zum Fioringras auf. Diese sind auch im Flachlande nicht selten. Sie sind unter dem Namen Mittleres Straußgras (*agróstis intermédia*), besonders durch die Arbeit C. A. Webers „Die mesophilen Straußgraswiesen im Mittellauf der Weser“ Abhandlungen des Naturwissenschaftlichen Vereins Bremen, XXV, 1921, berühmt geworden. Im Aussehen und in den Ansprüchen steht dieses Gras in der Mitte zwischen Fioringras und Rotstraußgras.

Hundsstraußgras (*agróstis canína*). Abb. 3, Seite 43.

Das Hundsstraußgras ist ein landwirtschaftlich wertloses Gras. Es ist ein oft sehr häufiger Bestandteil ärmlichen Heidegrünlandes.

Windhalm (*agróstis spíca vénti*). Abb. 4, Seite 44.

Der Windhalm gehört zusammen mit dem Wildhafer, dem Ackerruchgras und dem Ackerfuchsschwanz zu den schlimmen Samenunkrautgräsern des Ackerlandes.

Nicht schwierig ist die Bekämpfung im allgemeinen dort, wo nicht viel Winterung angebaut wird. Der Windhalm ist nämlich ein Unkraut, das fast ausschließlich im Herbst keimt und somit hauptsächlich im Wintergetreide auftritt. Sehr viel geringer ist das Auftreten im Sommergetreide. Nur eingeschmiertes Sommergetreide ist manchmal stark mit Windhalm durchsetzt, weil es den im Herbst gekeimten im Frühjahr durch die Bodenbearbeitung nicht zerstörten Windhalm mit enthält. Daneben kann allerdings insbesondere frühes Sommergetreide auch mit Windhalm verunkrautet sein, der im Frühjahr gekeimt ist, was unter bestimmten Witterungsverhältnissen, namentlich nach milden Wintern, vorkommt. Im späteren Sommergetreide fehlt er dagegen ebenso wie in der Hackfrucht völlig. Da die Windhalmsamen im garen Ackerboden nach Wehsarg schon innerhalb eines Jahres, nach dem Windhalmmonographen Pieper spätestens in zwei Jahren, zugrunde gehen, ist die Windhalmplage bei normaler Fruchtfolge beseitigt, wenn nach den Hackfrüchten, die von Natur aus rein sind, noch eine andere Frucht reingehalten wird, was sehr leicht beim Sommergetreide gelingt, nämlich durch Ausziehen der dort nur vereinzelt auftretenden

Windhalmpflanzen zur Zeit des Schoßens, wenn sie das Sommergetreide überragen.

Schwieriger wird die Windhalmbekämpfung dagegen in Gegenden mit sehr starkem Winterroggenbau. Hier muß der Windhalm auch in der Winterung selbst bekämpft werden. Das Hauptbekämpfungsmittel ist die sachgemäße Kalkstickstoffdüngung. Da die Bodenwirkung und nicht die Blattwirkung des Kalkstickstoffs ausgenutzt werden soll, darf der Kalkstickstoff nur bei trockenem Wetter auf trockene Pflanzen gestreut werden. Der Boden selbst muß allerdings feucht sein, damit sich der Kalkstickstoff in die Stoffe umsetzen kann, die schädigend auf den keimenden Windhalm und die Wurzeln der jungen Windhalmpflanze wirken sollen. Nur bei später Winterung kann die Frühjahrsanwendung wirksamer sein, bei zeitiger bestellter Winterung ist die Herbstanwendung 3—6 Wochen nach Auflaufen der Saat überlegen, da der Windhalm im Frühjahr schon über das anfällige Stadium hinaus ist. Wirksam ist auch der Hederichkainit. Ihm scheint also auch eine Bodenwirkung zuzukommen, wenn sie auch nicht so ausgeprägt ist wie beim Kalkstickstoff, wo zur Ätzwirkung wohl noch die Giftwirkung des bei der Umsetzung sich bildenden Cyanamids hinzukommt.

Trotz sachgemäßer Kalkstickstoffdüngung und Vermeidung von Fruchtfolgen mit zuviel Winterung wird man aber der Windhalmplage nicht Herr werden, wenn nicht die Neuinfektion von den Nachbarfeldern und vom Ackerrain unterbunden wird. Der Windhalmsame hat einen hohen Flugkoeffizienten, d. h. das Verhältnis von Oberfläche in qcm zum Gewicht in g ist sehr groß, nämlich 45. Schon bei gewöhnlichen Winden wird er über 100 m fortgetragen, bei Sturm fliegt er kilometerweit. Kein Wunder, daß es in verseuchten Gegenden auch auf reinen Feldern in feuchten Herbsten, in denen die licht- und nässebedürftigen kleinen Windhalmsamen günstige Keimbedingungen finden, zu ausgesprochenen Windhalmjahren kommt. Rechtzeitiges Mähen der Ackerraine und gemeinsames Vorgehen bei der direkten Bekämpfung sind die Voraussetzung für den dauernden Erfolg. Daß der Windhalm namentlich in Gegenden mit leichten Böden eine Plage ist, also insbesondere den Winterroggen befällt, obwohl er keine besondere Vorliebe für den leichten Boden hat, führt Wehsarg wohl mit Recht darauf zurück, daß die Raine in Gegenden mit besseren graswüchsigen Böden so dicht berast sind, daß der Windhalm als ausgesprochener Lichtkeimer dort nicht zum Keimen kommt.

Die Schmielen (*aíra*-Arten)

1. **Rasenschmiele** (*aíra caespitósa*). Abb. 5, Seite 45.
(Notwendiges Übel auf zu nassem Grünland. Schlimmes Bültenunkraut auf gut feuchtem Grünland)

2. **Drahtschmiele** (*aíra flexuósa*). Abb. 6, Seite 46.
(Das Hauptgras der trockenen Kiefernwälder)

3. **Nelkenschmiele** (*aíra cáryophylléa*).
(Völlig bedeutungsloses, überjähriges, büscheliges Gras auf Sandfeldern)

4. **Kleine Schmiele** (*aíra praécox*).
(Völlig bedeutungsloses, überjähriges, büscheliges Gras auf Sandfeldern)

Rasenschmiele (*aira caespitósa*). Abb. 5, Seite 45.

Die Rasenschmiele ist wohl das verbreitetste und schädlichste Unkraut gut feuchten Grünlandes.

Auf etwas zu nassen Wiesen, die überhaupt nicht oder aus irgendwelchen Gründen zur Zeit nicht entwässert werden können, ist sie zwar ein geschätztes Gras. Sie liefert hier beträchtliche Mengen eines nicht gerade schlechten Heus. Wenn auch ihre stark verkieselten und mit Kieselzähnen besetzten Blätter als Futter nicht befriedigen, so werden doch ihre vielen glatten, wenig verkieselten Halme lieber gefressen, und sie haben auch einen höheren Futterwert als das sonst dort gewonnene minderwertige Heu aus Honiggras, Pfeifengras und Sauergräsern. Selbstverständlich ist es richtig, diese zu nassen, mit Rasenschmiele bestandenen Flächen, wenn es geht, zu entwässern; denn wirklich wertvolles Grünland stellen diese Rasenschmielenflächen nicht dar. Die Entwässerung braucht nicht scharf zu sein; denn auf den eigentlichen nassen, mit Hochseggen bestandenen Wiesen fehlt die Rasenschmiele ebenso wie auf regelmäßig überschwemmten Flächen. Mit der Entwässerung verschwindet aber die Rasenschmiele nicht. Sie gedeiht nicht nur in der für gutes Grünland etwas zu nassen Lage, sondern ebenso üppig auf gut feuchtem Grünland, ja wächst auch noch auf frischen Wiesen und Weiden. Sonst wäre sie nicht das gefürchtete Grünlandunkraut, das sie ist.

Ein Radikalmittel gegen die Rasenschmiele gibt es nicht. Schon das Vorbeugen ist fast unmöglich. Das beste Mittel zur Abhaltung der Rasenschmiele ist zweifellos die Schaffung und Erhaltung einer dichten und geschlossenen Narbe. Aber selbst eine solche ist kein unbedingter Schutz. Eine dichte Narbe verhindert das Eindringen der Rasenschmiele im Frühjahr nicht; denn zu dieser Jahreszeit keimen, wie von Horn festgestellt hat, die Schmielensamen auch ohne Belichtung. Nur im Herbst ist Belichtung zur Keimung unbedingt notwendig. Die Samenproduktion ist außerordentlich groß. Bis zu 100000 Samen sind an voll ausgewachsenen 30 cm starken Rasenschmielenbülten gezählt worden. Allerdings ist die Samenproduktion auf dem Grünlande meist viel geringer. Auf den Wiesen werden die meisten blühfähigen Triebe beim ersten Schnitt zur Zeit des Schoßens entfernt, und nur die seitlichen nicht erfaßten Triebe kommen im zweiten Schnitt zum Blühen und Fruchten, und auf den Weiden werden die wintergrünen Horste insbesondere bei frühem Frühjahrsauftrieb doch immer etwas verbissen, so daß die Samenproduktion in Grenzen bleibt.

Bei sehr starkem Auftreten bleibt nichts anderes übrig, als die Wiesen oder Weiden umzubrechen. Sogar dieses Mittel schlägt aber nicht immer durch. Auch wenn ein dreijähriger Ackerbau eingeschaltet wird, kommen nach der Neuansaat oft doch noch wieder Rasenschmielen zum Vorschein.

Bei schwächerem Auftreten, man sagt gewöhnlich bis zu einer Flächenbedeckung von 10%, kann man sich auch mit anderen Mitteln helfen. Namentlich im Bauernbetriebe ist das Aushacken der Rasenschmielenbülten mit scharfen Hacken oder in anderen Gegenden auch das Ausstechen mit dem Spaten gebräuchlich.

Außer diesem Aushacken bzw. Ausstechen der Rasenschmielenbülten kommt auch ein Bestreuen derselben, am besten nach vorherigem Abmähen, mit ätzenden Düngemitteln oder Giften in Frage. 50 g Kainit, 10 g Kalkstickstoff oder 3—4 g Hedit oder Natriumchlorat haben sich bei 20 cm starken Bülten bewährt. Während bei dem Ausstechen die entstandenen Lücken nachgesät werden müssen, ist diese zusätzliche Maßnahme bei der Bekämpfung mit den chemischen Mitteln nicht notwendig. Die Bülten sterben bei der chemischen Behandlung allmählich ab, die guten Gräser wachsen von den Seiten herein, so daß Lücken nicht entstehen. Namentlich bei der Behandlung mit Kalkstickstoff trifft das zu.

Bei noch geringerem Auftreten kann man schließlich auch mit geschickt eingesetzten gewöhnlichen Wirtschaftsmaßnahmen einiges gegen die Rasenschmiele erreichen. Allmählich zurückdrängend wirkt das tiefe und frühe Verbeißen, namentlich durch Pferde, ferner das tiefe Abmähen, der Tritt der Tiere, das Walzen und überhaupt die gute Pflege. Besonders in Trockenjahren, wenn die tieferen Wurzeln abgestorben sind, werden durch die Fellaegge viele Triebe der Rasenschmiele herausgerissen. Auch Mineraldüngung drängt die Rasenschmiele ebenso wie andere Gräser mit Pilzwurzeln etwas zurück.

Anmerkung: Auf dem soeben abgehaltenen Futterbaukursus in Rostock teilte der Wirtschaftsberater Görg aus Eisenach mit, daß man die Rasenschmiele in seinem Beratungsbezirk im Frühjahr gleich nach der Schneeschmelze aushackt, was zu diesem Zeitpunkt ganz leicht möglich sei. Diese Angabe verdient nachgeprüft zu werden. Ist doch bekannt, daß das Schwarzeggen der Wiesen zum Nachsäen von Timothe und Bastardklee weitaus am besten bei beginnendem Tauwetter gelingt, wenn die Narbe erst 10 cm tief aufgetaut ist.

Drahtschmiele (*aira flexuósa*). Abb. 6, Seite 46.

Die Drahtschmiele ist das typische Gras der trockenen Kiefernwälder. Auch außerhalb der Kiefernwälder kommt sie nur auf trockenen und armen Böden vor. Auf besseren Böden ist sie jedenfalls ein Zeichen schlechter Pflege und Düngung. Sie ist kein schlechtes Schaffutter.

Die Samen werden zur Verfälschung des echten Goldhafers benutzt (vergleiche aber die ohne weiteres mögliche Unterscheidung auf den entsprechenden Abbildungen).

Nelkenschmiele und Kleine Schmiele (*aira cáryophylléa* und *aira praécox*)

Zwei ganz bedeutungslose, kleine, überjährige, schnell vergehende Horstgräser auf Sandboden. Interessant ist vielleicht, daß die Blütenstände dieselben Verzweigungen zeigen wie alle *aira*-Arten.

Die Fuchsschwanzgräser (*álopecúrus*-Arten)

Wiesenfuchsschwanz (*álopecúrus praténsis*). Abb. 7, Seite 47.

Der Wiesenfuchsschwanz ist eines der allerwertvollsten Wiesenobergräser. In der feuchten Lage bildet er einen eigenen Typ, die sogenannte Wiesenfuchsschwanzwiese, die fast nur aus dem Wiesenfuchsschwanz besteht und sehr dicht ist, obwohl der Wiesenfuchsschwanz zu den Horstgräsern gehört.

Der Wiesenfuchsschwanz treibt, wie viele andere Horstgräser auch, einige kurze unterirdische Ausläufer. Der Horst ist daher nicht polsterförmig, sondern mehr ausgebreitet. Die Wiesenfuchsschwanzwiese ist wohl, abgesehen von der nur unter besonderen Verhältnissen möglichen Rohrglanzgraswiese, die ertragreichste Wiesenform, die wir in Deutschland haben. Sie liefert drei, ja unter sehr günstigen Verhältnissen sogar vier Schnitte. Vorbedingung sind allerdings günstige Wasserverhältnisse. Die Lage muß mindestens dauernd feucht sein, ja der Wiesenfuchsschwanz verträgt sogar Nässe und Überschwemmungen, allerdings auf keinen Fall stauende Nässe. Eine weitere Voraussetzung ist Nährstoffreichtum. Besondere Klimaansprüche stellt der Wiesenfuchsschwanz dagegen nicht. Er verträgt längere Schneebedeckung, größere Kältegrade u. a. m. Sehr gut eignet er sich auch für Bewässerungswiesen. Er bringt namentlich bei Bewässerung mit nährstoffreichen Abwässern weit über drei Schnitte.

Der Wiesenfuchsschwanz treibt sehr früh. Von allen wertvollen Gräsern blüht er auch am frühesten, schon im Mai anstatt im Juni. Der Nachwuchs ist ausgezeichnet, er besteht außer vielen Blättern auch teilweise aus Halmtrieben.

Wegen seines frühen Schoßens taugt der Wiesenfuchsschwanz allerdings nur für Wiesen, auf denen er vorherrscht, wo man sich in der Schnittzeit nach ihm richten kann. Wiesenfuchsschwanzwiesen müssen sehr früh geschnitten werden. Bei verspätetem Schnitt erntet man gerade beim Wiesenfuchsschwanz besonders schnell nichts als strohige Halme und faulende Blätter.

Wegen seines frühen Schoßens taugt der Wiesenfuchsschwanz meist auch nicht für die Dauerweiden, weil er beim Austreiben des Viehs bereits überständig ist. Nur im Binnenlande, wo der Beginn der Vegetation und das Austreiben des Viehs sehr nahe beieinander liegen, wird er nach Falke mit Vorteil auch bei Dauerweidenansaaten mit herangezogen.

Für Wechselwiesen und Wechselweiden ist der Wiesenfuchsschwanz wegen seiner langsamen Entwicklung nach der Ansaat nicht zu gebrauchen. Er scheidet hier aber auch schon wegen seiner großen Wasseransprüche aus.

Die Handelssaat stammt meist aus Finnland, wo sie auf Naturwiesen durch Abstreifen der Ähren gesammelt wird. Sie steht nach den Versuchen von Weller hinter der deutschen Zuchtsorte aus Weihenstephan zurück.

Der Samenbau ist sehr schwierig. Die sperrigen Früchte lassen sich kaum mit der Maschine säen, sondern werden besser von Hand ausgelegt. Die Früchte reifen sehr ungleichmäßig und fallen leicht aus, die Jugendentwicklung ist sehr langsam, so daß dieses Obergras im Gegensatz zu den anderen Obergräsern ähnlich wie die Untergräser nicht ohne weiteres untergesät werden kann. Bei Befall mit der Gallenmücke (*Oligotrophus alopecurii*) muß zudem der Bestand zwischendurch als Futter genutzt werden. Aus all diesen Gründen lohnt jedenfalls der Samenbau nur bei hohen Preisen.

Schwere Böden, die schlecht offenzuhalten sind, scheiden bei der langsamen Jugendentwicklung des Fuchsschwanzes aus. Besonders geeignet sind frische, humose, auch wohl anmoorige Böden.

Da der Wiesenfuchsschwanz auf den Naturwiesen bisweilen rein bestandbildend auftritt, dürfte sich hier und da ein Sammeln der Früchte durch Abstreifen lohnen.

Geknieter Fuchsschwanz und Roter Fuchsschwanz
(*álopecúrus géniculátus* und *álopecúrus fúlvus*). Abb. 8 und 9, Seite 48.

Zwei überjährige nicht ausdauernde Arten auf feuchten und nassen Wiesen, namentlich Überschwemmungswiesen. Sie befriedigen außer in der Ausdauer auch im Mengenertrag nicht. Der Futterwert ist allerdings nicht schlecht.

Ackerfuchsschwanz (*álopecúrus agréstis*). Abb. 10, Seite 49.

Der Ackerfuchsschwanz gehört mit dem Windhalm, dem Ackerruchgras und dem Wildhafer zusammen zu den schlimmen Samenunkrautgräsern des Ackerlandes.

Die Hauptkeimzeit ist der Herbst. Eine zweite Keimzeit fällt in das Spätfrühjahr. Sein Hauptvorkommen ist dementsprechend im Wintergetreide und entsprechend dem Vorkommen auf guten Böden im Winterweizen bzw. im Winterraps. Das Nebenvorkommen ist in der Hackfrucht und außerdem auf der ungeschälten Getreidestoppel. Außerdem kommt der Ackerfuchsschwanz noch im eingeschmierten Sommergetreide vor, welches die im Herbst gekeimten durch die Frühjahrsbestellung nicht zerstörten Unkrautpflanzen mitenthält. Ja eventuell findet er sich auch im normal bestellten Sommergetreide, da jedenfalls unter bestimmten Witterungsverhältnissen auch eine frühe Frühjahrskeimung nicht ausgeschlossen ist. Die Keimungsverhältnisse liegen also für die Bekämpfung etwas ungünstiger als beim Windhalm. Und da der Same ebenso lange, nämlich zwei Jahre, im Boden lebensfähig ist und das Unkraut sich nicht wie beim Windhalm durch Jäten aus dem Sommergetreide entfernen läßt, gestaltet sich die Bekämpfung bedeutend schwieriger. Zwei reine Früchte zu schaffen, ohne die normale Fruchtfolge zu stören, ist fast unmöglich. Hackfrucht nach Hackfrucht und Futterbau auf Hackfrucht sind wohl Fruchtfolgen, die die Unkrautplage beseitigen, aber sie fallen eben aus dem normalen Rahmen total heraus. Sommergetreide nach Hackfrucht genügt aber nicht, weil das Sommergetreide, wie gesagt, nicht wie beim Windhalm durch Jäten vom Fuchsschwanzbefall freigemacht werden kann. Möglich von allen Fruchtfolgen, die der Ackerfuchsschwanzplage ein Ende bereiten können, scheint mir nur die Fruchtfolge Hackfrucht, Sommerung, Klee zu sein. Der in der Sommerung auflaufende Ackerfuchsschwanz kann hier nicht gefährlich werden, da die nächste Generation vor dem Absamen mit dem Klee grün abgeschnitten wird.

Wie beim Windhalm spielt auch beim Ackerfuchsschwanz der Samenanflug eine Rolle. Wichtiger ist aber beim Ackerfuchsschwanz die Übertragung des Samens durch unreifen Stallmist. Unbedingte Voraussetzung für eine Beseitigung der Ackerfuchsschwanzplage ist weiter bei zu feuchten Äckern die Entwässerung. Selbstverständlich muß man außerdem das Unkraut auch in der hauptsächlich befallenen Frucht zu bekämpfen suchen, also auch im Wintergetreide, was durch Hacken, Eggen und Düngung mit Kalkstickstoff geschehen kann.

Sandhafer, Strandhafer (*ammóphila árenária*). Abb. 11, Seite 50.

Der Sand- oder Strandhafer ist ein typisches Dünengras, das nicht nur wild auf Dünen wächst, sondern auch zur Befestigung von Dünen angepflanzt wird. Mit seinen langen verzweigten unterirdischen Ausläufern verfilzt es den Boden, festigt so die Düne. Bei Sandüberwehungen wächst es mit der Düne nach oben mit. Es ist neben der Strandgerste (*élymus arenárius*) (Seite 50) das wichtigste Gras zur Festlegung von Dünen. Nach Hesmer soll *elymus* mehr die Leeseite und *ammophila* mehr die Luvseite bevorzugen.

Die Ruchgräser (*anthoxánthum*-Arten)

1. **Wiesenruchgras** (*anthoxánthum odorátum*). Abb. 13, Seite 51. (Häufiges minderwertiges Gras auf armem Grünland)

2. **Ackerruchgras** (*anthoxánthum puélii*). Abb. 14, Seite 51. (Schlimmes Samenunkraut, namentlich im Winterroggen auf geringen Äckern)

Wiesenruchgras (*anthoxánthum odorátum*). Abb. 13, Seite 51.

Das Wiesenruchgras wurde früher stark überschätzt. Vor dreißig Jahren wurde es noch allgemein als Beigabe zu jeder Wiesen- und Weidenmischung empfohlen. Meines Wissens war Huntemann der erste, der gegen das Ruchgras auftrat. Im Streit mit ihm konnte C. A. Weber um die Wende des Jahrhunderts aber noch alle Autoritäten für sich bzw. für das Ruchgras anführen, was allerdings Huntemann in der Ablehnung des Ruchgrases aus der Praxis heraus nicht irremachen konnte. Heute wird das Ruchgras allgemein abgelehnt. Es befriedigt weder im Mengenertrag, noch hat es einen besonderen Futterwert. Es wird sogar sehr ungern gefressen, und die besondere Bekömmlichkeit, die man ihm früher nachrühmte, steht nur auf dem Papier.

Das Wiesenruchgras kommt auf den Wiesen und Weiden jeder Feuchtigkeitslage vor, von der trockenen bis zur nassen Lage also, wird aber nur auf ärmerem Grünland wirklich häufig. Es ist auf gut feuchtem Grünland ein Anzeiger von Nährstoffarmut.

Die Überschätzung des Wiesenruchgrases mag wohl darin ihren Grund gehabt haben, daß schon kleine Ruchgrasmengen infolge ihres Kumaringehaltes auch dem schlechtesten Heu einen Geruch geben, der den vortäuscht, den gutes Heu bei der Gärung annimmt.

Ackerruchgras (*anthoxánthum puélii*). Abb. 14, Seite 51.

Das Ackerruchgras gehört mit dem Windhalm, dem Ackerfuchsschwanz und dem Wildhafer zusammen zu den schlimmen Samenunkrautgräsern des Ackerlandes.

Die Hauptkeimzeit liegt im frühen Herbst. Nach den Beobachtungen von Wehsarg in der Mark und von Huntemann in Süd-Oldenburg läuft im November nur noch wenig Ackerruchgras auf. Eine zweite Keimzeit fällt in das späte Frühjahr. Das Hauptvorkommen ist demgemäß in der Winterung und das Nebenvorkommen in der Hackfrucht und auf der ungeschälten Getreidestoppel.

Der Same geht auf guten Böden schon in einem Jahre bei Ackergare zugrunde. Das ist auch der Grund, daß es auf guten Böden nicht vorkommt, also hauptsächlich nur in Winterroggen anzutreffen ist. Auf gutem Boden nimmt ihm schon eine Hackfrucht die Daseinsmöglichkeit. Auf geringeren Böden dauern die Samen ähnlich wie beim Windhalm zwei Jahre aus. Die Bekämpfung ist demgemäß auch eine ähnliche wie dort.

Es gilt, zwei reine Früchte hintereinander zu schaffen. Das ist Hackfrucht nach Hackfrucht, oder Feldfutter nach Hackfrucht, oder was wirklich häufig möglich ist ohne Störung der normalen Fruchtfolge, Sommerung nach Hackfrucht. Die Hackfrucht muß hier allerdings rein gehalten werden, während sie beim Windhalm von Natur aus rein ist, und die Sommerung wird nicht wie beim Windhalm durch Jäten rein gehalten, sondern durch Schälen der Stoppel, durch das die im Sommergetreide zur zweiten Keimzeit spät gekeimten Unkrautpflanzen am Aussamen verhindert werden. So häufig wie möglich sollte man ferner Serradella in den Roggen säen. Der im Roggen zur Reife kommende und auf den Boden fallende Unkrautsame keimt fast restlos unter der schützenden Serradella und wird bei dem Umpflügen der Serradella vor dem Absamen zerstört.

Zu einer Befreiung von der Ackerruchgrasplage kommt man aber nur, wenn man außerdem den Stallmist gut behandelt. Durch ungaren Stallmist wird sonst immer wieder keimfähiger Same zugeführt. Überhaupt ist auf dem Hofe für Sauberkeit zu sorgen, da die zweigrannigen Ruchgrassamen sich zu leicht überall anhängen. Auch das Saatgut enthält manchmal Ruchgrassamen, wie ja auch seinerzeit das Unkraut als Saatgutverunreinigung nach Deutschland aus dem Mittelmeergebiet eingeschleppt worden ist.

Ähnlich wie gegen den Windhalm hilft gegen das Ackerruchgras nach Feststellung von Borchert in Südmecklenburg auch eine sachgemäße Kalkstickstoffdüngung.

Die Hafergräser (*avéna*-Arten)

1. **Glatthafer,** Hoher Wiesenhafer (*avéna elátior*). Abb. 15, Seite 52.
(Eins der wertvollsten Wiesenobergräser der frischen Lage)

2. **Goldhafer** (*avéna flavéscens*). Abb. 16, Seite 53.
(Örtlich sehr wertvolles Wiesen- und Weidengras)

3. **Flaumhafer** (*avéna pubéscens*). Abb. 17, Seite 54.
(Mäßiges Gras magerer Wiesen)

4. **Wiesenhafer** (*avéna praténsis*). Abb. 18, Seite 54.
(Wertvolles Gras geringer Kalkböden)

5. **Flughafer** (*avéna fátua*). Abb. 19, Seite 55.
(Schlimmes Samenunkraut auf kalkhaltigen Äckern)

Glatthafer, Hoher Wiesenhafer, Französisches Raygras (*avéna elátior*).

Der Glatthafer ist neben dem Knaulgras **das** Wiesenobergras der frischen Lage. Der Glatthafer ist somit eines der allerwichtigsten Wiesenobergräser.

Sehr häufig bildet der Glatthafer sogar einen eigenen Typ, die Glatthaferwiese, in der Schweiz nach Stebler Frommentalwiese genannt. Diese Glatthaferwiese ist zwar keine so reine Wiese wie die schon besprochene Wiesenfuchsschwanzwiese, wie ja auch der Glatthaferhorst nicht entfernt so ausgebreitet ist wie der vom Wiesenfuchsschwanz, sondern nur etwas locker ist durch einige Ausläufer. Der Glatthafer hat nicht nur das Knaulgras als Obergras neben sich, sondern auch noch eine Reihe von Untergräsern und Kleearten. Die Einzelheiten werden im dritten Teil der Arbeit bei der zusammenfassenden Übersicht über die Wiesentypen auseinandergesetzt.

Vorbedingung für das Entstehen einer Glatthaferwiese sind eine gute Nährstoffversorgung (namentlich eine gute Stickstoffversorgung fördert den Glatthafer ungemein), weiter eine milde Lage (schon in den rauheren Mittelgebirgslagen Deutschlands fehlt der Glatthafer) und dann eine mittlere Wasserversorgung. Dank seiner sehr tiefen Wurzelentwicklung kommt der Glatthafer noch auf verhältnismäßig trockenen Böden fort, wenn sie sonst nur befriedigen. Nässe verträgt er dagegen gar nicht, auch Überschwemmung sagt ihm nicht zu. Daß er auf nassen Moorböden nicht wächst, hängt allerdings auch mit dem Auffrieren dieser Böden zusammen.

Der Glatthafer treibt ziemlich früh. Er entwickelt besonders viele reich beblätterte Halme, treibt stark nach, und zwar außer Blättern auch Halme und liefert als Heu ein sehr gutes Futter, wenn nicht der erste Schnitt zu spät genommen wird.

Als Weidepflanze befriedigt er dagegen nicht. Er verträgt den Tritt der Tiere nicht, außerdem ist er im grünen Zustande auch etwas bitter.

Außer auf den frischen Dauerwiesen hat er aber auch im mehrjährigen Feldgrasbau einen sicheren Platz. Schon im ersten Jahre nach der Aussaat befriedigt er im Ertrage und läßt auch in den nächstfolgenden nicht nach. Eine Rolle spielt die häufigste Form des mehrjährigen Kleegrasbaues, die Egartwirtschaft, allerdings hauptsächlich in den rauheren Gebirgslagen, wo der Glatthafer nicht fortkommt.

Die gewöhnliche Handelssaat stammt aus Frankreich und Dänemark. Außerdem sind bodenständige Landsorten und auch Zuchtsorten auf dem Markt, so u. a. die Weihenstephaner. Bei den Versuchen von Weller haben die Handelssaaten versagt.

Der Samenbau ist sehr mühsam. Die sperrigen Samen drillen sich schlecht, sie fallen bei der Ernte so leicht aus, daß das Abklopfen der Garben vor dem Aufstellen kaum zu umgehen ist. Der Drusch ist sehr langwierig und die Saatgutreinigung so schwierig, daß die Bestände durch intensives Jäten saubergehalten werden müssen, was durch das frühe Schossen des Glatthafers sehr erschwert ist. Der Anbau lohnt sich nur auf besonders geeigneten, warmen, milden Böden bei hohen Durchschnittserträgen. Auf allen anderen Böden verdienen andere Gräser den Vorzug, so auf den schweren Böden, auch wenn sie nicht kalt sind, Wiesenschwingel oder Lieschgras.

Goldhafer (*avéna flavéscens*). Abb. 16, Seite 53.

Der Goldhafer hat örtlich eine außerordentliche Bedeutung sowohl als Dauerwiesen- als auch als Dauerweidengras und auch in der Egartenwirtschaft.

In den Mittelgebirgslagen, in denen der Glatthafer aus klimatischen Gründen wegen der rauhen Lage nicht mehr fortkommt, vertritt er den Glatthafer als Wiesenobergras. Er ist zwar kein richtiges Obergras, hält etwa die Mitte zwischen Ober- und Untergräsern, ist aber hier, wo der Glatthafer fehlt, von kaum zu überschätzender Bedeutung.

Außerdem ist er ein wertvolles Untergras, namentlich auf frischen Kalkverwitterungsböden. Diese Standorte scheinen ihm besonders zuzusagen.

Auf den meisten Wiesen Norddeutschlands kommt dieses feinblättrige, feinhalmige Wiesenuntergras allerdings im allgemeinen nur spärlich vor. Größere Bedeutung hat es hier wohl nur auf genügend entwässerten Hochmoorwiesen.

Im Gegensatz zum Glatthafer eignet sich der Goldhafer auch für Dauerweiden. Er ist im Gegensatz zum Glatthafer grün nicht bitter, sondern wird sehr gern gefressen. Besonders geschätzt wird er außerdem auch deshalb, weil er gut bis in den späten Herbst hinein nachwächst, wie er ja auf den Wiesen auch vor allem den zweiten Schnitt vermehrt.

Die Handelssaat stammt aus Frankreich, Italien und Böhmen. Deutsche Zuchtsorten sind die Weihenstephaner und die Steinacher.

Der Samenbau ist noch mühsamer als beim Glatthafer. Die sperrigen Samen lassen sich so schlecht drillen, daß sie besser von Hand gelegt werden, sie fallen bei der Ernte so leicht aus, daß die Garben vor dem Aufstellen unbedingt über Planen abgeklopft werden müssen, das Dreschen ist sehr langwierig und die Reinigung des Saatguts so schwer, daß die Bestände durch intensives Jäten sauberzuhalten sind. Auf warmen milden Böden mit relativ hohen Durchschnittserträgen kann bei den hohen Preisen, die meist für Goldhafer gezahlt werden, der Anbau auf kleineren Flächen trotzdem lohnend sein. Einen großen Umfang wird der Samenbau aber auch schon deshalb nicht annehmen, weil die Nachfrage bald befriedigt ist.

Flaumhafer (*avéna pubéscens*). Abb. 17, Seite 54.

Der Flaumhafer ist ein mittelhohes horstbildendes Gras, das auf sehr vielen Wiesen und Weiden anzutreffen ist. Eine größere Bedeutung hat er aber weder auf Wiesen noch auf Weiden und noch weniger im Feldfutterbau. Er wird wegen seiner starken Behaarung nicht gern gefressen und auf den Wiesen befriedigt er schon deshalb nicht, weil seine Blätter nach dem Schossen absterben. Landwirtschaftlich bedeutsam ist der Flaumhafer eigentlich nur als Anzeigergras. Er kommt nur auf Grünland vor, das sich nicht in besonders gutem Düngungszustande befindet.

Wiesenhafer (*avéna praténsis*). Abb. 18, Seite 54.

Mit Recht wird immer wieder betont, namentlich auch von Wittmack, daß der Name Wiesenhafer irreführend ist. Der Wiesenhafer kommt nämlich auf Wiesen überhaupt nicht vor. Er wächst hauptsächlich auf trockenen kulturlosen Kalkböden und ist dort ohne jede landwirtschaftliche Bedeutung. Selbst als Hutweidepflanze hat er dort keine Bedeutung, weil sogar die Schafe seine harten Blätter verschmähen.

Wildhafer, Flughafer (*avéna fátua*). Abb. 19, Seite 55.

Der Flughafer gehört zusammen mit dem Windhalm, dem Ackerruchgras und dem Ackerfuchsschwanz zu den schlimmen Samenunkrautgräsern des Ackerlandes.

Ja er ist vielleicht das allerschlimmste dieser Ackerunkräuter, wenn er auch nur örtlich wirklich verheerend auftritt. Er ist unbedingt an kalkhaltigen Boden gebunden. Allerdings scheint das Kalkbedürfnis nicht allzu groß zu sein. So hat in vielen Gegenden mit gutem Boden (auch guter Boden ist eine weitere Voraussetzung für das Auftreten des Flughafers) die in der regelmäßigen Kaliphosphatdüngung eingeschlossene Kalkdüngung zusammen mit der gelegentlichen direkten Kalkgabe schon genügt, um den Flughafer dort neu auftreten zu lassen, wo er früher nicht vorkam.

Der Flughafer keimt vom frühen bis zum späten Frühjahr. Das Hauptvorkommen ist dementsprechend im Sommergetreide, ein Nebenvorkommen in der Hackfrucht und auf der ungeschälten Getreidestoppel. Außerdem kommt aber der Flughafer auch noch regelrecht als Oberpflanze im Wintergetreide vor. Namentlich schlecht bestandenes Wintergetreide befällt sehr stark und die später schossenden stärker als die früher schossenden. Je weniger der Boden nämlich im Frühjahr bedeckt ist und je ungestörter damit der Witterungswechsel als Keimreiz auf die Samen im Boden wirken kann, um so mehr keimt der Flughafer auch in der Winterung.

Der Same ist sehr lebensfähig, er erhält sich im Boden mindestens zwei Jahre. Es gilt also zwei reine Früchte zu schaffen, was nicht sehr einfach ist.

Am radikalsten wirkt natürlich wie überall Hackfrucht auf Hackfrucht. Aber diese Folge fällt eben aus dem normalen Rahmen heraus. Voll wirksam ist auch die Folge Hackfrucht, Futtergemenge. Hier kommen wir schon näher an gebräuchliche Fruchtfolgen heran. So bürgert sich aus anderen Gründen heute jedenfalls auf kleineren Schlägen die Fruchtfolge Zottelwickengemenge mit folgender Hackfrucht mit Recht mehr und mehr ein. Ebenso wirksam ist ferner die Fruchtfolge Hackfrucht, Sommerung oder Winterung mit Klee- bzw. Luzerneeinsaat. Die in der Klee- bzw. Luzerneüberfrucht absamenden Flughaferfrüchte kommen aus Mangel an Bodenbedeckung nicht zum Keimen, bleiben auf der Bodenoberfläche liegen und kommen um. Schließlich ist es eventuell möglich, die Gerste durch Jäten sauberzuhalten und so neben der Hackfrucht oder dem Futtergemenge noch eine zweite reine Frucht zu schaffen.

Zu einer vollständigen Beseitigung des Flughafers kommt man aber nur, wenn man außerdem die Zufuhr von frischem keimfähigen Samen durch das Saatgut und durch schlecht vergorenen Stallmist verhindert. Auf dränagebedürftigen Böden schließlich kann eine erfolgreiche Bekämpfung erst nach der Dränage einsetzen. In den ungaren feuchten Böden dauern die Flughafersamen länger als zwei Jahre aus, während die Kampfkraft der Kulturpflanzen stark geschwächt ist. Gelegentlich, namentlich in stark parzellierten Gegenden, spielt auch die Samenzuführung durch den Wind von den Nachbarfeldern her eine entscheidende Rolle. Da der Flughafersame gewöhnlich nur einige Meter wandert, fällt diese Art der Verbreitung sonst nur bei der Verseuchung der Ränder ins Gewicht.

Raupenförmiges Beckmannia (*beckmánnia erúcifórmis*)

Ein von Wittmack aus Rußland eingeführtes und von Feldt züchterisch bearbeitetes Gras, das namentlich für feucht-nasse Wiesen und Überschwemmungswiesen empfohlen wird. Die großen Hoffnungen, die Feldt an dieses Gras stellt, scheinen sich nicht zu erfüllen. Das Gras wird wegen seines starken Kumaringehaltes selbst als Heu schlecht gefressen. Es scheint im übrigen auch die einheimischen Gräser, die unter denselben Verhältnissen wachsen, wie schon C. A. Weber immer wieder betonte, im Mengenertrage nicht zu übertreffen.

Zwenkengräser (*bráchypódium*-Arten)

1. **Fiederzwenke** (*bráchypódium pennátum*). Abb. 20, Seite 56.
(Häufiges Ausläufergras trockener Kalkhänge)

2. **Waldzwenke** (*bráchypódium silváticum*). Abb. 21, Seite 56.
(Waldgras)

Landwirtschaftlich sind beide Zwenken ohne Bedeutung. Die Waldzwenke ist ein reines Waldgras, und die Fiederzwenke kommt nur auf geringen Kalkböden vor und kommt hier wegen ihrer harten Blätter kaum einmal als Schaffutter in Betracht.

Gemeines Zittergras (*bríza média*). Abb. 22, Seite 57.

Ein kleines unscheinbares Horstgras mit feinen Blättern auf dem Grünland fast jeder Feuchtigkeitslage. Auf gut feuchtem Grünland ist das Zittergras ein Zeichen von Nährstoffarmut.

Die Trespengräser (*brómus*-Arten)

1. **Aufrechte Trespe** (*brómus erectus*). Abb. 24, Seite 59.
(Wertvolles Wiesengras auf trockenen Kalkböden)

2. **Wehrlose Trespe** (*brómus inérmis*). Abb. 23, Seite 58.
(Wertvolles Wiesengras auf trockeneren Böden)

3. **Ackertrespe** (*brómus arvénsis*). Abb. 28, Seite 63.
(Für den Feldfutterbau manchmal empfohlen)

4. **Weiche Trespe** (*brómus móllis*). Abb. 25, Seite 60.
(Grünlandunkraut. Als „Deutsches Raygras" manchmal zum Feldfutterbau empfohlen)

5. **Taube Trespe** (*brómus sterílis*). Abb. 26, Seite 61.
(Gelegentliches Unkraut in Klee und Luzerne)

6. **Dachtrespe** (*brómus tectórum*). Abb. 27, Seite 62.
(Gelegentliches Ackerunkraut)

7. **Roggentrespe** (*brómus secalínus*)
(Früher ein schlimmes Roggenunkraut)

8. **Rauhe Trespe** (*brómus ásper*). Abb. 29, Seite 64.
(Waldgras)

Aufrechte Trespe, Wiesentrespe, Burst (*brómus eréctus*). Abb. 24, S. 59.

Die aufrechte Trespe bildet auf trockeneren Kalkböden einen eigenen Typ. Im dritten Teil der Arbeit wird dieser Wiesentyp zusammen mit den anderen eingehend besprochen werden.

Man hat die aufrechte Trespe oft das Gegenstück zum Schafschwingel auf Kalkböden genannt. Das stimmt aber nur teilweise. Der Schafschwingel kommt bestandbildend nur auf geringen Sandböden vor, während die aufrechte Trespe zum Teil auch wertvollere Kalkböden überzieht, die besser ackerbaulich genutzt würden, es sei denn, daß sie durch Überschwemmungen gefährdet sind oder wegen starker Steinigkeit sich zum Ackerbau schlecht eignen. Die Botaniker unterscheiden ein Xerobrometum auf geringen Kalkböden und ein Mesobrometum auf den besseren Kalkböden. Bei besonders frischer Lage kann das Mesobrometum durch Düngung in eine Glatthaferwiese umgewandelt werden.

Die aufrechte Trespe wächst in Horsten mit sehr langen Wurzelblättern und hohen Halmen. Sie treibt und blüht früh. Der Nachtrieb ist nicht sehr stark und besteht ausschließlich aus Blättern.

Bei rechtzeitigem ersten Schnitt ist der Futterwert nicht schlecht. Ja in Gegenden, wo dieser Wiesentyp selten ist, wird das harte Futter sogar als Ergänzung des sonst sehr weichen Futters besonders geschätzt, wie besonders auch Knoll in Württemberg feststellen konnte.

Die Mengenerträge sind entsprechend dem Standort auf nicht eigentlichem Wiesenboden nicht sehr hoch.

Wehrlose Trespe, grannenlose Trespe (*brómus inérmis*). Abb. 23, S. 58.

Die wehrlose Trespe ist in Deutschland sehr viel seltener als die aufrechte Trespe. Sie kommt bei uns nur in Ostdeutschland auf einigen trockeneren Wiesen bestandbildend vor. Außerordentlich häufig ist sie dagegen in den kontinentaleren Ländern, in Rußland, Ungarn usw. Wegen ihrer besonderen Dürreresistenz bei guten Leistungen hat sie aber auch bei uns eine gewisse Zukunft. Schon heute wird sie mit Recht überall in die Samengemische für Wiesen auf anmoorigen Sandböden, die leicht einmal austrocknen können, mitaufgenommen. Außerdem taugt sie auch für den Feldfutterbau auf leichten Böden. Einheimische Zuchtsorten liegen bereits vor.

Ackertrespe (*brómus arvénsis*). Abb. 28, Seite 63.

Die Ackertrespe wird gelegentlich immer wieder einmal als Feldfutterpflanze auf leichten Sandböden empfohlen. Im Herbst angesät, soll sie im Frühjahr einen sehr guten Schnitt liefern. Praktisch hat sie aber bisher keine Bedeutung erlangt. Sonst spielt sie in der Landwirtschaft auch als Unkraut keine Rolle. Sie ist eine reine Ruderalpflanze.

Weiche Trespe (*brómus móllis*). Abb. 25, Seite 60.

Die weiche Trespe ist ein überjähriges oder auch zweijähriges Grünlandunkraut. Sie hält sich also dauernd nur auf solchen Wiesen und Weiden, wo sie Gelegenheit hat, immer wieder abzusamen und zu keimen. Das trifft im allgemeinen nur auf lückigen Wiesen und Weiden zu. Auf guten Wiesen und Weiden fehlt sie meist.

Der Same der weichen Trespe wird manchmal unter dem Namen „Deutsches Raygras" zur Ansaat von Wiesen und Weiden angeboten. Im Wert steht dieses „deutsche Raygras" aber nicht einmal mit dem Wolligen Honiggras auf einer Stufe, das sogar, wo es in der Heublumensaat umsonst zu haben ist, abgelehnt werden muß.

Taube Trespe (*brómus sterílis*). Abb. 26, Seite 61.

Dachtrespe (*brómus tectórum*). Abb. 27, Seite 62.

Diese beiden Arten sind eigentlich nur Ruderalpflanzen. Nur die erste Art kommt häufig einmal in dünnstehenden Klee- und Luzerneschlägen vor.

Roggentrespe (*brómus secalínus*)

Die Roggentrespe war früher ein sehr verbreitetes schlimmes Roggenunkraut. Nach feuchten Herbsten trat sie so stark auf, daß die Volksmeinung aufkommen konnte, der Roggen hätte sich in Roggentrespe umgewandelt. Heute spielt die Roggentrespe nur noch örtlich eine Rolle. Mit der Saatgutreinigung ist sie im allgemeinen verschwunden. Ihre Samen sind nämlich außerordentlich leicht vergänglich. Sie dauern im Boden nicht einmal ein einziges Jahr aus. Eine einzige in die Fruchtfolge eingeschaltete Hackfrucht macht der Plage also ein Ende, wenn nicht der Acker durch unreines Saatgut neu infiziert wird. Nur bei häufigem Roggenanbau und bei etwas feuchten Böden, in denen der Same sich vielleicht etwas länger als ein Jahr gesund erhält, tritt die Roggentrespe heute trotz Saatgutreinigung noch auf. Die Roggentrespe ist ein Schulbeispiel dafür, wie recht Wehsarg mit seiner vor vierzig Jahren aufgestellten These hat, daß der Kampf gegen die Samenunkräuter des Ackers in erster Linie gegen die Samen im Boden zu richten ist; daß man dadurch vielmehr erreichen kann, als man früher für möglich hielt, weil die Ausdauer der Samen im garen Boden viel geringer ist, als man früher annahm. Wie sehr man sich hier noch vor einigen Jahren irrte, geht klar aus einer Zeitungspolemik hervor, die sich 1920 in der „Deutschen Landwirtschaftlichen Presse" im Anschluß an eine Veröffentlichung über das plötzliche Auftreten der Roggentrespe im Winterhafer entwickelte. Man glaubte damals noch allgemein an die Langlebigkeit gerade dieses Unkrautsamens, der in Wahrheit ganz besonders kurzlebig ist.

Rauhe Trespe (*brómus ásper*). Abb. 29, Seite 64.

Ein landwirtschaftlich bedeutungsloses, hohes, horstiges Gras in feuchten Waldungen auf kalkhaltigem Boden.

Reitgräser (*cálamagróstis*-Arten)

1. **Schmalblättriges Reitgras** (*cálamagróstis lánceoláta*). Abb. 30, Seite 65. (Minderwertiges Süßgras auf nassem Grünland)

2. **Sandrohr** (*cálamagróstis épigéios*). Abb. 31, Seite 66. (Landwirtschaftlich bedeutungsloses Gras auf Sandhügeln und in Kiefernwäldern)

Schmalblättriges Reitgras (*cálamagróstis lánceoláta*). Abb. 30, Seite 65.

Das schmalblättrige Reitgras ist eines der häufigsten Gräser auf nassem schlechtem Grünland. Es überzieht oft weite Flächen in eintönigen Beständen. Obwohl Süßgras, ist es noch wertloser als die Sauergräser. Es ist ohne jeden Futterwert. Ähnlich wie die Sauergräser hat es rinnige Blätter mit scharfen Kanten, ist aber durch die Zweizeiligkeit der Blattanordnung sofort als Süßgras zu erkennen.

Sauergräser (*carex*-Arten)

Der landläufigen Meinung und auch dem Namen nach wachsen die Sauergräser auf sauren (sauer ist von dem althochdeutschen „saiger" naß abgeleitet), nassen Standorten. Diese Auffassung besteht aber keineswegs zu Recht. Man trifft *carex*-Arten in jeder Feuchtigkeitslage. Ja, von den 100 in Mitteleuropa heimischen Seggen meiden etwa 30 Arten die nasse Lage ganz. Der Name erklärt sich wohl daraus, daß das Sauergras in der nassen Lage weite, auffällige, das Landschaftsbild mitbestimmende Bestände bildet. Der Name darf aber nicht darüber hinwegtäuschen, daß der Standort der verschiedenen Arten von der nassen Lage über die feuchte und frische bis in die trockene und dürre reicht.

Selbstverständlich hat auch das Vorkommen der Sauergräser nichts mit der p_H-Zahl zu tun. Außer den Hochmoorseggen gibt es nur einige wenige *carex*-Arten, die Anzeiger einer niedrigen p_H-Zahl sind. Auch mageren Boden zeigen die Sauergräser nicht an. Im Walde wachsen einige Sauergräser, beispielsweise die Waldsegge, auf den kräftigsten Böden mit bester Humuszersetzung, und auch von den Streuewiesen der nassen Lage wissen wir, daß die Seggen dort nicht auf armen Böden angebaut werden. Richtig ist nur, daß die Sauergräser auf den fetten Wiesen und Weiden, d. h. auf den frischen und feuchten Grünländereien in guter Kraft, so gut wie ganz fehlen.

Mit allgemeingehaltenen Angaben über den Standort der Sauergräser ist es also nicht getan. Wenn man dieselben bei der Bewertung des Grünlandes heranziehen will, muß man schon ins einzelne gehen. Das wird in der angekündigten Spezialarbeit über die Sauergräser geschehen. Im dritten Teil dieser Arbeit wird bei der Behandlung der Wiesentypen nur auf das Allernotwendigste hingewiesen. Hinzugefügt sei nur, daß ein Sauergras, und zwar das verbreitetste, die Behaarte Segge (*carex hirta*), in jeder Feuchtigkeitslage auftritt. Sie deutet also keineswegs auf Nässe hin. An der Behaarung ihrer Blätter und Triebe ist sie leicht zu erkennen. Sie ist das einzige auffällig behaarte Grünlandsauergras.

Der Nährstoffgehalt der Sauergräser ist an sich nicht schlecht. Aber die Blätter der meisten Sauergräser sind ebenso wie die der Rasenschmiele stark verkieselt und mit Kieselzähnen besetzt, so daß sie doch nur ein minderwertiges Futter abgeben. Einige niedere Sauergräser, die auf gutem Grünland vorkommen, haben diese Nachteile nicht. Sie befriedigen aber nicht im Mengenertrag. Wirklich gute Futterpflanzen gibt es unter den Sauergräsern auch in den Alpen und in den Höhenlagen des Nordens nicht. Keineswegs bedingen Sauergräser den besonderen Wert des Alpenheus. Es handelt sich bei den Futtersauergräsern, von denen aus diesen Gegenden berichtet wird, wohl ausschließlich um Wildheupflanzen und ähnliche Lückenbüßer.

Bekämpft werden die Sauergräser der nassen Lage durch Entziehung der Nässe. Nach der Entwässerung verschwinden sie bei guter Pflege und Düngung auch ohne Umbruch. Namentlich das frühzeitige und mehrmalige Schneiden, das die Wiesenkultur mit sich bringt, können sie nicht vertragen. Von den Streuewiesen, auf denen die hohen und mittleren Sauergräser als Kulturpflanzen gepflegt werden, ist bekannt, daß sie nur einmal spät im Jahr geschnitten werden dürfen. Sonst werden sie bald von den als Streuepflanzen nicht geschätzten Süßgräsern unterdrückt. Im Gegensatz zu den meisten Süßgräsern speichern sie nämlich ebenso wie das Pfeifengras sehr spät, erst vom Nachsommer an. Gegen die Sauergräser des gut feuchten Grünlandes brauchen besondere Bekämpfungsmaßnahmen nicht ergriffen zu werden. Sie wachsen dort bei schlechter Kultur und sind nicht besser und nicht schlechter als die sonst dort wachsenden Süßgräser und verschwinden wie diese mit der Hebung der Wiesenkultur.

Wasserquellgras (*cátabrósa aquática*)

Landwirtschaftlich bedeutungsloses, in und an stehenden Gewässern und auf quelligen Bodenflächen wachsendes Gras.

Hundszahn (*cýnodon dáctylon*)

Der Hundszahn ist bei uns hauptsächlich ein Unkraut in den Weinbergen und auf sandigen Äckern der Weinbaugegenden. In den heißeren Ländern, so beispielsweise auch in Deutsch-Südwest soll es ein wichtiges dürreresistentes Futtergras sein. In den Zuckerrohrplantagen soll es dagegen wieder ähnlich wie bei uns in den Weinbergen als schlimmes Unkraut auftreten.

Kammgras (*cynosúrus cristátus*). Abb. 32, Seite 67.

Das Kammgras ist früher außerordentlich überschätzt worden. Vor reichlich zwanzig Jahren noch wurde es in fast jeder Mischung für Dauer- und Wechselgrünland mit einigen Pfunden je Morgen berücksichtigt. Man konnte damals durch Herausnahme des meist sehr teuren Kammgrases aus der Mischung und durch Hereinnahme entsprechend großer Mengen besserer und doch viel billigerer Gräser die Mischungen beträchtlich verbilligen und verbessern. Worauf diese Überschätzung des Kammgrases zurückzuführen war, ist schwer zu sagen. Vielleicht hängt es damit zusammen, daß man früher, als man die Gräser im blütenlosen Zustande noch nicht kannte, glaubte, wie C. A. Weber berichtet, daß die Marschweiden aus Kammgras bestünden, weil es an den Geilstellen oft im Blütenzustande gefunden wurde.

Ganz unbrauchbar ist allerdings das Kammgras nicht. Nur für den Feldfutterbau, d. h. bei Ansaat von Wechselwiesen und Wechselweiden scheidet es vollständig aus. Es erreicht seine volle Entwicklung erst im dritten Jahr nach der Aussaat und ist auch wenig massenwüchsig.

Auf den Dauerwiesen und Dauerweiden hat es dagegen eine gewisse Daseinsberechtigung. Nicht in Betracht kommt es allerdings auf guten Dauerweiden, wo die wirklich guten Weidegräser wie Deutsches Weidelgras, Wiesenrispe und Wiesenschwingel gut gedeihen. Auf solchen Weiden ist es fast als Unkraut zu werten. Es wird dort nicht so gern gefressen wie die anderen guten Gräser und schießt deshalb besonders leicht in Halme. Ganz anders ist das Kammgras dagegen dort zu werten, wo diese guten Weidegräser wegen mangelhafter Nährstoffversorgung nicht gut gedeihen. Hier ist das genügsamere Kammgras durchaus am Platze, beispielsweise auf den Hochmoorweiden und überhaupt auf Weiden in ärmeren Heidegegenden, die nicht in einem besonders guten Düngerzustand gehalten werden können. Hier kann man Dauerweiden treffen, die bis zu 50% aus diesem Grase bestehen und trotzdem nicht schlecht sind. Man darf sich nicht an den vielen emporgeschossenen Halmen stoßen. Sie sind eigentlich nur ein Schönheitsfehler. Im Herbst, wenn das Weidegras besonders wässerig ist, werden sie von den Tieren weggeputzt und zum Teil auch während des Sommers in den Regenperioden. Im übrigen muß man eben mit der Sense oder dem Grasmäher nachhelfen. Das Kammgras erhält sich dauernd durch Selbstaussamung. Die einzelne Pflanze wird nur 4—5 Jahre alt.

Ähnlich wie auf den Dauerweiden ist die Stellung des Kammgrases auch auf den Dauerwiesen. Auch hier hat es namentlich auf ärmeren Wiesen einen sicheren Platz, so außer auf Hochmoorwiesen auch in den Mittelgebirgslagen. Da es erst im zweiten Schnitt richtig treibt, erhöht es namentlich die Masse des zweiten Schnittes.

Die Handelssaat stammt meist aus Irland, Holland und Neuseeland. Außerdem wird in Deutschland auch bodenständiger Samen von überständigen Weiden geerntet.

Zur Samengewinnung wird es manchmal mit dem Deutschen Weidelgras zusammen untergesät. Namentlich im zweiten Erntejahr kann man, wenn man etwa 5 Pfd./Morgen Kammgrassamen beigemischt hat, bis zu 1 Ztr./Morgen Kammgrassamen ernten.

Knaulgras (*dáctylis glomeráta*). Abb. 33, Seite 68.

Das Knaulgras ist eins der besten Wiesenobergräser der frischen Lage. Einige Bedeutung hat es außerdem im Kleegrasbau und auf zu trockenen Dauerweiden, auf denen die wirklich guten Weidegräser nur schlecht gedeihen.

Auf den Dauerwiesen bildet es einen Bestandteil der Glatthaferwiese. Es ist in der frischen Lage mit dem Glatthafer zusammen das bestandbildende Wiesenobergras. Bisweilen tritt es auch stärker als der Glatthafer hervor. Bei starker Stickstoffdüngung, meist Jauchedüngung, bildet es bisweilen sogar fast alleine ausgezeichnete Wiesen. Diese reinen Knaulgraswiesen müssen nur rechtzeitig, beim Schossen etwa, geschnitten werden. Nach dem Schossen verhärtet das Knaulgras außerordentlich schnell, während es vorher ein außerordentlich saftiges, weiches, gern gefressenes Futter liefert. Auch der zweite Schnitt ist namentlich bei Stickstoffdüngung ganz ausgezeichnet. Er ist sehr reichlich und besteht aus lauter nährstoffreichen, weichen, gern gefressenen Blättern. Gefährlich wird den Knaulgraswiesen manchmal der Spätfrost. Schossendes Knaulgras ist außerordentlich spätfrostempfindlich.

Auf den Dauerweiden ist das Knaulgras dort, wo die guten Weidegräser wirklich gedeihen, ein Unkraut. Bei dem frühen Austreiben kommt es zu leicht ins Schossen. Es wird von den Weidetieren verschmäht, samt aus und verbreitet sich wie ein Unkraut über weite Weidestrecken. Ganz anders ist es dagegen auf sehr trockenen Böden zu bewerten. Hier hält keines der besseren Gräser so gut aus wie das sehr stark bewurzelte Knaulgras. Man muß diese Knaulgrasweiden, um das Schossen möglichst zu verhindern, immer sehr kurz halten. Namentlich Schweine fressen das Knaulgras sehr gern. Mir sind Fälle bekannt, daß man sogar durch Beweiden mit Schweinen das Knaulgras aus guten Weiden beseitigt hat.

Auf dem Acker wird es im einjährigen Kleegrasbau nur auf den leichten Böden herangezogen, im mehrjährigen Kleegrasbau dagegen allgemeiner verwendet.

Außer der Handelssaat aus Dänemark und Neuseeland und bodenständigen deutschen Landsorten besonders aus der Mark Brandenburg sind eine Reihe von Zuchtsorten auf dem Markte, die zum Teil besonders früh sind, wie die von Kofahl, Zernikow. Für gewöhnliche Wiesen, auf denen das Knaulgras sich einzupassen hat, sind die spätschossenden besonders zu empfehlen. Auch für den Kleegrasbau dürften diese frühen Formen kaum in Frage kommen. Bei den Versuchen von Weller haben sich die deutschen und die dänischen Herkünfte bewährt, dagegen fiel die aus Neuseeland stark ab. Von den vielen Knaulgraszüchtungen sind zu nennen vor allem die Wahlsdorfer, dann die Lischower, die Mahndorfer, die Weihenstephaner frühe und späte und die frühe von Kofahl.

Der Knaulgrassamenbau ist außerordentlich einfach. Saat, Ernte und Drusch machen keine Schwierigkeiten, und die Ansprüche an den Boden und die Pflege sind sehr gering. Der Anbau ist dementsprechend weitverbreitet, so daß es schon zu Überproduktion und Absatzschwierigkeiten gekommen ist und Absatz auf dem Weltmarkt gesucht werden mußte. Zu verantworten ist der Anbau des Knaulgrases zur Samengewinnung nur auf den leichten, kaum oder auch nicht mehr kleefähigen Böden, wo es im Gegensatz zu allen anderen Kulturgräsern noch gute Erträge liefert. Alle besseren Böden sollten anderen Gräsern vorbehalten bleiben.

Sand- bzw. Strandgerste (*élymus arenarius*). Abb. 12, Seite 50.

Ein zur Befestigung von Dünen benutztes ausläufertreibendes Dünengras. (Vergleiche dazu den Strandhafer, Seite 113, 114).

Die Schwingelgräser (*festúca*-Arten)

1. **Wiesenschwingel** (*festúca praténsis*). Abb. 34, Seite 69.
(Ausgezeichnetes Wiesenobergras und Weidengras der feuchten und frischfeuchten Lagen, auch für den Feldfutterbau geeignet)

2. **Rohrschwingel** (*festúca arundinácea*). Abb. 35, Seite 69.
(Unkraut auf gutem Grünland)

3. **Riesenschwingel** (*festúca gigánthea*). Abb. 36, Seite 69.
(Landwirtschaftlich bedeutungsloses Waldgras)

4. **Rotschwingel** (*festúca rúbra*). Abb. 37, Seite 70.
(Örtlich bedeutsames Wiesenuntergras und Weidengras)

5. **Schafschwingel** (*festúca ovína*). Abb. 38, Seite 71.
(Gras der Schafhutungen)

Wiesenschwingel (*festúca praténsis*). Abb. 34, Seite 69.

Der Wiesenschwingel ist eines der wertvollsten und am meisten verwendbaren Gräser.

Es ist nicht nur eines der besten Wiesenobergräser und Weidengräser der feuchten Lage, sondern auch im Feldfutterbau nicht ohne Bedeutung.

Auf den Wiesen ist er neben dem Wiesenfuchsschwanz das beste Obergras der feuchten Lage. Während der Wiesenfuchsschwanz meist alleinbestandbildend auftritt, duldet der Wiesenschwingel auch noch andere Gräser, vor allem auch Untergräser neben sich. Der Wiesenschwingel ist nicht ganz so massenwüchsig wie der Wiesenfuchsschwanz, liefert aber durchaus befriedigende Massenerträge eines sehr gern gefressenen, ja besonders guten Milchfutters. Außer dem ersten Schnitt liefert er einen sehr guten zweiten Schnitt. Seine Feuchtigkeitsansprüche sind ziemlich groß, aber doch nicht so groß wie die des Wiesenfuchsschwanzes. Er bildet sogar oft auf den Übergangsböden zur frischen Lage hin mit dem Glatthafer zusammen einen Übergangstyp.

Der Wiesenschwingel ist aber nicht nur ein wichtiges Wiesenobergras, sondern auch, obwohl horstig, ein ausgezeichnetes Weidengras. Er ist das einzige Wiesenobergras, das auch ein gutes Weidengras abgibt, abgesehen vielleicht vom Knaulgras, das aber nur auf nicht eigentlichen Weidenböden, wie wir gesehen haben, als Weidengras eine Rolle spielt. Die Wiesenschwingelweiden sind außerordentlich geschätzt. Sie gehören zu den allerbesten Weiden, in der Marsch beispielsweise zu den besten Fettweiden.

Schließlich ist der Wiesenschwingel auch im Feldfutterbau örtlich von großer Bedeutung. Er vertritt beim Kleegrasbau die in den feuchteren Gegenden mit Recht verwendeten Weidelgräser in den trockeneren Gegenden, wo die Gefahr besteht, daß die Weidelgräser den Klee zu sehr zurückdrängen. Wegen der etwas langsameren Anfangsentwicklung des Wiesenschwingels muß man diesen etwas reichlicher ansäen, als man es von den Weidelgräsern her gewohnt ist.

Gute bodenständige Landsorten und Zuchtsorten stehen zur Verfügung. Die amerikanische Handelssaat hat in den Versuchen von Weller völlig versagt. Sie ist nicht winterhart und befällt sehr stark mit Gelbrost. Bewährt haben sich dagegen von den Landsorten die Bremer und die aus Dänemark und von den Zuchtsorten besonders die Weihenstephaner und die Steinacher. Beachtenswerte heimische Zuchtsorten sind weiter die Mahndorfer, die Lischower, die Tabertshausener und die von Dr. Feldt.

Der Wiesenschwingelsamenbau ist nicht schwierig. An Saat, Ernte und Drusch stellt der Wiesenschwingel keine besonderen Ansprüche, wohl aber beansprucht er einige Pflege, wenn auch nicht entfernt so viel wie die Wiesenrispe und die anderen wirklich anspruchsvollen Arten. Dreimal im Jahr muß er kräftig mit Hackmaschine und Egge bearbeitet werden, das erstemal nach dem Räumen der Überfrucht bzw. nach der Samenernte, das zweitemal nach dem Grummetschnitt oder der Herbstweide, und das drittemal im frühen Frühjahr. Außerdem müssen im Ansaatjahre bzw. im Mai vor der Samenernte einige Unkräuter von Hand gejätet werden, die aus dem Saatgut später nicht entfernt werden können. Zur Samenbildung verlangt der Wiesenschwingel ausreichende Feuchtigkeit. Besonders geeignet sind deshalb auch die frischen kräftigen Böden. Lohnend ist der Anbau aber in erster Linie auf den schweren Böden, hier sind die Wiesenschwingelerträge fast noch optimal, während die anderen Feldfrüchte im Reinertrage stark abfallen, sei es, daß die Roherträge stark zurückgehen oder daß die Unkosten stark steigen.

Rohrschwingel (*festúca arundinácea*). Abb. 35, Seite 69.

Der Rohrschwingel tritt oft mit dem Wiesenschwingel zusammen auf, zum Teil geht er auch auf noch feuchtere Flächen über. Er ist etwa ähnlich zu beurteilen wie die Rasenschmiele, mit der er nicht nur im bültigen Wuchs, sondern auch in der Zähnelung der Blätter sehr viel Ähnlichkeit hat. Im Futterwert ist er vielleicht etwas besser als die Rasenschmiele, ist aber doch auf guten Wiesen als Unkraut zu werten.

Riesenschwingel (*festúca gigánthea*). Abb. 36, Seite 69.

Ein landwirtschaftlich bedeutungsloses Waldgras.

Rotschwingel (*festúca rúbra*). Abb. 37, Seite 70.

Um den Wert des Rotschwingels wurde in den letzten beiden Jahrzehnten viel gestritten. Der Rotschwingel wurde zum Teil, namentlich als Weidengras für trockenere Lagen, außerordentlich gelobt und von anderer Seite wieder scharf getadelt. Er würde vom Vieh nicht gern gefressen oder gar verschmäht, weil er leicht in Halme schösse und auch leicht einen fauligen schimmeligen Geruch annähme. Nun findet dieser Streit zwar zum Teil seine Lösung darin, daß der Rotschwingel in vielen Abarten auftritt, und jede Seite die entgegengesetzte Abart meinte. Aber trotzdem ist es so, daß auch die bessere Abart doch nur örtlich größere Beachtung bei der Ansaat von Weiden und Wiesen verdient.

Die schlechtere Abart, die nur kurze Ausläufer treibende (*festúca rúbra fállax*), bildet in den Mittelgebirgslagen auf wenig oder schwach gedüngtem Boden weite eintönige Bestände. Ißler hat diese Rotschwingelwiesen und -weiden erstmalig aus den Vogesen beschrieben. Klapp hat später ganz ähnliche in Mitteldeutschland, namentlich in der Rhön, festgestellt. Diese Rotschwingelweiden und -wiesen gehören durchaus nicht zu den Hutungen. Sie haben noch einigermaßen annehmbare Erträge, die sich durch Düngung zudem noch stark steigern lassen. Aber sie reichen doch nicht an die Erträge heran, die unsere besseren Grünlandpflanzen gewöhnlich geben. Die bessere Abart, die lange Ausläufer treibende (*festúca rúbra genuína*), kommt dagegen sehr viel seltener vor. Sie hat im Gegensatz zur häufigen Form nicht nur längere unterirdische Ausläufer, sondern auch schöne breite Blätter. Allerdings sind die Blätter der gewöhnlichen Rotschwingelform auch nicht etwa borstig wie beim Schafschwingel, sondern deutlich flächig und sogar eingetrocknet doch noch leicht auseinanderzufalten. Diese bessere Form liegt in verschiedenen Zuchtsorten vor und sollte ursprünglich die Wiesenrispe auf trockeneren Weidenböden ersetzen. Aber auf allen noch einigermaßen grünlandfähigen Böden ist es doch besser, bei der Wiesenrispe zu bleiben. Die anspruchslosere Zuchtsorte von Kofahl-Zernikow mag vielleicht für zu trockene nicht eigentliche Grünlandböden empfohlen werden. Die anspruchsvolleren Formen wie beispielsweise die Steinacher kommen dagegen weniger als Ersatz der Wiesenrispe in Betracht als vielmehr anstatt des Deutschen Weidelgrases in rauhen Lagen.

Rotschwingelweiden müssen sehr kurz gehalten werden. Sie schießen sonst zu leicht in die Halme und nehmen auch vorher schon leicht einen fauligen Geruch an, so daß die Weidetiere sie dann verschmähen. In der Nachweide treibt der Rotschwingel nur Blattriebe.

Auch als Wiesenuntergras hat der Rotschwingel unter denselben Verhältnissen eine nicht geringe Bedeutung.

Brauchbar sind außer den Zuchtsorten auch eventuell bodenständige Landsorten, nicht dagegen die gewöhnliche Handelssaat, die meist aus sehr schlechten Formen besteht.

Der Samenbau ist nicht ganz leicht, gehört der Rotschwingel doch zu den ausläufertreibenden Untergräsern, die wegen ihrer langsamen Jugendentwicklung besonders viel Pflege im Ansaatjahre erfordern und in den Samenjahren kräftig durchgearbeitet werden müssen, wenn sie nicht verrasen sollen. Sonst aber ist der Anbau recht einfach. Die anspruchsloseren Sorten nach Art des Kofahlschen Rotschwingels können nicht nur auf lehmigen Sandböden, sondern auch auf ausgesprochenen Sandböden angebaut werden und zur besseren Ausnutzung dieser Böden wesentlich beitragen. Auf Moorböden versagt der Rotschwingel. Er treibt dort zu sehr ins Blatt.

Schafschwingel (*festúca ovína*) Abb. 38, Seite 71.

Der Schafschwingel bildet auf trockenen Sandböden weite Bestände, die nur als Schafhutungen anzusprechen sind. Er ist aber ein wichtiges Kulturgras in außereuropäischen Schafzuchtländern wie Australien und Südafrika. Der Schafschwingelsamenbau zum Zwecke des Exports in diese Länder hat manche leichten Gegenden Deutschlands, insbesondere Südmecklenburgs, zu einem gewissen Wohlstande gebracht. Zur Grassamengewinnung verwendet man dort leichten Boden mit einer Ackerwertzahl um 15 herum. Er wird im Herbst sofort nach der Roggensaat mit 6—7 Pfd. auf den Morgen breitwürfig in den Roggen eingesät, dann ohne jede Pflege und Düngung vom übernächsten Jahre an drei Jahre zur Samengewinnung benutzt. Die Erträge liegen durchschnittlich insgesamt bei 4 Ztrn. in drei Jahren. Nach dem dreijährigen Grassamenbau hat sich durch die großen Wurzelrückstände so viel Humus im Boden angesammelt, daß drei Jahre hintereinander Roggen gebaut werden kann. Zur Aufschließung der Wurzelrückstände wird nur beim Fertigmachen des umgebrochenen Grassamenschlages für den ersten Roggen eine kleine zusätzliche Stallmistdüngung von 40 Ztr. auf den Morgen gegeben. Diese Humusmengen stammen aber indirekt auch wieder vom Schafschwingel, nämlich aus dem verfütterten Schafschwingelstroh. Der Schafschwingel macht also die leichten Böden, die an sich in der Humuszufuhr von den Wiesen abhängig sind, selbständig.

Verschiedenblättriger Schwingel (*festúca heterophýlla*)

Ein landwirtschaftlich bedeutungsloses Waldgras. Dieser Schwingel ist horstig wie der Schafschwingel, hat aber flache Halmblätter wie der Rotschwingel. Dagegen ebenso borstige und noch ungerieftere Wurzelblätter als der Schafschwingel. Im Gegensatz zum Schafschwingel zerfasern bei ihm die Blattscheiden sehr schnell wie beim Rotschwingel. Die langen borstlichen Wurzelblätter hängen schopfig nach einer Seite.

Meerstrandsschwingel (*festúca thalássica*)

Der Meerstrandsschwingel ist ein Salzgras, das hauptsächlich an der Nordseeküste vorkommt. Es bildet dort eine der besten Salzwiesenformen, die es überhaupt gibt. Der Volksname Kuh-Andel sagt, wie geschätzt dieses Gras bei den Bauern ist. Zum Teil wächst es allerdings auch noch in landwirtschaftlich nicht nutzbarem Wattgelände.

Die Manna- oder Schwadengräser (*glycéria*-Arten)

1. **Wasserschwaden** (*glycéria aquática*). Abb. 39, Seite 72.
(Wichtiges Naturgras auf sehr nassen, nährstoff- und sauerstoffreichen Überschwemmungswiesen)

2. **Flutender Schwaden** (*glycéria flúitans*). Abb. 40, Seite 73.
(Wichtiges Naturgras auf etwas ärmeren Überschwemmungswiesen und -weiden)

3. **Salzschwaden** (*glycéria dístans*). Abb. 41, Seite 74.
(Wichtiges Gras auf Salzwiesen namentlich des Binnenlandes)

Wasserschwaden, Prachtschwaden, hohes oder ansehnliches Mannagras (*glycéria aquática*). Abb. 39, Seite 72.

Der Wasserschwaden kann nicht angesät werden. Der Same ist im Handel nicht zu haben, auch würde die Ansaat schwer gelingen, weil der Wasserschwaden nur unter besonderen nicht leicht zu schaffenden Bedingungen keimt. Aber die natürlichen Wasserschwadenbestände verdienen doch große Beachtung.

Der Wasserschwaden wächst in Mitteleuropa sehr häufig in und an fließendem Wasser.

Abgesehen von diesen allgemeinen Vorkommen bildet er aber in bestimmten Gegenden, nämlich in den Überflutungsgebieten der größeren Ströme, der Elbe, Havel, Oder, Weichsel, Warthe, Netze bisweilen ausgedehnte Reinbestände, die außerordentlich ertragreich sind. Bis zu 150 dz/ha Heu kann man eventuell bei sehr guter Ausbildung des Typs von solchen Wasserschwadenwiesen herunterholen, Erträge also, wie sie auf gewöhnlichen Wiesen nicht vorkommen und nur noch von den bestausgebildetsten Rohrglanzgraswiesen, die unter ähnlichen Verhältnissen auftreten, bekannt sind.

Der Wasserschwaden kann noch mehr Nässe und noch längere Überschwemmung vertragen als das in den Erträgen und in dem Standort sehr ähnliche Rohrglanzgras. Er kommt hauptsächlich auf Flächen vor, die etwa einer Überschwemmung von drei bis vier Monaten ausgesetzt sind und die im Sommer einen Grundwasserstand von etwa 20—30 cm aufweisen. Unbedingt notwendig ist aber ein nährstoffreicher Boden und außerdem Sauerstoffreichtum. Der unbedingt notwendige Sauerstoff wird auf diesen nassen Böden, in denen es an Sauerstoff gewöhnlich mangelt, durch die flutenden Überschwemmungen und durch das Auf und Ab des Grundwassers herbeigeführt. Bleiben diese Überschwemmungen oder die Grundwasserbewegungen aus, so haben wir unter ähnlichen Verhältnissen nichts als Sauergraswiesen, die auch ohne Sauerstoff leben bzw. mit sehr wenig auskommen können.

Trotz der außergewöhnlich hohen Erträge, die die gut ausgebildeten Wasserschwadenwiesen und auch Rohrglanzgraswiesen aufweisen, ist es doch richtig, diese Flächen wo möglich bis zur feuchten Lage zu entwässern und normal feuchte Wiesen an ihre Stelle zu setzen, wenn sie auch nur 80—100 oder höchstens 120 dz/ha Heu bringen. Denn erstens kann man diese Erträge auf feuchten Wiesen wirklich auf der ganzen Fläche erreichen, während gute Mannagras- und Rohrglanzgraswiesen nur stellenweise zu schaffen sind. Zweitens ist das Heu von den nassen Wiesen nicht immer gesund. Der Wasserschwaden ist oft mit einem Pilz (*ustilágo longíssima*) befallen, der nach allem, was wir wissen, giftig wirkt.

Flutender Schwaden (*glycéria flúitans*). Abb. 40, Seite 73.

Der flutende Schwaden wächst in ganz Deutschland ähnlich wie der Wasserschwaden in und an fließenden Gewässern und zeigt wie dieser sauerstoffreiches Wasser an, kann aber im Gegensatz zum Wasserschwaden wegen des weniger aufrechten Wuchses hier kaum einmal genutzt werden.

Im übrigen vertritt er den Wasserschwaden und auch das Rohrglanzgras dort, wo der Boden ärmer ist. Außerdem tritt er an die Stelle dieser beiden Gräser, sobald deren Bestände beweidet werden. Beide vertragen nämlich den Tritt der Tiere nicht, während der Flutende Schwaden sich sehr gut beweiden läßt.

Der Flutende Schwaden bringt sehr viel geringere Erträge als Wasserschwaden und Rohrglanzgras. Diese Bestände verdienten noch viel mehr in gute feuchte Wiesen und Weiden umgewandelt zu werden.

Salzschwaden (*glycéria dístans*). Abb. 41, Seite 74.

Der Salzschwaden ist eins der wichtigsten und wertvollsten Gräser auf den Salzwiesen des Binnenlandes. Er kommt zwar auch an der Meeresküste vor. Dort tritt aber meistens der Meerstrandschwingel, der im Binnenlande fehlt, stärker hervor.

Duftendes Mariengras (*hierochlóa odoráta*)

Das Duftende Mariengras ist ein landwirtschaftlich bedeutungsloses Gras auf zu nassem Grünland. Wie das Ruchgras ist es sehr stark kumarinhaltig.

Honiggräser (*hólcus*-Arten)

1. **Wolliges Honiggras** (*hólcus lanátus*). Abb. 42, Seite 75.
(Bültiges Grünlandunkraut)

2. **Weiches Honiggras** (*hólcus móllis*). Abb. 43, Seite 76.
(Queckenartiges Unkraut auf mageren Äckern. Hochmoorquecke)

Wolliges Honiggras (*hólcus lanátus*). Abb. 42, Seite 75.

Das Wollige Honiggras ist ein horstiges Unkraut auf Wiesen und Weiden fast jeder Feuchtigkeitslage. Namentlich bei saurer Stickstoffdüngung wird es sehr üppig. Der Mengenertrag ist überhaupt auf allen feuchteren Böden dem Augenschein nach nicht unbefriedigend. Aber das Honiggras ist leicht und gehaltlos und wird auch wegen der sammetartigen wolligen Behaarung fast aller Pflanzenteile vom Vieh nicht gern gefressen, auf den Weiden sogar völlig verschmäht. Auf gut feuchtem Grünland bekämpft man es durch gute Düngung und Pflege. Kräftige Mineraldüngung, Walzen und auf den Wiesen rechtzeitiger erster Schnitt, um das Aussamen des sehr frühtreibenden und frühblühenden Unkrautgrases zu verhindern, führen allmählich zum Erfolg.

Der Honiggrassamen ist der Hauptbestandteil der Heublumensaat. Vor dem Aufkommen der künstlichen Düngemittel, als die anmoorigen Böden und die Moorböden dem Unland noch sehr nahestanden, wurden diese Böden nach Schwarzeggen im Frühjahr mit Recht mit billiger Heublumensaat eingesät. Diese Ödlandflächen brachten dann ohne viel Aufwand mindestens noch einigen Ertrag. Heute, wo diese Flächen durch die Kaliphosphatdüngung zu wertvollen Kulturböden geworden sind, dürfte eine Verwendung der Heublumensaat nur noch in seltenen Ausnahmefällen einmal angebracht sein.

Weiches Honiggras (*hólcus móllis*). Abb. 43, Seite 76.

Das weiche Honiggras tritt als Quecke auf leichten Äckern und auf Hochmoorböden auf. Die Bekämpfung ist nicht so schwierig wie die der echten Quecke. Wird der Acker durch Kalk- und Stallmistdüngung nur etwas in Gärtätigkeit versetzt, so verschwindet es bei normalem Ackerbau. Bei der Besprechung der echten Quecke werden wir zusammenfassend auch auf diese Quecke zurückkommen.

Gerstgräser (*hórdeum*-Arten)

1. **Mäusegerste** (*hórdeum murínum*). Abb. 44, Seite 77.
(Ein sehr häufiges völlig bedeutungsloses überjähriges, an Schuttstellen, Wegrändern usw. vorkommendes Gras)

2. **Roggengerste** (*hórdeum secalínum*). Abb. 45, Seite 77.
(Örtlich bedeutsames, wertvolles, horstiges Wiesen- und Weidengras)

Roggengerste (*hórdeum secalínum*). Abb. 45, Seite 77.

Von der Roggengerste ist Samen im Handel nicht zu haben. Trotzdem verdienen aber die natürlichen Bestände eine gewisse Beachtung. Sie sind allerdings im allgemeinen sehr selten, treten hier und da einmal auf. Wirklich häufig sind sie nur in den Küstengegenden, wo sie sowohl gute Wiesen als auch gute Weiden abgeben. Die Roggengerste kommt nicht nur auf gewöhnlichem Grünland, sondern auch auf den Salzwiesen und -weiden vor. Auch hier ist sie sehr geschätzt. Von der nur auf Salzboden vorkommenden einjährigen Meerstrandgerste (*hórdeum marítinum*) ist sie durch ihre ausdauernden Horste ohne weiteres zu unterscheiden.

Kammschmielen (*koeléria*-Arten)

1. **Echte Kammschmiele** (*koeléria cristáta*). Abb. 46a, Seite 78.
(Bedeudungsloses Horstgras auf Kalkhängen)

2. **Blaue Kammschmiele** (*koeléria glaúca*). Abb. 46b, Seite 78.
(Auf ärmsten Sandfeldern, oft zusammen mit dem Igelgras)

Weidelgräser (*lólium*-Arten)

1. **Welsches Weidelgras** (*lólium itálicum*). Abb. 48, Seite 80.
(Zusammen mit seiner noch kürzerlebigen einjährigen Abart Westerwoldisches Weidelgras (*lólium westerwóldicum*) das wichtigste Gras des Feldfutterbaus)

2. **Deutsches Weidelgras** (*lólium perénne*). Abb. 47, Seite 79.
(Das Weidegras der schweren Böden, auch der Marschen. Wichtig ferner für den Feldfutterbau)

3. **Taumellolch** (*lólium temuléntum*). Abb. 49, Seite 81.
(Giftiges aber ganz seltenes einjähriges Ackerunkraut)

4. **Leinlolch** (*lólium remótum*)
(Seltenes Unkraut. Nur im Lein)

Welsches Weidelgras, Italienisches Raygras (*lólium itálicum*). Abb. 48, Seite 80 und die einjährige Abart **Westerwoldisches Weidelgras** (*lólium ánnuum westerwóldicum*)

Das Welsche Weidelgras ist wegen seiner Frohwüchsigkeit das wichtigste Gras des Feldfutterbaus, kommt aber wegen seiner Kurzlebigkeit für Dauerwiesen und Dauerweiden im allgemeinen nicht in Betracht. Wegen seiner außerordentlichen Wüchsigkeit bei sehr reichlicher Wasser- und Stickstoffversorgung wird es allerdings eventuell auf Jauchewiesen angesät, muß dann aber in jedem Frühjahr wie auf den Berliner Rieselfeldern nachgesät werden.

Am häufigsten und am bekanntesten ist die Verwendung im einjährigen Kleegrasbau. Hier wird es in den milden feuchten Gegenden unter den Gräsern fast alleine berücksichtigt. In den trockeneren Gegenden treten allerdings neuerdings Wiesenschwingel und Wiesenlieschgras (Timothe), die den Klee weniger leicht unterdrücken, mehr und mehr an seine Stelle. Im mehrjährigen Kleegrasbau werden diese und auch das Deutsche Weidelgras allgemein stärker berücksichtigt. Das Welsche Weidelgras übersteht nämlich, im Frühjahr mit dem Klee untergesät, nur den ersten Winter ziemlich vollständig, den zweiten Winter aber nur zum Teil.

Mehr und mehr kommt neuerdings auch die Verwendung des welschen Weidelgrases im Vorfutterbau auf. Es ist ein Hauptbestandteil der berühmten Landsberger Mischung (10 Pfd. Welsches Weidelgras, 10 Pfd. Inkarnatklee und 20 Pfd. Zottelwicken je $^1/_4$ ha). Auf frischen Böden hat sich auch die abgeänderte Mischung mit 20 Pfd. Welschem Weidelgras und 30 Pfd. Zottelwicken ausgezeichnet bewährt. Bei Vorhandensein von genügend Stickstoff könnte man das Welsche Weidelgras sogar mit Vorteil allein aussäen. Nach dem Schnitt Anfang Juni wächst es nach und kann eventuell im zweiten Schnitt zur Samengewinnung oder auch zum Abweiden oder zur Heugewinnung benutzt werden.

Auf dem Dauergrünland hat dagegen, wie schon betont, das kurzlebige Welsche Weidelgras nur auf Rieselwiesen eine gewisse Bedeutung, weil es die großen Wasser- und Nährstoffmengen wie kein zweites Gras auszunutzen vermag. Es muß dann in jedem Frühjahr nachgesät werden, allerdings nicht mit der vollen Reinsaatmenge von 25 Pfund je Morgen, sondern nur mit etwa 5 Pfund. Es liefert hier bis sieben Schnitte, die auch auf den

Wässerwiesen der Lombardei erzielt werden sollen. Da durch das zum Nachsäen erforderliche Aufeggen im Frühjahr der erste Schnitt etwas verspätet kommt, werden außer diesen Weidelgraswiesen zur Erzielung eines frühen ersten Schnittes auch einige weniger ertragreiche aber frühere Dauerwiesen geduldet. Ja man schätzt hier sogar die Queckenwiese, die nur halb so ertragreich ist, die aber ganz besonders früh kommt und so die teure Winterfütterungsperiode besonders abzukürzen geeignet ist.

Etwas herangezogen wird schließlich das Welsche Weidelgras meist bei der Ansaat aller Dauerwiesen. Wegen seiner schnellen Anfangsentwicklung wird es gern als Füller benutzt, das im Ansaatjahre und im Jahre danach, wenn die eigentlichen Wiesengräser noch nicht in vollem Wachstum sind, den Ertrag vergrößern hilft. Man darf das Welsche Weidelgras aber nur mit geringen Mengen berücksichtigen, weil es sonst die Dauergräser unterdrückt. Verschiedentlich wird das Welsche Weidelgras als Füller überhaupt abgelehnt.

Das Westerwoldische Weidelgras ist eine ganz besonders schnellwüchsige und kurzlebige Abart des Welschen Weidelgrases. Es hat wegen dieser Besonderheiten neben dem Welschen Weidelgrase eine besondere Stellung im Feldfutterbau.

Man kann es, wie Huntemann bereits vor vierzig Jahren lehrte und durchführte, eventuell mit bestem Erfolge als einjährige Hauptfutterpflanze anbauen. Auf feuchteren Böden liefert es bei starker Düngung, namentlich auch Stickstoffdüngung, vier gute Schnitte in einem Jahre. Als Stickstoffdünger kann man sehr gut die Jauche verwenden. Sonst muß man etwa 1 dz/ha Stickstoffdünger zu jedem Schnitt verabreichen.

Neuerdings hat Kannenberg mit dieser Anbaumethode auf gut und tief zersetztem feuchtem Niederungsmoor die denkbar besten Erfolge erzielt, auch vier Schnitte in einem Jahr mit über 100 dz/ha Trockenmasse und über 20 dz/ha Rohprotein. Hier auf den Niederungsmooren bedurfte es dazu nicht einmal einer Stickstoffdüngung, sondern nur einer reichlichen Versorgung mit Kali und Phosphorsäure. Mit Recht empfiehlt er heute, ähnlich wie Huntemann schon damals, allen Betrieben mit nicht allzu viel Grünland, ein Stück nahe am Hofe mit Westerwoldischem Raygras anzulegen als Grünfutter- und Gärfutterreserve.

Auf besseren Böden kann das Westerwoldische Weidelgras auch als Stoppelfrucht von einiger Bedeutung sein. Es liefert dort bei guter Stickstoffversorgung nach sehr frühen Vorfrüchten noch zwei Schnitte und bis Ende Juli angesät noch einen Schnitt. Auch mit Inkarnatklee zusammen bis Ende Juli ausgesät (12 Pfund Inkarnatklee und 12 Pfund Westerwoldisches Weidelgras je Morgen) gestattet es noch eine Herbstnutzung.

Kaum von Bedeutung ist das Westerwoldische Weidelgras dagegen als Ersatz ausgewinterten Rotklees. Meist reicht die Stickstoffversorgung nicht hin, um gute Erträge zu gewährleisten, auch läßt die Wasserversorgung meist zu wünschen übrig.

Die Handelssaat des Welschen Weidelgrases stammt meist aus England. Daneben gibt es auch bodenständige Landsorten und Zuchtsorten, so die von Lembke.

Der Samenbau ist sehr einfach. Besonders beliebt ist die Samengewinnung aus dem Nachwuchs des Landsberger Gemenges. Beim Westerwoldischen Weidelgrase wird der Same bereits im Anlagejahre gewonnen. Es kann deshalb, da es keinen Winter zu überstehen braucht, auch auf Moorböden gebaut werden.

Deutsches Weidelgras, Englisches Raygras (*lólium perénne*). Abb. 47, S. 79.

Das Deutsche Weidelgras ist das beste Weidegras aller schwereren Böden in feuchteren Gegenden mit nicht allzu rauhen Wintern. Dort hat es eine große Bedeutung auch im mehrjährigen Kleegrasbau.

Das Deutsche Weidelgras ist zum Weiden wie geschaffen. Es bildet schon allein dichte Rasen, es treibt ziemlich früh aus und weiter reichlich das ganze Jahr hindurch. Es wird sehr gern gefressen, verträgt Biß und Tritt der Tiere nicht nur, sondern reagiert darauf mit gesteigertem vegetativem Wachstum, d. h. mit dem vermehrten Treiben von Blatttrieben.

Das Deutsche Weidelgras ist allerdings ziemlich anspruchsvoll. Es verlangt einen gut mit Nährstoffen versorgten Boden. Auch die Ansprüche an die Bodenfrische sind ziemlich hoch. Vor allem verträgt es auch keine lange Schneebedeckung und keine rauhen Winter. Es ist somit das Hauptweidegras auf den schweren Böden in feuchteren Gegenden mit nicht allzu rauhen Wintern, vor allen Dingen auch das Hauptweidegras der Marschen. Auf den leichteren Böden und in dem trockeneren Klima wird es von der Wiesenrispe übertroffen. Aber auch dort hat es jedenfalls bei der Ansaat der Weiden einen gewissen Wert. Da es im Gegensatz zur Wiesenrispe gleich in den ersten Jahren nach der Ansaat gute Erträge bringt, wird es hier bei der Anlage als Füllgras mitangesät. Nach einigen Jahren geht es zurück und überläßt der sich allmählich immer stärker ausbreitenden Wiesenrispe den Platz.

Das Gebiet des Deutschen Weidelgrases scheint aber durch Herauszüchtung bestimmter Typen noch ausdehnungsfähig zu sein. C. A. Weber, der beste Kenner nicht nur des deutschen Grünlandes, sondern auch vor allem des Deutschen Weidelgrases, dem wir namentlich auch die Kenntnis verdanken, daß die besten Marschweiden nur aus Deutschem Weidelgras und daneben höchstens noch aus Weißklee bestehen, hat noch kurz vor seinem Tode der Züchtung wichtige Hinweise gegeben. (Ausläufertreibendes Deutsches Weidelgras M. der D.L.G. 1929, Seite 913—914). Er empfiehlt hier, die ausläufertreibenden Formen des Deutschen Weidelgrases herauszuzüchten, die nicht nur ganz allgemein eine besondere Weideeignung aufweisen, sondern auch wegen der unterirdischen Ausläufer dürreresistenter sind und ferner ein anderes beim Deutschen Weidelgras wie auch bei bei anderen Weidegräsern vorhandenes Übel, nämlich das Treiben von Halmen, weniger aufweisen sollen. C. A. Weber weist bei dieser Gelegenheit empfehlend auf die sogenannte Butjadinger Grassaat hin, die in Butjadingen von natürlichen Weiden gewonnen wird und neben vielen Verunreinigungen vor allem das Deutsche Weidelgras enthält. Ihr von Praktikern oft erprobter Wert sei eben auf das Vorhandensein vieler ausläufertreibenden Formen des Deutschen Weidelgrases zurückzuführen.

Im Kleegrasbau spielt das Deutsche Weidelgras bei der Ansaat von Wechselweiden eine überragende Rolle. A er auch bei Kleegrasmischungen, die im ersten Jahre gemäht und im zweiten Jahre geweidet werden sollen, berücksichtigt man es und greift bisweilen sogar bei einjährigen, nur zu

Mähezwecken angesäten Gräsermischungen auf das Deutsche Weidelgras zurück, weil es winterfester ist als das Welsche. In dem einjährigen Kleegrasbau scheint aber doch das Oldenburgische Weidelgras, die Zwischenform zwischen dem Deutschen und Welschen, besser geeignet zu sein. Von den Zuchtsorten des Deutschen Weidelgrases verdient vor allem die von Lembke auf Pöhl besondere Beachtung.

Der Samenbau ist sehr einfach. Saat, Pflege, Ernte und Drusch bereiten keine besonderen Schwierigkeiten. Für gute Böden ist das Deutsche Weidelgras dankbar, es gedeiht aber auch sowohl auf schweren als auf mittleren bis leichteren Böden. Eigentliche Sandböden und Moorböden scheiden aus.

Taumellolch (*lólium temuléntum*). Abb. 49, Seite 81.

Der Taumellolch war früher ein sehr häufiges Ackerunkraut und wurde als solches wegen seiner Giftigkeit mit Recht sehr gefürchtet. Mit dem Aufkommen der Saatgutreinigung ist er so gut wie verschwunden. Wird nämlich das Sommergetreidesaatgut rein von Taumellolchsamen gehalten, was sehr leicht schon mit Hilfe der Windfege gelingt, dann ist dem Taumellolch jede Daseinsmöglichkeit auf dem Ackerlande genommen. Er kann höchstens von den Ackerrainen aus einmal auf den Acker übergreifen. Die Samen des Taumellolches gehen nämlich im Ackerboden außerordentlich leicht zugrunde. Sie dauern dort kein Jahr aus. Da aber der Taumellolch im Wintergetreide nie reif wird, weil die im Herbst aufgelaufenen Pflanzen im Winter erfrieren, so muß der Taumellolch schon bei einem Fruchtwechsel verschwinden, der außer dem Sommergetreide auch noch Wintergetreide berücksichtigt. Nicht einmal die Hackfrucht ist notwendig wie in ähnlichen Fällen sonst, wenn nur keine Neuinfektion durch das Sommergetreidesaatgut stattfindet. Ähnlich ist es beim nicht giftigen Leinlolch. Sein Auftreten ist ein Zeichen dafür, daß das Saatgut damit verunreinigt war.

Leinlolch (*lolium remótum*)

Wie der giftige Taumellolch, so verschwindet auch der Leinlolch bei Verwendung reinen Saatgutes. Nur ist die Reinigung hier bedeutend schwieriger. Die Körner von Lein und Lolch ähneln sich so sehr in Länge, Breite und Schwere, daß eine Trennung durch Siebe und durch den Wind nur teilweise gelingt. Man muß bei der Reinigung ähnlich vorgehen, wie bei der Entfernung der Kleeseidenkörner aus dem Kleesamen. Das mit Lolchkörnern besetzte Saatgut wird mit einem Gemisch von Öl und Stahlpulver versetzt, das an den rauhen Lolchkörnern haften bleibt, die dann durch Überleiten über Magnettrommeln aus dem Saatgut entfernt werden. Völlig lolchfreies Saatgut läßt sich allerdings auch auf einfachste Weise durch Aussortieren der heilen Leinkapseln erzielen. Aber man gewinnt dabei kaum die Hälfte der anfallenden Saat.

Der Lolchbesatz wird mit Recht sehr gefürchtet und bei der Saatenanerkennung entsprechend geahndet. Die Halme des Lolchs vergehen ebenso wie die der Quecke oder des Getreides beim Rösten nur teilweise und die verbleibenden Reste setzen die Faserqualität sehr herab. Außerdem ist der Leinlolchsamen giftverdächtig. Es müssen deshalb möglichst alle Lolchpflanzen, die sich im Feldbestand zeigen, entfernt werden. Das geschieht am besten durch Jäten drei Wochen nach Auflaufen des Flachses wenn der Lolch den Lein überragt.

Die Körner des Leinlolchs sind ebenso wie die des Taumellolchs vielfach von einem Pilz befallen, der sich zwischen Nuzellargewebe und Aleuronschicht in Form eines dichten Geflechts von Pilzhyphen findet. Infizierte Körner erzeugen wieder infizierte Körner. Man vermutet, daß die Giftigkeit von Lein- und Taumellolch mit diesem Pilzbefall zusammenhängt. Experimentell gelöst ist die Frage noch nicht, da es bisher unmöglich war, pilzfreie Körner zu gewinnen. Das ist Bredemann nunmehr durch die Heißwasserbehandlung gelungen. Die Klärung der Giftigkeit wird also wohl bald erfolgen. Auch die Frage, ob der Pilz freien atmosphärischen Stickstoff zu assimilieren vermag, kann jetzt wahrscheinlich bald gelöst werden.

Perlgräser (*melica*-Arten)

1. **Wimperperlgras** (*melica ciliata*) Abb. 50, Seite 82.
(Eine Zierde der trockenen sonnigen Kalkberge. Landwirtschaftlich ohne Bedeutung)

2. **Nickendes Perlgras** (*melica nutans*). Abb. 51, Seite 82.
(Zierliches Waldgras auf Kalkboden. Bedeutungslos)

3. **Einblütiges Perlgras** (*melica uniflora*). Abb. 52, Seite 83.
(Landwirtschaftlich bedeutungsloses Laubwaldgras)

Flattergras (*mílium effúsum*). Abb. 53, Seite 84.

(Einzelstehendes landwirtschaftlich bedeutungsloses Waldgras. Eine Zierde namentlich der Buchenwälder)

Pfeifengras, Benthalm, Besenried (*molínia coerúlea*). Abb. 54, Seite 85.

Das Pfeifengras findet sich sehr häufig in ausgedehnten Beständen auf nährstoffarmem Dauergrünland, namentlich auf entsprechenden Wiesenländereien. Es zieht die geborene Wiesenlage, die feuchte Lage, allen anderen vor, reicht aber, wenn auch meist bei nachlassender Üppigkeit bis in die nasse Lage hinein und fehlt andererseits auch auf den trockeneren Böden nicht. Dank seiner tiefgreifenden Wurzeln wird es hier sogar noch recht üppig.

Man hielt das Pfeifengras mit Ohlsen früher allgemein für den zuverlässigsten Säureanzeiger. In Wahrheit trifft man Pfeifengrasbestände aber nicht nur auf den saueren Hochmoorböden, sondern auch auf Niederungsmoor und selbst auf kalkreichem Mineralboden. Vorbedingung ist nur, daß die Böden nährstoffarm sind.

Landwirtschaftlich ist das Pfeifengras auf den Futterwiesen als Unkraut anzusprechen. Wenn es auch im jungen Zustande vom Weidevieh nicht einmal ungern gefressen wird, so ist doch der Futterwert selbst im jungen Zustande kaum befriedigend und geht später bei der sehr schnell einsetzenden Verholzung stark zurück. Es ist als Futtergras etwa mit den Sauergräsern auf eine Stufe zu stellen.

Hochwertig ist das Pfeifengras dagegen als Streuepflanze. Die Pfeifengraswiesen oder, wie man in den Streuewiesengegenden sagt, die Besenriedwiesen, gehören zu den hochwertigsten Streuewiesenformen, die es gibt. Die Qualität der Streue ist unübertroffen und die Mengenerträge sind befriedigend. Besenriedwiesen dürfen nur einmal im Jahre, spät im Herbst, geschnitten werden. Bei zweimaligem Schnitt geht das Besenried sehr schnell zurück, weil die Speicherung wie bei den Sauergräsern erst im Spätsommer einsetzt. Auch darf man Besenriedwiesen überhaupt nicht oder doch nur sehr schwach düngen. Bei stärkerer Düngung wird das sehr spät treibende Besenried von anderen früher treibenden Gräsern, Kräutern und Kleearten überwuchert. Keine Streuewiese läßt sich so leicht einfach durch Düngung und zweimaliges Schneiden in eine Futterwiese umwandeln. Nur auf sumpfigen Flächen ist außerdem noch eine vorherige Entwässerung notwendig.

Saatgut ist nicht in Deutschland, wohl aber in der Schweiz, wo die Streuewiesen wichtiger sind als bei uns, im Handel.

Das Besenried ist sehr formenreich. Eine sehr wüchsige Abart ist die *molínia litorális*, die besonders hoch wird (2 m statt 1,50 m) und deren Blätter auch besonders breit sind (1 cm statt 0,5 cm). Mit Recht versucht Paul, München, diese wichtige Abart zur Ansaat von Streuewiesen heranzuziehen.

Borstgras (*nárdus strícta*). Abb. 55, Seite 86.

Das Borstgras bildet in den Mittelgebirgen auf schlecht gedüngten, rohhumosen Böden weite, fast völlig ertraglose Bestände. Das Borstgras bleibt so klein, daß sich das Schneiden kaum lohnt, und auch als Weidegras befriedigt es nicht. Nur jung wird es gerne gefressen, wenn es älter geworden ist, nur bei Futtermangel angerührt. Strecker meint sogar: „daß die Rinder die Rasen des Borstgrases ausrupfen, um auf diese Weise des Genusses der anderen zwischen diesen Rasen sprießenden Pflanzen teilhaftig zu werden und dabei nicht Gefahr zu laufen, sich mit den Spitzen der Borstgrasblätter das Maul zu verletzen.“ Das dürfte wohl ins Reich der Fabel gehören. Richtig ist nur, daß, wie der große Kerner von Marilaun bereits beobachtete, gerade auf den Borstgrasflächen besonders viele von den Rindern herausgerissene, vertrocknete Grasteile liegen. Als Erklärung dürfte aber mehr die von Becker-Dillingen gegebene in Frage kommen, daß nämlich das Gras im Alter so zähe wird, „daß die Tiere oftmals mit den Zähnen eher ganze Grasstöcke ausreißen, als daß sie die zähen, drahtfesten Halme abbeißen“.

Auch anderswo (in Mecklenburg z. B. auf dem Darß) tritt das Borstgras namentlich in Moor- und Heidegegenden auf mageren Flächen, die in der Düngung und Pflege vernachlässigt sind, bisweilen bestandbildend auf.

Das Borstgras ist nicht schwer zu bekämpfen. Der Umbruch ist nur erforderlich, wenn bessere Gräser in dem Rasen gänzlich fehlen. Sonst wirkt die Düngung so stark fördernd auf die besseren Futterpflanzen, daß sie das Borstgras allmählich zurückdrängen. Als mykotrophe Pflanze wird das Borstgras besonders auch durch Kalkdüngung beeinträchtigt. Die Entsäuerung und Aufschließung des rohhumosen Bodens sagt ihr nicht zu. Nachhelfen kann man ferner durch tiefes Abmähen bzw. frühes Abweiden, gegen das sie ebenso empfindlich ist wie die in der Wuchsform ähnliche Rasenschmiele. Vernichtend wirkt die Verätzung mit Kalkstickstoff.

Hirsegräser (*pánicum*-Arten). Abb. 56—61, Seite 87—90.

(Auf mageren Äckern sehr häufige, aber harmlose Unkräuter)

Die Hirsearten stammen aus den wärmeren Ländern und keimen demgemäß erst sehr spät, nämlich im späten Frühjahr. Sie treten dementsprechend hauptsächlich in der Hackfrucht auf und außerdem als Unterpflanzen im Getreide, also vornehmlich auf der ungeschälten Getreidestoppel. Ihre Samen halten nur im schlechten Ackerboden länger aus. In einem Boden mit einiger Gärtätigkeit vergehen sie schnell, meist schon in einem Jahre. Sie halten sich besonders da, wo die Hackfrucht nicht reingehalten wird, wo das Stoppelschälen noch nicht üblich ist und der Acker infolge mangelnder Stallmist- und manchmal auch Kalkdüngung nicht in genügende Gärtätigkeit kommt. Sind aber alle diese Maßnahmen eines einigermaßen zeitgemäßen Ackerbaus erfüllt, dann verschwinden sie.

Grüne Hirse und Fadenhirse treten meist nur auf den leichteren trockeneren Böden auf, die Bluthirse daneben auch auf feuchteren Böden. Die gelbe Hirse findet sich dagegen meist auf den lehmigeren Böden. Feuchte Böden zieht besonders auch die Hühnerhirse vor.

Wehsarg schlägt vor, die auf den leichtesten Sandböden sehr üppig wachsenden Hirsearten eventuell der Futtergewinnung nutzbar zu machen. Sowohl die Samen als auch die grünen Teile werden vom Geflügel sehr gerne gefressen.

Rohrglanzgras (*phálaris arúndinácea*). Abb. 62, Seite 91.

Das Rohrglanzgras ist ein örtlich auf Überschwemmungswiesen sehr bedeutsames Wiesengras, das außerordentlich hohe Erträge liefert, Erträge von 150 dz/ha Heu, wie sie auf gewöhnlichen Wiesen überhaupt nicht möglich sind und nur noch auf der unter ähnlichen Verhältnissen vorkommenden von uns schon besprochenen Wasserschwadenwiese erreicht werden. Im Gegensatz zum Wasserschwaden kann aber das Rohrglanzgras ausgesät werden. Trotzdem hat es aber nur auf Überschwemmungswiesen einen sicheren Platz, nicht dagegen auf gewöhnlichen Wiesen und auch nicht, im Gegensatz zu einer vor einigen Jahren noch weit verbreiteten Meinung, im Feldfutterbau.

Das Rohrglanzgras bildet unter ähnlichen Verhältnissen wie der Wasserschwaden ausgedehnte, einförmige, fast reine, sehr ertragreiche Bestände. 150 dz/ha Heu ist, wie schon erwähnt, der normale Ertrag gutausgebildeter Bestände in zwei Schnitten. Das Rohrglanzgras liefert auch ein gutes Futter, wenn es nur rechtzeitig, d. h. vor dem Erscheinen der Rispen geschnitten wird. Bei späterem Schnitt liefert es nur noch Streue, allerdings eine sehr gute, und da das Rohrglanzgras auch sehr ertragreich ist, wird es in stroharmen Gegenden auch als Streuepflanze hoch geschätzt.

Vorbedingung für das Auftreten guter Rohrglanzgrasbestände sind wie bei den Wasserschwadenwiesen eine reichliche Nährstoff- und eine gute Sauerstoffversorgung und außerdem viel Feuchtigkeit.

Diese Verhältnisse sind im allgemeinen nur auf den Überschwemmungswiesen unserer größeren Flüsse gegeben, und hier treffen wir auch die weiten Rohrglanzgrasbestände, ebenso wie der Wasserschwaden hier seinen Hauptstandort hat.

Das Rohrglanzgras kommt hier unter etwas weniger nassen Verhältnissen vor als der Wasserschwaden. Während dieser die nassesten Flächen einnimmt, die auch am längsten der Überflutung ausgesetzt sind, tritt das Rohrglanzgras etwa dort auf, wo die Überflutungen 2—3 Monate dauern und wo das Wasser im Sommer bis auf etwa 50 cm, jedenfalls zeitweilig, herabsinkt.

Der Sauerstoffreichtum ist auf diesen nassen Böden nur dann gewährleistet, wenn wir es bei den Überschwemmungen mit fließendem Wasser zu tun haben, und auch im Sommer der Grundwasserstand sich hebt und senkt oder gelegentliche Überschwemmungen neuen Sauerstoff herbeiführen. Anderenfalls siedeln sich auch an Stelle des sauerstoffbedürftigen Rohrglanzgrases die hohen Sauergräser an. Auch die reichlichen Nährstoffverhältnisse sind meistens durch die Überflutungen mit schlickhaltigem Wasser bedingt, bleiben diese aus, dann geht auch schon aus diesem Grunde, abgesehen von sehr reichen Böden, das Rohrglanzgras zurück, die anspruchslosen Sauergräser treten hervor.

Trotz der außergewöhnlichen hohen Erträge der Rohrglanzgraswiese ist es doch richtig, wenn irgend möglich, statt der nassen Wiesen gut feuchte Wiesen zu schaffen, die zwar nie die Erträge von Rohrglanzgraswiesen erreichen, aber wirklich auf der ganzen Fläche gute Erträge bringen, während sich hier im Überschwemmungsgelände zum Teil immer wieder schlechtere Sauergrasbestände nicht vermeiden lassen. Auch ist das Futter nicht immer ganz harmlos. Zwar befällt das Rohrglanzgras im allgemeinen nicht mit einer so gefährlichen Krankheit wie der Wasserschwaden. Sehr häufig tritt aber die Sklerotienkrankheit (*sclerótium rhizoídes*) auf, durch die das Rohrglanzgras jedenfalls stark an Futterwert einbüßt.

Auf den Wiesen normaler Feuchtigkeit kommt das Rohrglanzgras auch gelegentlich vor, wird hier aber nicht gern gesehen, weil es sehr früh treibt und beim Mähen der Wiesen, wenn es sich nicht gerade um die frühen Wiesenfuchsschwanz- oder Knaulgraswiesen handelt, bereits überständig ist. Es wird hier oft sogar als Unkraut betrachtet.

Schon C. A. Weber, der Monograph des Rohrglanzgrases, beobachtete, daß es dank seiner starken Bewurzelung auch unter ziemlich trockenen Verhältnissen, wenn auch nicht bei so hohen Erträgen wie in der nassen Lage, anzutreffen sei. Trotzdem kommt es aber doch nicht für den Feldfutterbau in Betracht, weil es sich sehr langsam entwickelt.

Der Samenbau ist sehr schwierig. Wegen seiner langsamen Jugendentwicklung muß das Rohrglanzgras ähnlich wie die Wiesenrispe möglichst gepflanzt werden. Groß ist der Arbeitsbedarf auch in der Ernte, da es so streut wie kein zweites Gras und der Same deshalb von Hand eingesammelt werden muß. Auf kleinen Flächen kann aber der Anbau trotzdem sehr lohnend sein, zumal auf Niederungsmoor, wo sonst nur noch die Wiesenrispe und das nur in der Handelssaatstufe zur Samengewinnung angebaut werden kann.

Wiesenlieschgras, Timothe (*phléum praténse*). Abb. 63, Seite 92.

Das Lieschgras kommt bestandbildend auf Dauerwiesen und Dauerweiden kaum vor. Es spielt dagegen namentlich wegen seiner Wetterhärte aber auch aus anderen Gründen im Kleegrasbau eine sehr große Rolle.

Im einjährigen Kleegrasbau wird es nur etwas oder nur örtlich stärker verwendet. In den feuchteren Gegenden mit nicht allzu rauhem Winter haben wir im allgemeinen im Welschen Weidelgras und im Oldenburgischen Weidelgras bessere Gräser. Hier wird Timothe im allgemeinen nur mit 1 oder 2 Pfund je Morgen in die Mischung mitaufgenommen, weil es das leicht lagernde Kleegrasgemenge als besonders steifes und besonders spätschossendes Gras stützt. Stärker verwendet wird es hier nur in frostgefährdeten Lagen, hauptsächlich also auf anmoorigen und Moorböden und ferner auch auf schweren feuchten Böden und in den Mittelgebirgen. Allgemeiner bürgert es sich beim einjährigen Kleegrasgemenge nur in den trockeneren Gegenden ein, weil es hier als später schossendes und etwas weniger wüchsiges Gras den Klee nicht so zurückdrängt wie die Weidelgräser. Allerdings nimmt man hier fast nie das Lieschgras allein, weil es nach dem ersten Schnitt nur wenig nachtreibt. Man verwendet es meist zusammen mit dem Wiesenschwingel.

Eine allgemeine starke Verwendung findet dagegen das Lieschgras im mehrjährigen Kleegrasbau. Hier hat es unter den Gräsern fast keinen Konkurrenten. Die beiden Weidelgräser dauern nicht so aus. Glatthafer und Knaulgras aber, die auch wie das Lieschgras einige Jahre gute Erträge liefern könnten, versagen in dem rauhen Klima, in dem der mehrjährige Kleegrasbau vorherrscht.

Bei der Anlage von Dauerwiesen und Dauerweiden wird es dagegen nur als Füller benutzt. Es hilft in den ersten Jahren die Erträge vergrößern und geht nachher mehr und mehr zurück, wenn die besseren Dauergräser sich allmählich durchsetzen.

Den in dem letzten Jahrzehnt beobachteten Rückgang in der Verwendung des Lieschgrases erklärte Fischer, Landsberg, mit Recht damit, daß oft sehr schlechte Handelssaat verwandt worden ist, die viel niedrigwüchsiges Lieschgras enthielt, das aus einer Kreuzung des hochwüchsigen Lieschgrases mit einer auf Sandböden wilden Kümmerform, dem sogenannten Zwiebellieschgras hervorgegangen ist. An sich liefert das hohe Lieschgras große Erträge eines sehr gern gefressenen, besonders nährstoffreichen, schweren Futters. Für die Dauerwiese und Dauerweide scheidet es lediglich aus, weil es nur einige Jahre aushält.

Außer den guten hochwüchsigen bodenständigen Landsorten gibt es eine Reihe von außerordentlich brauchbaren Zuchtsorten, so vor allen Dingen das Mahndorfer und das Lieschower Lieschgras. Besonders früh ist die Weihenstephaner Zuchtsorte.

Das oben erwähnte Zwerg-Lieschgras ist keine besondere Timothe-Art, sondern nur eine Abart auf leichten Böden. Böhmers Lieschgras (*phléum boehméri*) ist dagegen eine besondere Art auf pontischen Hügeln ohne jeden landwirtschaftlichen Wert.

Der Samenanbau ist sehr einfach. Er bereitet keine besonderen Schwierigkeiten. Günstig ist, daß das Wiesenlieschgras auf den schweren, kalten Böden und den anmoorigen Böden, auf denen es an lohnenden Kulturpflanzen mangelt, mit bestem Erfolge angebaut werden kann. Ungünstig liegt die Ernte. Sie ist zwar an sich nicht schwer, fällt aber mit der Getreideernte zusammen.

Schilfrohr (*phragmites commúnis*). Abb. 65, Seite 93.

Das Schilfrohr ist auf Äckern manchmal ein sehr schwer zu vertilgendes Unkraut. Auf dem Grünlande ist es dagegen harmlos. Wirtschaftliche Bedeutung hat es als Streuepflanze und zur Rethgewinnung.

Auf dem Ackerlande hält man das Schilfrohr im allgemeinen für ein sicheres Zeichen der Entwässerungsbedürftigkeit, wie man auch im allgemeinen glaubt, daß man Schilf vom Ackerlande durch Entwässerung entfernen könne. So einfach liegen aber in Wirklichkeit die Dinge nicht. Das Schilfrohr kommt sehr häufig auf Sandböden vor, die das Grundwasser erst in zwei Meter Tiefe haben, wo man also nur wünschen möchte, daß das Grundwasser näher wäre. Richtig ist nur, daß die Ausläufer des Schilfrohres auf eine nasse Bodenschicht angewiesen sind, die aber entsprechend der großen Tiefenlage der Ausläufer zwei Meter und noch mehr von der Bodenoberfläche entfernt sein kann. Bei der Besprechung der echten Quecke werden wir auf die Bekämpfung des Schilfrohres, das ja auch eine Art Quecke darstellt, zusammenfassend zurückkommen.

Auf den Weiden fehlt das Schilfrohr für gewöhnlich. Es wird jung nämlich sehr gern gefressen und hält das dauernde Abgebissenwerden anscheinend nicht aus, wie man ja auch an anderen Gräsern mit tief und weit streichenden unterirdischen Ausläufern feststellen kann. Namentlich Wehsarg hat mit Recht betont, daß unsere besten Weidengräser nicht etwa solche mit langen und tiefen unterirdischen Ausläufern sind, sondern daß diese vielmehr kurze, flache, immer wieder Blattbüschel treibende Ausläufer haben.

Auch auf den guten Wiesen fehlt das Schilfrohr. Es kann das häufige Schneiden nicht vertragen, es wird dabei von guten Kulturgräsern überwachsen. In Schilfrohrreinbeständen ist allerdings ein dreimaliges Schneiden möglich, ohne den Bestand zu zerstören, weil die Konkurrenzverhältnisse dort anders liegen.

In der meist nur einmal geschnittenen Sauergraswiese der schlechtnassen Lage tritt dagegen das Schilfrohr manchmal auf. Hier kann man es aber als Unkraut nicht bezeichnen. Reinbestände geben sogar eine geschätzte Streuewiese ab.

Die gewöhnlichen Reinbestände im Wasser werden häufig zur Rethgewinnung herangezogen. Im Kriege wurden sie auch zur Futtergewinnung benutzt. Wenn man etwa drei Schnitte nimmt, wird das Futter auch gerne gefressen. Aber wie beim Verfüttern aller Pflanzenbestände des nassen Bodens sind Gefahren für die Gesundheit des Viehs nicht ausgeschlossen. Tubeuf (M. d. D.L.G. 1915, Seite 426) will allerdings festgestellt haben, daß weder der am Schilf häufig zu beobachtende Rost noch der Brand schädliche Wirkungen bei der Verfütterung nach sich ziehen, sondern daß nur das mit dem Grünfutter nicht geerntete Mutterkorn schädlich wirkt. Aber die vielen gegenteiligen Erfahrungen aus der Praxis dürften doch damit nicht erledigt sein.

Dicht mit Schilf bestandene Flächen, die zur Rethgewinnung dienen, sind wertvoller als beste Wiesen und bestes Ackerland. Bei den alten Bonitierungen wurden sie entsprechend hoch bewertet. Die Rethflächen bringen, da sie nur geringe Unkosten verursachen, sehr hohe Reinerträge. Ich mußte einmal einem Bauern recht geben, als er sich weigerte, Meliorationsbeiträge für eine Ackerfläche zu zahlen, auf der nach der Flußregulierung mehr als 40 dz/ha Weizen geerntet wurden. Vorher waren eben die Flächen noch wertvoller gewesen, weil sie dicht mit Reth bestanden waren.

Die Rispengräser (*póa*-Arten)

1. **Wiesenrispe** (*póa praténsis*). Abb. 66, Seite 94.
(Das beste Weidengras der Trockenlagen und der leichteren und lockeren Böden. Dortselbst auch das beste Wiesenuntergras)

2. **Gemeine Rispe** (*póa triviális*). Abb. 67, Seite 95.
(Wichtiges Weidengras und Wiesenuntergras der feuchten Lage. Wichtig auch für Bewässerungswiesen. Auf etwas feuchten Böden mitunter ein sehr lästiges Ackerunkraut)

3. **Sumpfrispe** (*póa palústris*). Abb. 68, Seite 96.
(Wichtiges Wiesenuntergras und Weidengras der nassen Lage)

4. **Jährige Rispe** (*póa ánnua*). Abb. 70, Seite 98.
(Ein einjähriges auf Weiden oft häufiges Lückenbüßergras. Unkraut in der Luzerne)

5. **Platthalmrispe** (*póa compréssa*). Abb. 69, Seite 97.
(Landwirtschaftlich wertloses Gras an Gemäuern usw. Im Handel leider mitunter als Wiesenrispe angeboten)

6. **Hainrispe** (*póa nemóralis*). Abb. 71, Seite 99.
(Waldgras in Laubwäldern)

Wiesenrispe (*póa praténsis*). Abb. 66, Seite 94.

Die Wiesenrispe ist eines der allerwertvollsten Gräser. Sie ist das Hauptgras aller Weiden der Trockengegenden und auf lockeren und leichten Böden und ist dort auch auf Wiesen ein wichtiges Untergras. Im Feldfutterbau spielt sie dagegen bei ihrer langsamen Jugendentwicklung selbst beim mehrjährigen Kleegrasbau keine Rolle.

Was das Deutsche Weidelgras auf den schwereren Böden in den feuchteren Gegenden auf den Dauerweiden ist, das ist die Wiesenrispe in den Trockengegenden und auf den leichteren lockeren Böden. Die Wiesenrispe ist hier das Weidegras.

Die Wiesenrispe kommt in einer Reihe von Abarten vor. Bekannt ist vor allem außer der breitblättrigen Form (*póa praténsis var. latifólia*) die schmalblättrige, besonders trockenheitswiderständige Abart (*póa praténsis var. angústifólia*). Freckmann, der wohl als erster an die Züchtung der Wiesenrispe heranging, glaubte zur Herauszüchtung besonders trockenheitswiderständiger Zuchtsorten von dieser Abart ausgehen zu müssen, mußte diese Versuche aber bald als zwecklos aufgeben.

Vor einigen Jahren glaubte man in der breitblättrigen Form des Rotschwingels eine Dauerweidenpflanze gefunden zu haben, die noch trockenheitswiderständiger sei. Das ist aber nicht der Fall. Überall, wo überhaupt noch gute Dauerweiden möglich sind, ist die Wiesenrispe das bestandbildende Gras. Gewiß gibt es einige Rotschwingelformen, wie die von Kofahl-Zernikow, die auf noch geringeren Böden gedeihen als die Wiesenrispe, aber dann handelt es sich nicht mehr um eigentliche gute Dauerweiden. Die breitblättrigen Formen des Rotschwingels sind im allgemeinen kein Ersatz der Wiesenrispe, sondern des Deutschen Weidelgrases in den Mittelgebirgslagen, wo dieses wegen des rauhen Klimas im Gegensatz zur Wiesenrispe nicht mehr aushält.

Ob die Wiesenrispe noch bessere Weiden bildet als das Deutsche Weidelgras, ist schwer zu entscheiden. In den Marschen kommen beide Gräser als Bestandsbildner vor. Das Deutsche Weidelgras ist dort ja, wie wir seit Weber wissen, das allgemeine Gras, die Wiesenrispe trifft man aber doch auf kalkreichen lockeren Marschböden auch gelegentlich bestandbildend an. Hier geben beide Weiden beste Marschweiden ab, wie besonders Hansen und Schmidt-Tychsen neuerdings festgestellt haben.

Gegenüber allen anderen Dauerweidegräsern hat die Wiesenrispe den Vorzug, daß sie nicht in Halme schießt.

Besonders geeignet aber ist sie für die Weiden in Trockengegenden, weil sie als typisches Ausläufergras lockeren Boden liebt und deshalb für die in Trockengegenden auf Dauerweiden übliche und notwendige Bedeckung mit sperrigem Material (Kompost, Stallmist, Kartoffelkraut, Kaff) besonders dankbar ist.

Die gewöhnliche Handelssaat der Wiesenrispe stammt aus Amerika. Sie wird auf den berühmten Blaugrasweiden von Kentucky gewonnen (*Kentucky blúegrass*). Das Kanadische Blaugras (*canádian blúegrass*), das von noch trockeneren Flächen gewonnen wird, ist dagegen nicht mit der Wiesenrispe identisch, sondern mit der Platthalmrispe, die höchstens bei der Ansaat von sehr trockenen Flächen in Frage käme.

Aber auch dem echten Kentucky-Blaugras vorzuziehen sind die Deutschen Zuchtsorten und die bodenständigen Landsorten. Bei der Beurteilung der Preiswürdigkeit ist zu bedenken, daß man bei den Deutschen Zuchtsorten und den bodenständigen Landsorten wegen ihrer besonderen Wüchsigkeit mit geringeren Saatmengen auskommt. Fischer-Landsberg stellte beispielsweise 0,7 kg Zuchtsamen 1 kg ausländischem Handelssamen gleich.

Auch als Wiesenuntergras bewährt sich die Wiesenrispe ausgezeichnet unter den beschriebenen Verhältnissen.

Der Samenbau ist nicht leicht. Wegen ihrer langsamen Keimung und Jugendentwicklung erfordert die Wiesenrispe so viel Pflege und Sorgfalt im Ansaatjahr wie kein zweites Gras. Nur besonders tüchtigen Ackerwirten gelingt es überhaupt, gute Wiesenrispenkulturen ohne Pflanzung anzulegen. Auch in den Samenjahren bedarf die Wiesenrispe der intensivsten Pflege zur Offenhaltung der Reihen und Erhaltung der Bodengare. Allerdings sind alle diese Arbeiten nicht termingebunden, sondern sie können in arbeitsstilleren Zeiten ausgeführt werden. Bei guter Pflege und Düngung sind die Erträge auf passenden Böden sehr hoch, so daß der Wiesenrispengrassamenbau außerordentlich lohnend sein kann. Nicht geeignet sind Sandböden und schwere Böden, möglich ist der Samenbau dagegen auf Moorböden, wenn auch nur in der Handelssaatstufe, da sich dort neben der ausgesäten Zuchtsorte bald bodenständige Wildrispen und die gemeine Rispe einfinden.

Gemeine Rispe (*póa triviális*). Abb. 67, Seite 95.

Die Gemeine Rispe ist in ihrem Werte sehr umstritten. Als Grünlandpflanze wird sie im allgemeinen zu niedrig eingeschätzt und als Ackerunkraut viel zu wenig beachtet.

Richtig ist, daß sie auf dem Grünlande einen dauernd feuchten Boden verlangt, was zusammen mit ihrer starken oberirdischen Ausläuferbildung leicht zu sehr nachteiligen Wirkungen auf die Wiesen- und Weidennarbe führt. In feuchteren Jahren dehnt sie sich sehr stark aus und hinterläßt in trockenen Jahren große Lücken.

Richtig ist weiter, daß sie auf normalen Wiesen nur den ersten Schnitt mit ihren vielen feinen Halmen vergrößert, daß sie dagegen im zweiten Schnitt stark zurücktritt, weil sie dann nur noch Blätter treibt. Das ist aber nur auf denjenigen Wiesen ein Nachteil, bei denen der Nachwuchs nicht geweidet wird.

Falsch ist aber, daß sie auf dem Grünlande unter allen Umständen nach dem ersten Schnitt versagt. Es hängt hier alles davon ab, wie früh der erste Schnitt bzw. die erste Nutzung genommen wurde. Liegt diese erste Nutzung früh und folgen die anderen auch immer wieder frühzeitig, so liefert die Gemeine Rispe das ganze Jahr hindurch gute Erträge. So ist beispielsweise die Gemeine Rispe auf dem Acker im Wintergetreide, wenn sie erst bei der Getreideernte geschnitten wird, überhaupt nicht ausdauernd, sie wird hier zu einer einjährigen bzw. überjährigen Pflanze. Bei spätem Kleeschnitt ist sie dagegen schon ausdauernd, aber im zweiten Schnitt nur spärlich vertreten. Beim frühen Kleeschnitt ist sie dagegen beim zweiten Schnitt reichlich vorhanden. Das weitere Wachstum der Gemeinen Rispe ist eben von dem Zeitpunkt der Nutzung abhängig. Auf Weiden, wo ja eine frühere Nutzung zwangsläufig gegeben ist, bildet sie das ganze Jahr hindurch reichlich Triebe. Ihr einziger Nachteil ist hier, daß sie oberirdische Ausläufer treibt und deshalb keinen festen Rasen bildet und neben sich noch andere Gräser haben muß, die den Rasen festigen, so Wiesenschwingel oder Fioringras oder auch Kammgras. Ebenso kann sie auf sehr früh und häufig geschnittenen Wiesen das ganze Jahr hindurch sehr üppig sein. So sollen nach Schwerz die sieben und mehrschürigen Wässerwiesen der Lombardei aus der Gemeinen Rispe bestehen, und ähnlich habe auch ich feststellen müssen, daß viele drei- und mehrschnittige Jauchewiesen die Gemeine Rispe als Hauptgras aufweisen. Ich werde nie vergessen, daß ich vor fünfundzwanzig Jahren auf Grund einer heute noch immer weitergeschleppten Bücherweisheit einem Bauern, der fast nur die Gemeine Rispe auf seiner Jauchewiese an seinem Hofe hatte, weissagte, als er seine Wiese am 20. April (in Norddeutschland) zum ersten Male schnitt, daß er nur einen guten ersten Schnitt haben würde. Er lachte nur und sagte, daß er auch in den schlechtesten Jahren mindestens vier Schnitte hätte, wovon ich mich nachher auch überzeugen mußte. Ich bin jedenfalls seitdem davon abgekommen, zunächst Bücher zu studieren. Ich habe seitdem zunächst draußen beobachtet und nachher die Beobachtungen mit der Bücherweisheit verglichen.

Auf dem Acker ist die Gemeine Rispe in Gegenden mit schweren Böden und feuchtem Klima oft ein schädliches Unkraut. Als Herbstkeimer kommt sie vor allem im Wintergetreide vor und außerdem noch im Klee. Da die Samen im Boden höchstens zwei Jahre lebensfähig sind, wäre sie an sich mit der Fruchtfolge Hackfrucht, Sommerung leicht zu bekämpfen. Aber über den ungaren Stallmist schleicht sie sich immer wieder in die Fruchtfolge hinein. Nur durch gute Stallmistpflege wird man diesem Übel auf die Dauer begegnen können, wie Wehsarg mit Recht betont.

Der Samenbau ist sehr schwierig, da die Gemeine Rispe leicht streut und ist auch wegen des beschränkten Absatzes nicht zu empfehlen. Die Gemeine Rispe braucht bei der Ansaat von Wiesen und Weiden kaum berücksichtigt zu werden, da sie sich an geeigneten Standorten von selbst einfindet. Die Handelssaat stammt aus Dänemark.

Sumpfrispe (*póa palústris*). Abb. 68, Seite 96.

Als erster hat wohl Huntemann immer wieder auf die Bedeutung der Sumpfrispe für die nassen Wiesen und Weiden hingewiesen. Es ist hier in der Tat auch ein wichtiges Wiesenuntergras und Weidengras. Züchterisch bearbeitet wurde sie früher vor allem von Feldt in Ostpreußen. Nach Weller soll aber heute nur noch die Sorte von Prof. Holy aus der Tschechoslowakei auf dem Markte sein.

Der Samenbau erfordert im Ansaatjahre ebensoviel Aufmerksamkeit wie bei der Wiesenrispe. In dem Samenjahre ist der Anbau einfacher, da die Sumpfrispe ein Horstgras ist. Dementsprechend kommen für den Anbau auch die schweren, kalten Böden in Frage.

Jährige Rispe (*póa ánnua*). Abb. 70, Seite 98.

Die Jährige Rispe ist, wie der Name schon sagt, einjährig. Besonders bemerkenswert ist, daß sie zu jeder Jahreszeit keimt und in einem Jahre nicht weniger als drei Generationen hervorbringen kann. Sie keimt, blüht und fruchtet sogar unter dem Schnee. Ihre Samen sind infolgedessen weit verbreitet, und so kann es nicht wundernehmen, daß sie auf den Weiden irgendwie entstehende Lücken meist sehr schnell ausfüllt. Sehr bezeichnend ist sie vor allen Dingen auf den Trittwegen von Mensch und Tier und vor allem auf den sehr häufig betretenen Flächen am Koppeleingang und bei der Melkregel. Strecker hält sie dementsprechend für ein nicht ungünstiges Weidegras, das dort, wo es auftritt, die Erträge nur zu erhöhen vermag, weil sonst nichts da sein würde, wenn er auch durchaus zugibt, was ja auch zu augenscheinlich ist, daß die Erträge an sich sehr gering sind. Neuerdings hat Arens, Mantelberg, sich in diesem Sinne und noch etwas weitergehend für die Jährige Rispe eingesetzt. Freckmann ist ihm darauf energisch entgegengetreten, und wir können uns wohl dahin einigen, daß die Jährige Rispe auf Weiden nicht besonders zu fördern ist, daß sie aber als Lückenbüßerpflanze keineswegs bekämpft zu werden braucht.

Platthalmrispe (*póa compréssa*). Abb. 69, Seite 97.

Es wurde schon erwähnt, daß das „*canádian blúegrass*" nichts anderes als das Platthalmrispengras ist. Keineswegs darf es also als eine der Wiesenrispe ebenbürtige Form aufgefaßt werden, es ist vielmehr geringwertiger und hat nur eventuell auf sehr trockenen Flächen einige Daseinsberechtigung.

Hainrispe (*póa nemóralis*). Abb. 71, Seite 99.

Die Hainrispe ist bei uns ein Waldgras ohne landwirtschaftliche Bedeutung. In den nördlichen Staaten soll sie gelegentlich auch auf Grasland vorkommen und dort einen Schnitt mit nachfolgender Weide liefern. Das Gras soll nicht ungern gefressen werden.

Kopfgras, Blaugras (nicht *bluegrass*) (*sesléria coerúlea*). Abb. 72, Seite 100.

Die Blaugrashalden sind weit und breit bekannt als Vegetation der trockensten Kalkhänge innerhalb und außerhalb des Waldes. Eine landwirtschaftliche Bedeutung kommt diesen Blaugrasflächen nicht zu. Das Blaugras hat weder mit dem *Kentucky* noch mit dem *Canádian blúegrass* das geringste zu tun (siehe bei *póa praténsis* und *póa compréssa*).

Dreizahn (*sieglíngia decúmbens*). Abb. 73, Seite 101.

Der Dreizahn ist ein Bestandteil ärmlichen Heidegrünlandes. Im Gegensatz zum Hundsstraußgras, das dort auch seinen Hauptstandort hat, meidet es im allgemeinen die nasse Lage und kommt meist nur auf gut feuchtem Grünland vor, greift aber, wie übrigens das Hundsstraußgras auch, auf die trockene Lage über. Auf gut feuchtem Grünland ist der Dreizahn ein Anzeiger von Nährstoffarmut. Vielleicht gehört er auch zu den wenigen wirklichen Säureanzeigern.

Die Steppengräser, Haargras und Federgras (*stípa capilláta* und *pennáta*). Abb. 74, Seite 102 und Abb. 75, Seite 103.

Diese Steppengräser kommen in Deutschland nur gelegentlich an den Ackerrainen vor. Mit dieser bloßen Erwähnung möchten wir es deshalb bewenden lassen.

Quecke (*tríticum répens*). Abb. 76, Seite 104.

Die Quecke ist das gefährlichste Ackerunkraut. Der Kampf gegen dieses schlimme Unkraut ist aber doch leichter zu führen, als man meistens annimmt. Ein heute noch weit verbreiteter, anscheinend sehr einleuchtender Lehrsatz ist schuld daran, daß der Kampf häufig noch falsch geführt wird und deshalb erfolglos bleibt. Dieser falsche Satz lautet, daß man die Quecke dadurch vernichten müsse, daß man ihr immer wieder durch Hacken und ähnliche Maßnahmen die grünen Teile nimmt. Selbstverständlich ist es richtig, daß jede, auch die ausdauerndste und hartnäckigste Pflanze, schließlich eingehen muß, wenn man sie immer wieder ihrer assimilierenden Organe beraubt. Aber in der Praxis läßt sich diese Maßnahme nicht so oft durchführen, wie es zur Vernichtung notwendig wäre. Das häufige Hacken ist keineswegs das Mittel im Kampf gegen die Quecke, ja es trägt oft sogar zur Verqueckung bei.

Ein anderer Lehrsatz muß im Gegenteil über der Queckenbekämpfung stehen, wenn sie erfolgreich sein soll. Er lautet, daß es bei der Bekämpfung der Quecke wie aller Wurzelunkräuter ganz und gar darauf ankommt, wann, zu welcher Jahreszeit, sie erfolgt. Die Wurzelunkräuter sind zu jeder Jahreszeit ganz verschieden widerstands-, wachstums- und vermehrungsfähig. Im Frühjahr sind die unterirdischen Stengelausläufer der Quecke mit Nährstoffen vollgepfropft und dadurch außerordentlich widerstands-, wachstums- und vermehrungsfähig. Anschließend geben sie sich im Laufe des Vorsommers bis zum Blühen aus, sie erschöpfen sich im Treiben von Blättern und Stengeln. Im Sommer sind diese alten Ausläufer erschöpft, neue werden gebildet, die zunächst sehr schwach sind und sich erst zum Herbst hin mehr und mehr kräftigen. Die Quecke ist, wie Wehsarg diese seine große Entdeckung einmal sehr drastisch zusammengefaßt hat, im Frühjahr ein tatenlustiger Mann, Anfang Juni ein erschöpfter Greis, Juli-August ein zartes Kind, das dann im Herbst allmählich zum Jüngling erstarkt. Die Bekämpfung muß also möglichst zu den Schwächezeiten einsetzen. Der Erfolg ist dann groß, die notwendigen Aufwendungen gering, die Bekämpfung also praktisch tragbar.

Das Hauptmittel im Kampf gegen die Quecke war früher die Brache. Die Brachbearbeitung setzte erst im späten Frühjahr nach der Bestellung der anderen Schläge ein und dauerte bis zur Herbsteinsaat, erfolgte also während der Schwächezeiten der Quecke und wirkte deshalb durchschlagend: Dieses Mittel ist aber heute nicht mehr anwendbar.

Das heute noch allgemein anwendbare beste Mittel im Kampf gegen die Quecke ist das Stoppelschälen mit nachfolgendem mehrmaligem Herauseggen oder Herausgrubbern der Queckenrhizome möglichst bei trockenem sonnigem Wetter, mit dann nachfolgendem Tiefunterpflügen der teils abgestorbenen, teils geschwächten Queckenausläufer und mit anschließender Bestellung mit einer gut gedüngten, wüchsigen, schattenden Frucht, die die noch übriggebliebenen lebensfähigen Quecken im Kampf um das Licht erstickt. Die bestgeeigneten Nachfrüchte sind wüchsige Spätkartoffeln nach Art der Ackersegen, Wickroggen oder auch der Roggen. Große Flächen des Hofes können so in einem Jahr queckenfrei gemacht werden, wenn sie auch noch so verqueckt waren. Mehr als einmal bin ich bei der Übernahme von Höfen auf diese Weise mit durchschlagendem Erfolg vorgegangen. Ein Abfahren der Quecken ist nicht notwendig, sondern sogar schädlich. Namentlich auf leichten Böden würde das Mitabfahren der an den feinen Queckenrhizomwurzeln haftenden Feinerde sich ungünstig auf die Bodenfruchtbarkeit auswirken, außerdem stellen die untergepflügten Queckenausläufer eine zusätzliche Humusdüngung dar, die in ihrer Wirkung oft an eine Stallmistdüngung heranreicht. Irgendwelche Nachteile sind nicht zu befürchten. Die Queckenrhizome sind durch das Schälen und das Herauseggen so geschwächt, daß sie nach dem Unterpflügen keine Gefahr darstellen. Bei passendem Wetter sterben die herausgeeggten Ausläufer schon nach drei Tagen ab und selbst bei nicht passendem Wetter werden sie durch das wiederholte Eggen und Grubbern immer wieder stark geschädigt. Sie werden aus dem Boden gerissen und müssen, um wieder anzuwachsen, neue Saugwurzeln treiben, wobei sich die um diese Zeit sowieso nicht sehr wachstumskräftigen Ausläufer erschöpfen. Das nachfolgende Unterpflügen muß allerdings sehr sorgfältig mit Vorschäler geschehen. Wenn auch das Vergraben nur auf schweren Böden allein schon zur Queckenvertilgung genügt, so hilft es doch auf allen Böden zusätzlich gegen die geschwächten Ausläufer. Ein Abfahren der Quecken kann allerdings im Frühjahr ausnahmsweise einmal richtig sein, wenn man auf stark verqueckten Feldern zu dieser ungünstigen Zeit mit der Bekämpfung beginnen muß.

Lichtentziehend und damit queckenvertilgend wirken alle schnell wachsenden, gut deckenden Kulturpflanzen, so außer dem schon genannten Sommergrünfutter, Senf und Hanf. Voraussetzung ist aber, daß sie gut geraten, wie überhaupt jede Frucht um so mehr zur Queckenvertilgung beiträgt, je besser sie steht und den Acker um so mehr verqueckt, je schlechter sie gerät.

Nur der Anfänger wird Zuckerrüben auf verquecktes Land bringen. Die zusätzlich notwendige Hackarbeit ist beträchtlich. Man schafft sie nicht. Außerdem leiden die Rüben unter der Verqueckung. Nur Pflanzrüben sind ein Mittel im Kampf gegen die Quecke, weil man bei der späten Bestellung eine Halbbrache vorausgehen lassen kann.

Auch Zwischenfruchtbau kann man erst mit Erfolg betreiben, wenn der Acker queckenrein ist. Namentlich die Untersaat mit Serradella führt sonst leicht zur totalen Verqueckung.

Queckenrein muß auch der Boden sein, wenn man Luzerne, Klee oder Kleegrasgemisch einsäen will. So sehr Luzerne, Klee und die Kleegrasgemische auch die anderen ausdauernden Unkräuter, namentlich die Ackerdistel, unterdrücken (in der Luzerne findet sich beispielsweise nach einigen Jahren überhaupt keine Distel mehr), so wirken diese Kulturen, obwohl sie zur Zeit der größten Anfälligkeit der ausdauernden Unkräuter geschnitten werden, doch nicht queckenvernichtend, weil die grünen Wurzelblätter der Quecke beim Schnitt nur teilweise erfaßt werden und weiter assimilieren.

Die Quecke ist nicht nur ein Unkraut. Sie ist auf Wiesen eventuell eine Kulturpflanze. Namentlich auf den Berliner Rieselwiesen ist sie nicht gerade unbeliebt. Sie liefert zwar auf den Berliner Rieselwiesen nur halb so große Erträge wie die anderen guten Bewässerungsgräser, aber sie treibt außerordentlich früh, läßt sich vierzehn Tage vor den anderen Gräsern schneiden und hilft so die teure Winterfütterungsperiode erheblich abkürzen. Auf vielen Jauchewiesen am Hofe spielt sie übrigens in ganz Deutschland eine nicht unerhebliche Rolle.

Außer der echten Quecke gibt es auf dem Acker andere queckenähnliche Unkrautgräser. Sie sind aber fast alle harmloser als die echte Quecke.

Auf leichten Sandböden tritt oft das Rotstraußgras (*agróstis vulgáris*) als sogenannte Sandquecke auf. Unter ähnlichen Bedingungen ist auch das weiche Honiggras (*hólcus móllis*) häufig, das auch Hochmoorquecke genannt wird, weil es nicht nur auf den armen Sandböden, sondern auch auf den armen Hochmoorböden sehr verbreitet ist. Gelingt es durch Stallmist- und eventuell auch Kalkdüngung, den Acker auch nur in einige Gärtätigkeit zu versetzen, so verschwinden diese beiden Quecken bei normalem Ackerbau.

Noch leichter sind die beiden Quecken mit oberirdischen Ausläufern zu beseitigen. Das Flechtstraußgras (*agróstis álba var. prorépens*) verschwindet schon, wenn der Acker gut geschält ist, d. h., wenn die grünen oberirdischen Ausläufer mit Erde bedeckt werden. Die Bekämpfung der gemeinen Rispe (*póa triviális*) ist nicht viel schwieriger, wie dort nachgelesen werden mag.

Außer der Gemeinen Rispe tritt manchmal auch die Wiesenrispe (*póa praténsis*) als Quecke auf. Was die Gemeine Rispe in den feuchteren Gegenden ist, das kann die Wiesenrispe in den trockeneren Gegenden sein. Hier sieht die Luzerne oft wegen der reichen Beimischung von Wiesenrispe wie ein Luzernegrasgemenge aus. Besonders wirksam ist außer den bei der Bekämpfung der Quecke genannten Mitteln das Bearbeiten nach dem ersten

Schnitt zur Zeit der größten Anfälligkeit der unterirdischen Ausläufer und ganz besonders auch der Umbruch zu dieser Zeit.

Nur eines der queckenartigen Unkrautgräser ist bisweilen noch schwerer zu beseitigen als die echte Quecke selbst, nämlich das Schilfrohr (*phragmítes commúnis*). Da es auf Sandböden wegen seines großen Wurzeltiefganges, bzw. wegen der großen Tiefenlage seiner Ausläufer, oft von besseren Schichten lebt als die flacher lebenden Kulturpflanzen, so liegen hier die Konkurrenzverhältnisse besonders ungünstig.

Igelgras (*weingaertnéria canéscens*). Abb. 77, Seite 104.

(Besiedelt die dürrsten Sandfelder mit seinen über die Fläche verstreuten igeligen Horsten)

DRITTER TEIL

Zusammenfassende Übersichten über die Gräser als Kulturpflanzen und Unkräuter auf Wiese, Weide und Acker

I. Die Gräser als Kulturpflanzen und Unkräuter auf den Wiesen

A. Die natürlichen Pflanzenbestände der Wiesen: ihre Zusammensetzung, ihre Standortbedingungen, ihre Ertragsfähigkeit, ihre Erhaltung und die Möglichkeiten, sie in andere, besonders wertvollere umzuwandeln

Die einzelnen Wiesengräser und auch die sonstigen Wiesenpflanzen kommen nicht wahllos auf jeder Wiese vor. Richtig ist zwar, daß es fast keine oder nur sehr wenige Wiesenpflanzen gibt, die treu im Sinne der modernen pflanzlichen Standortslehre sind, d. h. die überhaupt nur unter bestimmten, engbegrenzten Standortsverhältnissen gedeihen können und dort allein vorkommen. Im allgemeinen finden die Wiesenpflanzen auf fast allen Wiesen, mit Ausnahme vielleicht der ganz extremen, ihr Auskommen und kommen auch praktisch bei der Konkurrenz mit anderen Arten fast überall wenigstens in einiger Menge vor. Aber die besonderen Ansprüche, die die Wiesenpflanzen an den Standort stellen und ihre Widerstandsfähigkeit gegen besondere Unbilden des Standorts sind doch im einzelnen so verschieden, daß sie bei der starken Konkurrenz, die auf den Wiesen herrscht, in größerer Menge und in besonderer Wüchsigkeit und in bestimmter Gesellschaft nur unter ganz bestimmten, engbegrenzten Verhältnissen auftreten. In diesem Sinne können wir auf den Wiesen eine Reihe von Pflanzengesellschaften unterscheiden, die typisch für bestimmte Standortsbedingungen sind und somit einen Rückschluß auf diese zulassen und weiter eine Beurteilung von Wiesenertrag, Wiesenbewirtschaftung und Wiesenverbesserung ermöglichen. Es ist deshalb auch nur verständlich, daß wir hier bei der Schilderung der Gräser als Kulturpflanzen und Unkräuter auf den Wiesen von den Wiesenpflanzengesellschaften ausgehen.

Abhängig sind die Pflanzenbestände in erster Linie von den Wasserverhältnissen, wie sie sich aus dem Zusammenwirken von Grundwasser, Wasserzufluß und -abfluß, atmosphärischer Befeuchtung und Bodenzusammensetzung ergeben. Da diese Wasserverhältnisse auch landwirtschaftlich von der allergrößten Bedeutung sind, weil sie überhaupt nicht oder nur mit großem Kostenaufwand abgeändert werden können, so sollen die Wasserverhältnisse bei der Beschreibung der verschiedenen Pflanzenbestände der Wiesen als oberstes Einteilungsprinzip gewählt werden. Es werden also nacheinander zu schildern sein: die Pflanzenbestände der nassen, der feuchten, der frischen, der trockenen und der dürren Lage.

Die beste Wiesenlage, die sog. geborene Wiesenlage, ist die feuchte. Noch größere Erträge sind zwar an sich bei noch größerer Wasserversorgung in der nassen Lage möglich. Aber meist fehlt es dort bei der starken Bodenvernässung an Sauerstoff, nur unter besonderen Verhältnissen auf bestimmten Überschwemmungswiesen, wo der notwendige Sauerstoff durch das Überschwemmungswasser zugeführt wird, sind die Erträge bei gleicher Güte der Menge nach höher. Im allgemeinen erntet man aber in der feuchten Lage die größten Mengen guten Heus. Für den Ackerbau wäre die geborene Wiesenlage schon zu naß. Diese Lage fördert zwar das Wachsen von Blättern und Halmen, das wir auf der Wiese wünschen, nicht aber das Körnerwachstum; das Getreide wächst hier zu sehr ins Stroh. Auch ist die Bearbeitung meist sehr schwierig und die Unkrautwüchsigkeit besonders groß. Beste Ackerböden sind erst in der frischen Lage häufig. Hier liefert die Wiese dagegen geringere Erträge, so daß sie nur unter Verhältnissen, die dem Ackerbau irgendwie hinderlich sind, noch am Platze ist. Auf geringe Anteile eingeschränkt wird die Wiese hier ferner durch die Dauerweide, die in der frischen Lage gute Erträge bringt, wenn auch die besten Weiden mehr auf dem Übergang zur feuchten Lage, in der frischfeuchten, anzutreffen sind.

In der trockenen Lage ist die Wiese noch weniger am Platze. Es wird bei den entsprechenden Wiesenpflanzengesellschaften zu schildern sein, wie selten sie hier eine Daseinsberechtigung hat und wie der Ackerbau hier überlegen ist.

In der dürren Lage schließlich kann man eigentlich weder von Wiesen, noch von Weiden, noch von Äckern sprechen. Wir haben es hier mit Unland zu tun. Die natürlichen Grasbestände des Unlandes sollen aber an dieser Stelle erledigt werden.

Einen typischen Grundwasserstand für die verschiedenen Feuchtigkeitslagen angeben zu wollen, wäre verfehlt. Es ist zwar üblich, den günstigsten Grundwasserstand, also den Grundwasserstand für gute feuchte Wiesen, auf etwa 60 cm zu normieren. In Wahrheit liegt aber dieser günstigste Grundwasserstand sehr verschieden, weil er von einer Reihe von Faktoren abhängt.

Sehr stark abhängig ist er selbstverständlich von der Niederschlagsmenge. Je höher der Niederschlag, um so weniger Grundwasser kann die Wiese vertragen, mit um so weniger kann sie auskommen. Ja, in den Höhengebieten mit starken Niederschlägen, wie beispielsweise im Allgäu, gibt es sogar beste feuchte Wiesen ohne jedes Grundwasser. C. A. Weber gab einmal an, daß ein Mehr von 100 mm Regen ein 8 cm tieferes Absenken des Grundwasserstandes notwendig macht.

Abhängig ist der optimale Grundwasserstand weiter von der Bodenart. Sandige, leichtere, weniger kapillarkräftige Böden erfordern einen höheren Grundwasserstand als lehmige, schwere Böden.

Reincke hat neuerdings festgestellt, daß auch die Lagerung des Bodens von entscheidendem Einfluß auf die bei einem bestimmten Grundwasserstand resultierende Feuchtigkeit ist. Böden, die in garem tätigem Zustande eine dichte Narbe aus frohwüchsigen Gräsern der gesunden feuchten Lage aufweisen, verbinsen bei dichter Lagerung. Trotz des gleichbleibenden Grundwasserstandes und gleichen Wassergehalts sind diese Böden jetzt wegen des geringen Porenvolumens oberflächlich nässer und so luftarm, daß die guten Gräser der feuchten Lage kümmern, während die Binsen kräftig gedeihen. Bei zu lockerer Lagerung dagegen leidet derselbe Boden jedenfalls oberflächlich unter Trockenheit. Die besonders flachwurzelnden Untergräser gehen zurück, die Lockerbodenpflanzen wie Bärenklau, Kerbel, Labkraut und Brennessel machen sich breit.

Wichtig ist weiter, ob das Grundwasser stagniert oder fließt. Es gibt Wiesen, bei denen das Grundwasser 30 cm hoch ansteht und die trotzdem zu den gut feuchten, hochertragreichen gerechnet werden müssen, weil das Grundwasser fließt. In Holland, wo der Grundwasserstand in weiten Distrikten auf den Zentimeter genau eingehalten werden kann, also ein zeitweises Vernässen nicht zu befürchten ist, soll sogar ein Grundwasserstand von 30 cm für den Ackerbau als optimal gelten.

Noch wichtiger ist der jahreszeitliche Gang des Grundwasserstandes. Gewöhnlich ist der Grundwasserstand nicht stabil, sondern er wechselt von Jahreszeit zu Jahreszeit unter Umständen recht beträchtlich. Im einzelnen hängt dieser Wechsel von der Größe und Art des Einzugsgebietes und von dem unterirdischen Wasserzusammenhang ab und ist ebenso verschieden wie diese. Zwei Wiesen mit demselben Sommerwasserstand können somit eine ganz verschiedene Feuchtigkeit aufweisen, je nachdem wie dieser Wasserstand im Laufe des Jahres wechselt.

Aus einer Vielzahl von Gründen ist es also unmöglich, einen optimalen Grundwasserstand angeben zu wollen, der für alle Verhältnisse paßt, und noch unmöglicher natürlich, aus der augenblicklich angetroffenen Höhe des Grundwasserstandes richtig auf die Wasserverhältnisse der Wiese schließen zu wollen. Die Feuchtigkeitslage der Wiese wird vielmehr einzig und allein durch den Pflanzenbestand angezeigt. Die Kenntnis des Pflanzenbestandes ist deshalb zur Wiesenbeurteilung, Wiesenbewirtschaftung und Wiesenverbesserung nicht zu entbehren. Gewiß kann der mit den ortsüblichen Verhältnissen vertraute praktische Landwirt auf Grund seiner Ertrags- und Bewirtschaftungserfahrungen auch ohne Kenntnis des Pflanzenbestandes die Wiesen nicht ohne jeden Erfolg bewirtschaften. Aber eine nähere Kenntnis des Pflanzenbestandes würde doch seinem Tun erst die volle Wirksamkeit geben. Der ortsfremde Wirtschaftsberater ist aber ohne Kenntnis des Pflanzenbestandes geradezu blamiert, während er sonst wesentliche Verbesserungsvorschläge machen kann.

Gewiß sind weiter noch andere Kenntnisse nötig, um Wiesen richtig beurteilen, bewirtschaften und verbessern zu können. Der Pflanzenbestand zeigt ja bezüglich der Wasserverhältnisse beispielsweise nur an, wie diese im Augenblick liegen, nicht aber, wodurch man sie im einzelnen abändern kann. Das muß man auf Grund landwirtschaftlicher Erfahrungen entscheiden. Der augenblickliche Pflanzenbestand gibt aber den festen Ausgangspunkt. Fehlen allerdings die landwirtschaftlichen Kenntnisse, so ist trotzdem wenig oder nichts gewonnen, und es muß zugegeben werden, daß es sehr viele Stubenhocker gibt, die über die Pflanzenbestandsverhältnisse von Wiesen auf Grund von Laboratoriumsanalysen Bescheid wissen, aber trotzdem von der Wiese nichts verstehen. Das sollte aber den praktisch eingestellten Menschen nicht davon abhalten, sich die pflanzlichen Kenntnisse anzueignen, die seinem Tun erst die volle Wirkung geben.

Außer von der Feuchtigkeit hängen die Pflanzenbestände der Wiese maßgebend von der Nährstoffversorgung ab, und die Nährstoffverhältnisse sollen deshalb auch als weitere Unterteilung der Pflanzenbestände benutzt werden. Im folgenden sollen also die Pflanzenbestände der nassen, der feuchten, der frischen, der trockenen und der dürren Lage weiter unterteilt werden in solche reicher, einseitig reicher, mittlerer und ärmerer Wiesen. Eine nochmalige allgemeine Unterteilung findet dagegen nicht statt, obwohl noch eine Reihe anderer Faktoren von Einfluß auf die Verbreitung der Wiesenpflanzen sind. Diese anderen Einflüsse werden, weil sie nicht so durchschlagend wirken wie Wasser und Nährstoffe, nur nebenbei dort, wo sie von Wichtigkeit sind, vermerkt. Das gilt vor allen Dingen für die Bodensäure (p_H-Zahl), die, entgegen einem landläufigen Irrtum, nur in einigen extremen Fällen einen merklichen Einfluß auf die Wiesenbestände hat. Das gilt weiter für Klima und Bewirtschaftung. Gewiß üben die beiden letzteren an sich einen sehr großen Einfluß aus, aber diese Wirkungen sind zum großen Teil schon in den Wasser- und Nährstoffverhältnissen mitberücksichtigt, und es bleiben hier nur noch die anderen Wirkungen zu erwähnen.

Im einzelnen soll bei der nun folgenden Besprechung der Wiesenpflanzenbestände folgendermaßen vorgegangen werden. Bei Schilderung der Pflanzenbestände der einzelnen Feuchtigkeitslagen verschiedener Nährstoffversorgung wird auf die besonderen Standortsbedingungen und die Erträge der Menge und Güte nach hingewiesen. Auf eine derartige Besprechung jeder einzelnen Feuchtigkeitslage folgt dann eine Zusammenfassung und schließlich ein Hinweis auf die Bewirtschaftungsmaßnahmen und die Verbesserungsmöglichkeiten. Vor der Besprechung jeder einzelnen Feuchtigkeitslage werden einige allgemeine Bemerkungen zum besseren Verständnis vorausgeschickt.

1. Die Pflanzenbestände der nassen Wiesen

In der nassen Lage finden sich im allgemeinen nur wenig wirklich wertvolle, hochwertige Wiesen. Bei der starken Bodennässe fehlt es meist an Sauerstoff. Die Pflanzen, die hier wachsen, sind sehr grob, sehr schilfig, da sie weite Kanäle enthalten, die den unterirdischen Teilen von den Blättern her den notwendigen Sauerstoff zuführen. Nur auf Überschwemmungswiesen finden sich unter Umständen sehr hochwertige Wiesenpflanzenbestände. Der notwendige Sauerstoff wird den Pflanzen durch das Überschwemmungswasser zugeführt.

a) Die Pflanzenbestände der nährstoffreichen und sauerstoffreichen nassen Wiesen

1. Der Bestand des Hohen Mannagrases (Militzwiesen).

Bestandsbildner: Hohes Mannagras (*glycéria aquática*).

Untergräser: meist nicht vorhanden, selten die unter 4 genannten.

Kleearten: meist nicht vorhanden.

Vorkommen: Hauptsächlich auf sehr nassen, nährstoffreichen (schlickreichen) und sauerstoffreichen Überschwemmungswiesen. Auf den Oder-, Elbe-, Weichsel-, Warthe-Wiesen usw. bei Winterüberschwemmungen von drei bis vier Monaten. Ende April sackt das Wasser meist sehr schnell auf 20—30 cm ab. Man trifft diese Wiese aber gelegentlich auch ohne Überschwemmungen auf biologisch ähnlichen Böden, so auf reichem quelligem Boden.

Ertragsfähigkeit: Obwohl die Dichte des Bestandes sehr gering ist (etwa 75% Lücken) und nur ein Obergras vorhanden ist und kein Untergras, liefert diese Wiese doch höchste Erträge. In bestausgebildeter Form kann man bis 150 dz/ha Heu ernten. Das Heu wird bei rechtzeitigem Schnitt, nach dem Schossen vor dem Ährenschieben, sehr gern gefressen. Leider wird der Futterwert durch Pilzbefall (*ustilágo longíssima*), durch zu späten Schnitt, durch Verschlämmung bei Sommerüberschwemmungen und durch Verunkrautung mit dem giftigen Gottesgnadenkraut (*gratíola officinális*) manchmal sehr stark herabgesetzt. Der Mangel an befestigten Abfuhrwegen und die Sommerüberschwemmungen erschweren oft die Ernte.

2. Der Bestand des Rohrglanzgrases (Militzwiesen).

Bestandsbildner: Rohrglanzgras (*phálaris arundinácea*).

Untergräser: meist nicht vorhanden, selten die unter 4 genannten.

Kleearten: meist nicht vorhanden, gelegentlich die Sumpfplatterbse (*láthyrus palúster*).

Vorkommen: Wie 1, aber unter etwas weniger nassen Verhältnissen. Die Winterüberschwemmungen dauern gewöhnlich nur bis zu drei Monaten, und im April sinkt das Grundwasser auf 30 bis 50 cm herab.

Ertragsfähigkeit: Im allgemeinen wie bei 1. Erträge bis zu 150 dz/ha Heu sind sogar häufiger. Statt mit *ustilágo longíssima* ist das Rohrglanzgras oft mit der *sclerótia rhizoídes* befallen. Sonst gilt dasselbe wie bei 1. Die Bestände sind allerdings etwas dichter. C. A. Weber zählte aber in bestausgebildeten Beständen 2000 Triebe je qm, anstatt 40000 wie beim Deutschen Weidelgras auf Marschweiden.

b) Die Pflanzenbestände der sauerstoffreichen, aber weniger nährstoffreichen nassen Wiesen

3. Der Bestand des Flutenden Mannagrases.

Bestandsbildner: Flutendes Mannagras (*glycéria flúitans*).

Obergräser: nicht vorhanden.

Untergräser: außer dem Bestandsbildner:
Geknieter Fuchsschwanz (*alopecúrus geniculátus*),
Weißes Straußgras (*agróstis álba*).

Kleearten: meist nicht vorhanden.

Vorkommen: Auf sehr nassen Überschwemmungswiesen, die sogar für das Hohe Mannagras (1) zu naß oder auch zu arm sind, oder von denen das Hohe Mannagras durch Beweiden oder durch Überschwemmung kurz nach dem Schnitt ferngehalten wird.

Ertragsfähigkeit: Die Erträge dieser Wiese oder Weide des Flutenden Mannagrases liegen beträchtlich tiefer als bei 1 und 2. Auch bei bester Ausbildung kann man nur wenig über 50 dz/ha Heu ernten. Der Futterwert wird allerdings seltener durch zu späten Schnitt herabgesetzt. Auch ist der Befall mit Krankheiten nicht so häufig. Die sonstigen Mängel zu nasser Wiesen kommen aber auch hier vor.

4. Der Bestand des Sumpfrispengrases.

Bestandsbildner: Sumpfrispengras (*póa palústris*).

Obergräser: fehlen meist.

Untergräser: außer dem Bestandsbildner:
Gemeine Rispe (*póa triviális*),
Weißes Straußgras (*agróstis álba*),
Rotschwingel (*festúca rúbra*).

Kleearten: Manchmal:
Sumpfplatterbse (*láthyrus palúster*),
Sumpfschotenklee (*lótus uliginósus*).

Vorkommen: Auf nassen Überschwemmungswiesen, die für das Rohrglanzgras nicht reich genug sind oder von denen das Rohrglanzgras durch Beweiden und durch Überschwemmungen kurz nach dem Schnitt vertrieben wird. Die Sumpfrispengraswiese ist also ein Gegenstück zur Rohrglanzgraswiese ähnlich wie der Bestand des Flutenden Mannagrases zu dem des Hohen Mannagrases.

Ertragsfähigkeit: wie 3.

5. Der Bestand des Weißen Straußgrases.

Bestandsbildner: Weißes Straußgras (*agróstis álba prorépens*).

Vorkommen: Unter ähnlichen Verhältnissen wie 3 und 4, verträgt vielleicht noch etwas sumpfigere und morastigere Böden.

Ertragsfähigkeit: Noch geringer als 3 und 4, namentlich als verfilzte Wiese.

c) Die Pflanzenbestände der nährstoffärmeren nassen Wiesen

6. Der Bestand der ausläufertreibenden Hohen Sauergräser.

Bestandsbildner: Scharfe Segge (*cárex acúta*) oder
Sumpfsegge (*cárex acutifórmis*) oder
Zeilensegge (*cárex dísticha*)
oder auch Süßgräser wie:

Schmalblättriges Reitgras
(*cálamagróstis lánceoláta*) oder
Schilfrohr (*phragmítes commúnis*).

Vorkommen: Auf nährstoffreichen nassen Wiesen, wenn sie sauerstoffarm sind. So verdrängen die hohen Sauergräser, die Hochseggen, 1 und 2 bei Ausbleiben der sauerstoffführenden Überschwemmungswässer. Sonst sind sie typisch für nasse Wiesen vom Nährstoffcharakter etwa der Niederungsmoore.

Ertragsfähigkeit: Die Erträge sind sehr verschieden hoch. Bei reichlicher Durchsetzung mit Sumpfmoos, hauptsächlich mit dem spitzen Astmoos (*acrocládium cuspidátum*) erntet man evtl. nur 40 dz/ha sehr schlechtes Heu, bei dichterem Seggenbestande vielleicht 60 dz/ha und bei sehr guter Pflege auf Streuewiesen bis 100 dz/ha gute Streu.

7. Der Bestand der horstigen Hohen Sauergräser.

Bestandsbildner: Steife Segge (*cárex strícta*),
Rispensegge (*cárex paniculáta*).

Vorkommen: wie 6.

Ertragsfähigkeit: geringer als 6, da der Bestand wegen der Bülten sehr schlecht zu schneiden ist. Auch auf gut gepflegten Streuewiesen werden hier höchstens Erträge bis zu 80 dz/ha erreicht.

8. Der Bestand der mittelhohen Sauergräser.

Bestandsbildner: Schnabelsegge (*cárex rostráta*),
Blasensegge (*cárex vesicária*),
Fadensegge (*cárex filifórmis* [*lasiocarpa*]),
Moorsegge (*cárex canéscens*),
Wundersegge (*cárex parádoxa*)
und ausläufertreibende Binsen wie:
Spitzblütige Binse (*júncus acutiflórus*),
Stumpfblütige Binse (*júncus obtusiflórus*),
Fadenbinse (*júncus filifórmis*) und Gräser wie
Hundsstraußgras (*agróstis canína*).

Vorkommen: Auf etwas ärmeren oder etwas weniger nassen Wiesen als 6 und 7.

Ertragsfähigkeit: 30 bis 40 dz/ha schlechtes Heu. Auf Streuewiesen bringen es die ersten drei ausläufertreibenden Mittelseggen und die drei ausläufertreibenden Binsen bei guter Pflege auf etwa 60 dz/ha gute Streue, die beiden Horstseggen und das Hundsstraußgras dagegen auch dort nur auf 40 dz/ha.

9. Der Bestand des Wollgrases.

Bestandsbildner: Einköpfiges Wollgras (*érióphorum vaginátum*),
Schlammsegge (*cárex limósa*).

Vorkommen: Auf nährstoffärmsten nassen Wiesen vom Nährstoffcharakter etwa der Hochmoore. Mit Hochmoormoosen (*sphágnum*-Arten) ist der Bestand auch meist durchsetzt.

Ertragsfähigkeit: etwa 20 dz/ha sehr schlechtes Heu.

10. Der Bestand der Horstbinsen.

Bestandsbildner: Flatterbinse (*júncus effúsus*),
Knaulbinse (*júncus cónglomerátus*),
Blaubinse (*júncus glaúcus*).

Vorkommen: Auf quelligen, nicht sumpfigen, nassen Wiesen.

Ertragsfähigkeit: 30—40 dz/ha sehr schlechtes Heu.

In der nassen Lage gibt es nur sehr wenige wirklich hochwertige Wiesen. Es ist nicht etwa so, wie die landläufige Meinung will, daß alle Süßgraswiesen hier hochwertig wären und nur die Sauergras- und die Binsenwiesen minderwertig seien; mindestens ebenso minderwertig wie diese sind die Bestände zweier Süßgräser, des Schmalblättrigen Reitgrases (6) und des Hundsstraußgrases (8). Aber auch die Wiesen 3, 4, und 5, die sich aus den Untergräsern: Flutendes Mannagras, Sumpfrispengras und Fioringras zusammensetzen, befriedigen nicht. Das Heu ist zwar recht gut und nicht minderwertig wie das Sauergrasheu, aber die Mengenerträge lassen viel zu wünschen übrig. Als wirklich hochwertig verbleiben also nur die Bestände 1 und 2, die Bestände des Hohen Mannagrases und des Rohrglanzgrases, die sog. Militzwiesen. Bei bester Ausbildung liefern sie Erträge bis zu 150 dz/ha hochwertigen Heus, Erträge, wie sie auf den besten Wiesen der feuchten Lage nur in Ausnahmefällen einmal möglich sind und auch auf Jaucherieselwiesen nur gelegentlich erzielt werden. Leider sind die Vorbedingungen für diese hochwertigen Wiesen nur sehr selten gegeben und künstlich kaum zu schaffen, so daß man meist besser tut, die nasse Lage bis zur feuchten zu entwässern, um dort auf der ganzen Fläche gut feuchte Wiesen zu schaffen.

Solange eine solche Entwässerung aber nicht möglich ist, wird man dafür Sorge tragen müssen, die Militzwiesen möglichst vollständig zu erhalten und die anderen Bestände der nassen Lage in diesen hochwertigen Bestand überzuführen, was allerdings nur selten gelingt.

Schon die Erhaltung stößt oft auf unüberwindliche Schwierigkeiten. Sinkt das Grundwasser im Sommer nicht tief genug, oder im Frühjahr, im April, nicht schnell genug ab, überschwemmen die Wiesen mit stehendem statt mit fließendem Wasser oder bleiben die sauerstoffführenden Überschwemmungen aus, so daß aus einem dieser Gründe die Sauerstoffversorgung leidet, so wird man wohl oder übel tatenlos zusehen müssen, wie die wenig sauerstoffbedürftigen minderwertigen Sauergräser die hochwertigen anspruchsvollen Militzgräser verdrängen. Nur die bei Ausbleiben der Überschwemmungen geringere Nährstofflieferung des Bodens kann man durch künstliche Düngung ausgleichen. Diese darf hier aber nicht wie auf den gewöhnlichen Wiesen im Herbst und Winter gegeben werden, sondern erst im späteren Frühjahr nach dem Zurückgehen der Überschwemmungen.

Sehr vorsichtig muß man bei den Militzwiesen mit dem Walzen sein, das sonst auf den gewöhnlichen Wiesen, jedenfalls auf den humosen Böden, zu den wichtigsten Kulturmaßnahmen gehört. Im Frühjahr kann man, wenn man den nassen Boden nicht zusammenpressen und so für lange Zeit verderben will, erst so spät auf die Militzwiese herauf, daß das Rohrglanzgras schon kräftig entwickelt ist, so daß man es stark schädigen würde. Möglich ist das Walzen am ehesten noch nach dem ersten Schnitt. Aber auch dann werden die steil aufrecht steigenden Triebe der Militzgräser durch das Zusammenstauchen noch geschädigt, ganz abgesehen davon, daß durch das Zusammendrücken des Bodens und durch die Förderung der flachwurzelnden Untergräser den Ausläufern des Rohrglanzgrases und des Hohen Mannagrases die Sauerstoffversorgung erschwert wird.

Noch schwieriger als die Erhaltung der Militzwiesen ist die Überführung anderer Bestände der nassen Lage in diese hochwertigen Obergraswiesen. Am häufigsten und leichtesten gelingt es noch bei den Untergraswiesen 3, 4 und 5. Die beiden Militzgräser sind von diesen Wiesen oft nur durch zu häufiges und unvorsichtiges Walzen oder auch durch das Beweiden verdrängt worden. Bei Wegfall dieser beiden Maßnahmen wird man in diesen Fällen schon obergrasreichere Bestände, Angleichungen an die Militzwiesen, erreichen können. Manchmal ist auch die nicht ganz genügende Nährstofflieferung des Bodens Schuld an dem Fehlen der beiden Obergräser in der nassen Lage. Durch Düngung läßt sich dann der Ausgleich schaffen. Schließlich können auch unzeitige Überschwemmungen kurz nach dem ersten Schnitt die Obergräser verdrängt haben. Das Wasser ist kurz nach dem ersten Schnitt vor dem Vernarben der Stoppeln in die breithalmigen Militzhalme eingedrungen und hat sie zum Verfaulen gebracht, ebenso wie man ja auch die breitstoppligen Binsen durch Mähen kurz vor dem Regen schädigen kann und ähnlich wie man auf Rieselwiesen mit dem breitstoppligen Wiesenfuchsschwanz als Bestandsbildner nicht gleich nach dem Schnitt rieseln darf, wenn man nicht den Wiesenfuchsschwanz zum Ausfaulen bringen will. In diesem Falle, wo also die Obergräser ausgefault sind, wird man die Untergraswiesen 3, 4 und 5 nachsäen oder besser sogar neu ansäen. Leider ist vom Hohen Mannagras Saatgut im Handel nicht zu haben und der Rohrglanzgrassamen ist sehr teuer. Aber auf passenden Böden genügen schon einige Pfund Rohrglanzgras je Morgen in der Mischung, um mit der Zeit eine reine Rohrglanzgraswiese entstehen zu lassen.

Außer den Untergraswiesen 3, 4 und 5 lassen sich gelegentlich noch einige Sauergraswiesen in Rohrglanzgraswiesen umwandeln. Das ist aber nur dann der Fall, wenn Nährstoffarmut und nicht Sauerstoffarmut der Grund für das Auftreten der Sauergräser ist. Leider gibt es keine stichhaltigen Merkmale, die das Herausfinden entsprechender Flächen ohne weiteres ermöglichen, so daß man hier weitgehend auf Versuche angewiesen bleibt. Umbruch nach dem ersten Schnitt, Neuansaat und kräftige Düngung sind hier die Mittel, Rohrglanzgraswiesen oder doch Annäherungen daran zu schaffen. Bei den ärmsten Böden wird man sich meist mit der Schaffung von Sumpfrispengraswiesen begnügen müssen. Die Militzwiesen würden auf diesen Böden, die von Haus nichts zur Nährstoffversorgung beitragen, so stark gedüngt werden müssen, daß es nicht nur wirtschaftlich untragbar, sondern auch schon wegen der Gefahr der Plasmolyse technisch unmöglich wäre. So entziehen gut ausgebildete Rohrglanzgrasbestände von 150 dz/ha Heu mit einem Gehalt von 2% Kali und 0,7—0,8% Phosphorsäure einem Hektar allein schon so hohe Kali- und Phosphorsäuremengen, wie sie etwa in 8 dz 40%igen Kali und 6 dz Thomasmehl enthalten sind.

Alle anderen minderwertigen Bestände müssen, da sie an Sauerstoffmangel leiden, bis zur feuchten Lage entwässert werden, um dann ohne oder nach Umbruch in hochwertige gutfeuchte Wiesen übergeführt zu werden.

Man hat in den letzten Jahren allerdings versucht, auch ohne Entwässerung die Sauerstoffarmut zu beseitigen, indem man das Grundwasser in Bewegung zu bringen suchte. Man wollte künstlich ähnliche Standorte schaffen, wie sie von Natur bei den Rohrglanzgraswiesen vorliegen. Durch Verregnen des Grundwassers suchte man das zu erreichen. Die Versuche sind aber schon rein technisch gescheitert. Abgesehen davon würde aber diese teure Methode auch wirtschaftlich kaum tragbar gewesen sein.

Man hat schon seit langem weiter versucht, die nassen sauerstoffarmen Sauergraswiesen und die ebenso schlechten Süßgraswiesen der nassen Lage durch periodische Einsaat von Gräsern und Kleearten zu einer besseren Ausnutzung zu bringen. Diese Methode ist aber so unsicher, daß sie nur aushilfsweise in Betracht kommt. Man befährt den Boden im Winter mit Kompost, eggt die Wiese im Frühjahr schwarz und sät ein Gemisch von 15 kg/ha Timothe und 5 kg/ha Schwedenklee ein. Dies Gemisch hat den Vorzug, daß beide Bestandteile außerordentlich wetterhart und sehr billig sind. An Kosten entstehen etwa 20 DM/ha, die Mischung hält etwa drei Jahre vor.

Zur Überführung der schlechtnassen Wiesen in gutfeuchte Wiesen sind die verschiedenen Bestände verschieden gut geeignet. Am leichtesten ist meistens die Umwandlung der Horstbinsenwiesen der nassen Lage in gut feuchte Wiesen. Horstbinsen kommen in der nassen Lage nur auf quelligem Boden vor. Weit und breit umsäumen sie die in die Felder eingestreuten Wiesentäler. Daß hier Druckwasser vorliegen muß, erkennt man rein äußerlich schon daran, daß die Wiese um so trockener wird, je tiefer man kommt. Ein Abfangen des Druckwassers durch Gräben am Fuße des Hangs beseitigt meist schon die quellige Nässe. Ein Umbruch ist kaum notwendig. Die Binsen verschwinden, wenn ihnen die quellige Nässe genommen ist, schon bei der gewöhnlichen Wiesenbewirtschaftung. Nachhelfen kann man noch durch sehr häufiges Mähen, namentlich auch vor Winter und durch einige andere Maßnahmen, auf die in der feuchten Lage näher einzugehen sein wird. Besonders schwer ist die Umwandlung der Horstseggenwiesen. Hier muß nach der Entwässerung der Boden besonders bearbeitet werden, um die großen Bülten zu beseitigen, während auf den gewöhnlichen Sauergraswiesen der Umbruch sehr leicht vonstatten geht, ja unter Umständen sich sogar erübrigt, wie in dem Kapitel über den Umbruch im einzelnen darzulegen sein wird.

Erwähnt sei schließlich noch, daß die Sauergraswiesen unter Umständen nicht beseitigt, sondern sogar gepflegt werden müssen, nämlich in den Streuewiesengegenden, da sie eine gute Streue abgeben.

2. Die Pflanzenbestände der feuchten Wiesen

Die feuchte Lage ist die beste, die geborene Wiesenlage. Zwar liefert die Rohrglanzgraswiese in der nassen Lage noch höhere Erträge an gutem Futter als die besten Wiesen in der feuchten Lage: 150 dz/ha und nicht nur 100 dz/ha gutes Heu. Aber die Bedingungen für das optimale Auftreten des Rohrglanzgrases sind so selten gegeben und so schwer künstlich zu schaffen, daß es im allgemeinen auf kleine Flächen beschränkt bleibt, während die besten Bestände in der feuchten Lage über die ganze Fläche möglich sind.

Außerdem ist aber auch die feuchte Lage im Gegensatz zur nassen gesundheitlich einwandfrei. Wie schädlich die nasse Lage sein kann, wenn sie als Weide benutzt wird, ist ja zu sehr bekannt. Die Krankheiten weichen nicht aus dem Stall, ehe die Entwässerung der Täler durchgeführt ist. Es braucht nur an die Leberegelseuche und die Lungenwurmseuche erinnert zu werden. Aber auch das Heu von den nassen besten Wiesen ist oft nicht einwandfrei. Man lese nur nach, was über den Befall des Hohen Mannagrases mit dem Pilz *ustilágo longíssima* und des Rohrglanzgrases mit der *sclerótia rhizoídes* gesagt wurde. Alle diese Schäden fehlen in der feuchten Lage. Das Heu ist gesundheitlich einwandfrei. Zwar treten hier in der feuchten Lage wie überall einige giftige Unkräuter auf, die man aber beseitigen kann, wie noch zu zeigen sein wird.

Ein Mangel der besten Wiesen der nassen Lage im Gegensatz zu den Wiesen der feuchten Lage ist ferner die erschwerte Bewirtschaftung. Es müssen dort befestigte Wiesenwege angelegt werden. Die Ernte ist oft durch unzeitige Überschwemmungen gefährdet: Überschwemmungen vor der Ernte verschlämmen das Gras und machen es ungenießbar, Überschwemmungen während der Ernte führen das geerntete Futter fort. Nichts von alledem in der feuchten Lage.

Für den Ackerbau ist die feuchte Lage zu naß. Das Getreide wächst hier zu sehr ins Stroh, die Beackerung ist sehr schwierig und die Unkrautgefahr besonders groß. Nur zum Gemüsebau ist diese Lage bisweilen ebenso gut geeignet wie zur Heugewinnung.

Einen günstigen Grundwasserstand für diese feuchte Lage anzugeben, ist, wie wir schon betonten, nicht angängig, da er mit einer Reihe von Faktoren wechselt. 60 cm wird im allgemeinen als normal betrachtet. Wie abweichend von dieser Normzahl aber der günstige Grundwasserstand sein kann, ergibt sich am deutlichsten daraus, daß im Allgäu und in anderen Höhengebieten beste feuchte Wiesen ohne jedes Grundwasser vorhanden sind.

a) Die Pflanzenbestände der nährstoffreichen feuchten Wiesen

11. Der Bestand des Wiesenfuchsschwanzes.

Bestandsbildner: Wiesenfuchsschwanz (*alopecúrus praténsis*).

Untergräser: meist nicht sehr reichlich vorhanden, evtl.:
Weißes Straußgras (*agróstis álba*),
Gemeine Rispe (*póa triviális*),
Rotschwingel (*festúca rúbra*).

Kleearten: meist nicht vorhanden, evtl.:
Sumpfschotenklee (*lótus uliginósus*),
Wiesenplatterbse (*láthyrus praténsis*),
Wilder Schwedenklee (*trifólium hybridum*).

Vorkommen: Auf sehr feuchten nährstoffreichen, besonders auch stickstoffreichen Überschwemmungs- und sonstigen Wiesen. Bevorzugt mehr die schwereren Böden. Bildet aber auch auf lockeren Böden bei passenden Bedingungen bisweilen oder auch öfters Bestände. Eine sehr hochwüchsige und deshalb meist kleearme aber auch unkrautarme Wiesenform.

Ertragsfähigkeit: In zwei bis drei Schnitten um 100 dz/ha gutes Heu. Hoch in den Bergen sind natürlich die Erträge niedriger und auf besten Überschwemmungswiesen etwas höher. Späte Mahd setzt den Wert des Heus fast bis auf Sauergrasgüte herab. An sich ist es die beste Wiesenform, die es überhaupt gibt.

12. Der Bestand des Wiesenschwingels.

Bestandsbildner: Wiesenschwingel (*festúca praténsis*).

Untergräser: Fast regelmäßig die unter 11 genannten.

Kleearten: Fast regelmäßig die unter 11 genannten.

Vorkommen: Unter ähnlichen Verhältnissen wie 11. Der Wiesenschwingel geht aber auch bis in die frische Lage hinein und bildet in der frischfeuchten Grenzlage Mischbestände mit dem in der frischen Lage gebürtigen Glatthafer, der in die wirklich feuchte Lage nicht hineinreicht. Als Untergräser sind dann neben den genannten noch die Wiesenrispe und evtl. auch das Kammgras häufig. Unter den Kleearten tritt auch der Wiesenrotklee hervor. Der Wiesenschwingel bevorzugt im Gegensatz zum Wiesenfuchsschwanz mehr die lockeren Böden, fehlt aber auch auf den schweren Böden nicht. Die Bestände sind nicht so hochwüchsig und daher auch untergrasreicher, kleereicher und — stärker verunkrautet.

Ertragsfähigkeit: Bis 100 dz/ha gutes Heu. Wegen der geringeren Wüchsigkeit meist etwas weniger, etwa 80 dz/ha.

13. Der Bestand des Wiesenlieschgrases (*phléum praténse*).
Sehr selten an Stelle von 11 und 12. In einiger Menge oft in 11 und 12 vertreten.

14. Der Bestand der Gemeinen Rispe.

Bestandsbildner: Gemeine Rispe (*póa triviális*).

Untergräser: wie bei 11.

Kleearten: wie bei 11.

Vorkommen: Namentlich auf Jauchewiesen am Hof, dann auch auf Wiesen, von denen man keinen zweiten Schnitt nimmt, sondern die statt dessen beweidet werden.

Ertragsfähigkeit: Auf Jauchewiesen sehr hoch, ähnlich wie auf den Wässerwiesen der Lombardei. Auf den Weidewiesen befriedigend, auf gewöhnlichen zweischürigen Wiesen versagt sie im zweiten Schnitt, stellt dort aber als Untergras eine gute Ergänzung zum spättreibenden Fioringras dar.

b) Die Pflanzenbestände der einseitig reichen feuchten Wiesen

15. Die kleereichen Bestände von 11, 12, 13 und 14.

Bestandsbildner: siehe 11, 12, 13 und 14.

Untergräser: siehe 11, 12, 13 und 14.

Kleearten: Wiesenplatterbse (*láthyrus praténsis*).
Sumpfschotenklee (*lótus uliginósus*),

Bastardklee (*trifólium hybridum*),
Rotklee (*trifólium praténse*),
Zaunwicke (*vícia sépium*),
Fadenklee (*trifólium mínus*).

Vorkommen: Auf feuchten Wiesen bei alleiniger Kaliphosphatdüngung oder auch auf von Natur mineralstoffreichen Wiesen dieser Lage.

Ertragsfähigkeit: 60—80 dz/ha sehr gutes Heu.

16. Die an Doldenblütlern reichen Bestände von 11, 12, 13 und 14.

Bestandsbildner: siehe 11, 12, 13 und 14.

Untergräser: siehe 11, 12, 13 und 14.

Kleearten: siehe 11, 12, 13 und 14.

Doldenblütler: Bärenklaue (*herácleum sphondyleum*), außerdem Wiesensilau (*sílaus praténsis*) und Wiesenkerbel (*anthríscus silvéstris*).

Vorkommen: In der feuchten Lage bei einseitiger Gülledüngung, namentlich unter Vernachlässigung der Phosphorsäuredüngung.

c) Die Pflanzenbestände der nährstoffarmen feuchten Wiesen

17. Der Honiggras-, Rasenschmielen-, Flaumhafer-, Ruchgras-, Rotschwingelbestand.

Bestandsbildner: Honiggras (*hólcus lanátus*),
Rasenschmiele (*aíra caespitósa*),
Flaumhafer (*avéna pubéscens*),
Ruchgras (*anthoxánthum odorátum*),
Rotschwingel (*festúca rúbra*).

Obergräser: Außer Honiggras und Rasenschmiele die von 11, 12, 13 und 14 in Kümmerform.

Kleearten: auch die von 11, 12, 13 und 14.

Vorkommen: In der feuchten Lage auf in der Düngung und Pflege vernachlässigten nährstoffärmeren Wiesen.

Ertragsfähigkeit: Bei Vorherrschen von Rasenschmiele und Honiggras um 60 dz/ha mäßiges Heu, bei Vorherrschen der anderen Gräser nur um 40 dz/ha mäßiges Heu.

18. Der Bestand der Niederseggen (Niederseggenwiesen), (*párvocaricétum*).

Bestandsbildner: Blausegge (*cárex glaúca*),
Gemeine Segge (*cárex vulgáris*),
Hirsensegge (*cárex panícea*).

Obergräser: Die von 11, 12, 13 und 14 in Kümmerform.

Untergräser: Die von 11, 12, 13 und 14 in Kümmerform.

Kleearten: Die von 11, 12, 13 und 14 in Kümmerform.

Vorkommen: Auf sehr nährstoffarmen feuchten Wiesen. Sie reichen bisweilen in die nasse Lage hinein. Die Hauptbegleitmoose sind allerdings nie das Sumpfmoos (*acrocládium cus-*

pidátum), sondern mehr das Bäumchenastmoos (*climácium dendroídes*) und das Krückenastmoos (*hylocómium squarrósum*).

Ertragsfähigkeit: 10—20 dz/ha sehr minderwertiges Heu.

19. Der Bestand des Pfeifengrases.

Bestandsbildner: Pfeifengras (Benthalm, Besenried) (*molínia coerúlea*).

Obergräser, Untergräser, Kleearten: wie bei 18.

Vorkommen: wie 18.

Ertragsfähigkeit: Um 40 dz/ha schlechtes Heu. Auf guten Streuewiesen bei bester Pflege dagegen bis 80 dz/ha beste Streue.

20. Der Bestand der Glockenheide.

Bestandsbildner: Glockenheide (*eríca tetrálix*).

Obergräser, Untergräser, Kleearten selten, wie bei 18 und 19.

Geht bei Beweiden oder Mähen ohne Düngung in 19 über.

Hochwertig und bedeutungsvoll sind in der feuchten Lage nur die Wiesenfuchsschwanzwiese und die Wiesenschwingelwiese in der reinen (11, 12) oder in der kleereichen Form (15). Hochwertig sind zwar an sich auch der Timothebestand (13) und der Bestand der Gemeinen Rispe (14), aber eine größere Bedeutung kommt diesen Beständen im allgemeinen nicht zu, da der Timothe nur sehr selten und die Gemeine Rispe nur auf Sonderflächen unter Sonderbedingungen bestandbildend auftritt. Die Wiesenfuchsschwanz- und die Wiesenschwingelwiesen in der reinen oder kleereichen Form gilt es also in der feuchten Lage zu schaffen und zu erhalten.

Im Gegensatz zur nassen Lage bereitet in der feuchten Lage die Erhaltung der besten Bestände nie unüberwindliche Schwierigkeiten. Ein nicht zu behebender Sauerstoffmangel ist in der feuchten Lage, abgesehen von Katastrophenjahren, ausgeschlossen, wenn nur die Gräben immer rechtzeitig und gehörig geräumt werden. Auch die Walze richtet hier im allgemeinen viel seltener Schaden an als in der nassen Lage. Wenn man nur darauf achtet, daß man den Boden nicht bei Nässe walzt und im Frühjahr mit der Walze nicht zu spät kommt, wenn die Obergräser bereits sehr weit ausgetrieben sind, dann kann man kaum Schaden anrichten. Richtig ist zwar, daß das Walzen auf den untergrasarmen Wiesenfuchsschwanzwiesen nie so wichtig ist wie auf der untergras- und auch klee- und meist auch unkrautreicheren Wiesenschwingelwiese, wo die Walze der beste Vermehrer des Untergrases und der wirksamste Zerstörer der Lockerbodenunkräuter ist. Richtig ist weiter, daß man gelegentlich auch des Guten zuviel tun kann. Man kann bei zu häufigem Walzen, auch wenn es nicht zur Unzeit, bei Bodennässe oder beim Treiben der Obergräser geschieht, namentlich auf stark zersetzten Niederungsmooren, den Boden so zusammenpressen, daß der Boden für das Wachstum der guten Gräser zu luftarm wird. Binsen stellen sich dann ein, die die Luftarmut besser ertragen können, ja sogar lieben. Umgekehrt zeigt das reichlichere Auftreten der Doldenblütler zu lockeren Boden an. Außer dem Reinigen der Gräben und dem Walzen ist zur Erhaltung der beiden besten Wiesenformen der feuchten Lage weiter eine regelmäßige Düngung notwendig und vielleicht nur auf sehr reichen Böden zu entbehren. Wichtig ist weiter die rechtzeitige Mahd. Sonst verdrängen frühreifende Unkräuter wie Honiggras, Sauerampfer und die Doldenblütler die guten Gräser und Kleearten zu leicht. Das stimmt besonders auch entgegen der landläufigen Meinung für die Doldenblütler Bärenklaue und Wiesenkerbel. Beide vermehren sich nur wenig unterirdisch durch Ablegerbildung, sondern mehr durch Samen.

Viel leichter als in der nassen Lage ist in der feuchten Lage auch die Umwandlung der minderwertigen Bestände in die hoch- und vollwertigen. Sehr häufig ist dazu nicht einmal Umbruch und Neuansaat, sondern nur gute Pflege und Düngung nötig.

So ist es eine alte Erfahrungssache, daß gerade die minderwertigsten Bestände der feuchten Lage: die Niederseggenwiese (18), die Pfeifengraswiese (19), der Glockenheidebestand (20) allein durch Pflege und Düngung in die hochwertigen Wiesenformen der feuchten Lage übergeführt werden können und zu tausenden übergeführt worden sind. Gewiß ist dabei manchmal auch eine geringe Entwässerung nicht zu entbehren, aber es genügt dann meist schon das gehörige Öffnen der Gräben. Aus allen Heide- und Moorgegenden lassen sich Beispiele in Hülle und Fülle für diese große Umwertung aller Werte mit der Einführung der Kunstdüngerkultur anführen. Aus geringstem Ödland ist hochwertiges Kulturland geworden, allein durch Pflege und Düngung, ja bei der Düngung handelt es sich meist nur um die Kaliphosphatdüngung, weil auf den Niederungsmooren meist von Natur Stickstoff genug vorhanden ist und die heidigen Flächen meist sehr kleewüchsig sind, so daß schon ohne Stickstoffdüngung auf Niederungsmoor die allerbesten und sonst sehr hochwertige kleereiche Bestände der feuchten Lage erzielt worden sind. Bei den heidigen Flächen bedarf es allerdings außer der Kaliphosphatdüngung, jedenfalls im Anfang, noch einer Kalkdüngung. Besonders lehrreich sind die betreffenden Berichte Huntemanns (vergleiche insbesondere: Die Grünlandwirtschaft und die Resultate derselben im südlichen Oldenburg. „Die Phosphorsäure", Berlin 1931, Seite 181—185), der in Südoldenburg, namentlich durch die Einführung der Kunstdüngerkultur aus Heide und Moor geradezu ein landwirtschaftliches Paradies hervorgezaubert hat, ja der wohl überhaupt als erster herausgefunden hat, wie man durch Düngung aus den Glockenheidebeständen gutes Grünland schafft.

Schwieriger ist allerdings die Umwandlung der nicht ganz minderwertigen Bestände der feuchten Lage in vollwertige Bestände, also der Bestände 16 und 17. Tritt in den letzteren die Rasenschmiele zurück und treten Flaumhafer, Rotschwingel und auch Honiggras stärker hervor, so ist auch hier durch Düngung und Pflege allein alles zu erreichen. Nicht aber, wenn die Rasenschmiele größere Anteile am Bestande hat. Dann bleibt nichts anderes übrig als der Umbruch, wenn auch, wie bereits bei der Rasenschmiele ausgeführt worden ist und in dem Kapitel über den Umbruch noch einmal zusammenfassend zu schildern sein wird, durch Pflege- und Düngungsmaßnahmen einiges erreicht werden kann.

Auch gegen die Doldenblütler (16) hilft, wenn sie bestandbildend auftreten, durchschlagend nur der Umbruch, während bei geringerem Auftreten die Pflege- und Düngungsmaßnahmen ausreichen. Der rechtzeitige Schnitt schränkt die Vermehrung durch Samen ein, das Walzen die unterirdische Vermehrung; die Beidüngung von Phosphorsäure zu Gülle oder Jauche endlich nimmt den Doldenblütlern die Überlegenheit im Kampfe mit den Gräsern. Läßt es sich so einrichten, daß die Wiese einige Jahre als Weide genutzt wird, dann sind auch bei stärkster Verunkrautung besondere Bekämpfungsmaßnahmen gegen die Doldenblütler nicht notwendig.

Außer den hier behandelten, in den Pflanzenbeständen der feuchten Wiesen aufgeführten Unkräutern gibt es noch einige andere, die zwar kaum bestandbildend auftreten, aber trotzdem sehr schädlich sein können und deshalb abschließend einzeln und ausführlich behandelt werden sollen. Es handelt sich dabei um die beiden Giftpflanzen Herbstzeitlose (*cólchicum áutumnále*) und Sumpfschachtelhalm (*équisétum palústre*), außerdem um die Binsen, die auch hauptsächlich in der feuchten Lage auftreten.

Die Herbstzeitlose ist in Mittel- und Süddeutschland stark verbreitet. Sie findet sich dort auf den gut feuchten Wiesen und geht nur wenig auf die schlechtfeuchten über. Sie ist auf den gut feuchten Wiesen Mittel- und Süddeutschlands geradezu als eine Pest zu bezeichnen. Die Bekämpfung ist heute durchaus möglich. Der deutsche Unkrautforscher Otto Wehsarg hat fünf Jahre lang an der Erforschung der Lebensbedingungen dieses Unkrauts gearbeitet und wirksame Bekämpfungsmaßnahmen herausgefunden. Er fand, daß ein Herausziehen der Pflanze, nicht in der Blüte im Herbst, wie früher oft empfohlen wurde, sondern etwa in den ersten Tagen des Mais nach dem Wachstumsstoß, der die großen Samenkapseln über den Boden bringt, zu einer vollständigen Vernichtung der Herbstzeitlose führt, wenn die Maßnahme einige Jahre wiederholt wird und so auch die jungen, zuerst übersehenen Pflanzen erfaßt werden. Die Blätter der Herbstzeitlose reißen um diese Zeit nicht oben ab, sondern über der alten Knolle. Diese kann keine neuen Blätter treiben, weil sie sich beim Treiben der Samenkapseln erschöpft hat. Die junge Knolle ist aber noch nicht triebfähig. Im Großbetriebe ist diese Maßnahme allerdings kaum durchführbar. Dort kann man sich aber damit helfen, daß man die Herbstzeitlosewiesen um diese Zeit mäht. Das ist naturgemäß nicht so wirksam wie das Herausziehen, und man muß dann, um überhaupt eine Wirkung zu erzielen, mit einer Stickstoff-, und zwar am besten mit einer Jauchedüngung nachhelfen, die man so gibt, daß die Knollen den Stickstoff aufnehmen müssen, wenn sie der Blätter beraubt sind und so, weil die kompensierende Luftnahrung fehlt, durch eine Eiweißvergiftung geschwächt werden.

Möglich ist ferner noch eine andere Bekämpfungsmaßnahme, nämlich das Ausgraben der Knollen im Herbst. Man sticht mit einem Spaten im Herbst bei der Blüte um die Herbstzeitlose einen Rasensoden dreiseitig aus, klappt den Soden um die feste Seite herum, sammelt die Knolle heraus, klappt den Soden wieder zurück und tritt ihn fest. Möglich ist diese Maßnahme, weil die Knollen alle in einer Tiefe um 20 cm sitzen, wie schon Kerner von Marilaun beobachtet hat.

Der Sumpfschachtelhalm oder Duwock ist in Norddeutschland auf dem Grünland etwa das, was in Mittel- und Süddeutschland die Herbstlose ist. Er ist allerdings nicht auf Norddeutschland beschränkt. Der Sumpfschachtelhalm bevorzugt die gut feuchten Wiesen, er geht nur etwas in die nasse Lage hinein. Dort kommt vielmehr ein ungiftiger Verwandter, der Schlammschachtelhalm (*equisétum limósum*) häufiger, ja bisweilen bestandbildend vor. Durch seinen hohlen Stengel ist er ohne weiteres von dem giftigen Sumpfschachtelhalm zu unterscheiden. Ungiftig ist auch der Ackerschachtelhalm (*equisétum arvénse*), der allerdings hauptsächlich auf dem Acker vorkommt, aber doch bisweilen auch auf dem Grünlande zu finden ist. Im Gegensatz zum Sumpfschachtelhalm ist bei ihm das erste Glied des Nebenastes länger als die Scheide des Hauptastes, was beim Herausziehen der Glieder besonders auffällig ist. Auch sind bei ihm die Zähne der Scheide des Hauptastes nicht häutig berandet wie beim Sumpfschachtelhalm.

Nur den Pferden und Gänsen schadet der Duwock nicht. Bei den Wiederkäuern führt schon ein geringer Besatz des Futters mit Duwock zu Durchfällen und damit zu schweren Ertragseinbußen. In Weidegegenden sind die verduwockten Flächen weit und breit bekannt und gefürchtet. Als „bitter“ werden sie von den einheimischen Bauern bezeichnet. Schlimm sieht es vor allen Dingen aus, wenn alle oder fast alle zu einem Hof gehörenden Flächen verduwockt sind. Auch auf an sich besten Marschweiden sind dann die Zuwächse beim Fettvieh sehr gering, zum Ausmästen müssen die Ochsen auf die sonst nur zum Vormästen oder als Jungviehweiden benutzten, salzigen und deshalb duwockfreien Außendeichweiden getrieben werden. Der Milchertrag der Kühe geht selbst dann noch zurück, wenn sie von armen, aber duwockfreien Weiden auf die Fettweiden getrieben werden. Sogar das Stroh solcher Betriebe ist mit Duwock durchsetzt und minderwertig.

Die Bekämpfung des Sumpfschachtelhalms ist sehr schwierig. Man kann nicht wie bei der Herbstzeitlose gegen jede einzelne Pflanze vorgehen und außerdem ist auch den unterirdischen Teilen nur indirekt beizukommen, weil sie sehr tief liegen. Die waagerechten Ausläufer des Sumpfschachtelhalms, von denen die senkrechten Triebe aufsteigen, liegen im Kapillarbereich des Grundwassers. Beobachtet sind Tiefen von 0,5 bis zu 5 m. Trotzdem ist aber doch eine radikale Bekämpfungsmethode gefunden worden. Ein Oberst Mardai ist der glückliche oder besser unglückliche Finder. Er hatte sich in der Nachbarschaft Theodor Engelbrechts, in der Nähe Glückstadts, einen Marschhof erworben und mußte dann zu seinem Schrecken im Frühjahr feststellen, daß die Weiden stark verduwockt waren. Als er eines Tages im späten Frühjahr die vielen Duwocktriebe wie kleine Tannenbäumchen sich entwickeln sah, packte ihn die Wut, er zertrampelte die Stelle, auf der er stand. Nach einiger Zeit stellte er zu seiner Verwunderung fest, daß diese Stelle duwockfrei war. Er sagte sich, daß man eine ähnliche Wirkung im großen durch die Walze müsse erzielen können. Er versuchte es. Und siehe da, der Versuch gelang. Ein Walzen der Duwockweiden im späten Frühjahr, wenn der Duwock etwa handlang ist, mit einer schweren Riffelwalze (die eigens zu diesem Zweck konstruiert worden ist und bereits eine weite Verbreitung gefunden hat) beseitigt den Duwock, wenn das Walzen wiederholt durchgeführt wird. Das ist auch nach allem, was wir wissen, selbstverständlich, wenn auch keiner vorher, weder C. A. Weber, der Monograph des Duwocks, noch O. Wehsarg, der große Unkrautforscher, auf diese Methode gekommen ist. Die unterirdischen Triebe des Duwocks haben sich zu dieser Zeit stark ausgegeben, die wiederholte Beseitigung der Triebe um diese Zeit muß vernichtend wirken. Leider ist ein so spätes Walzen nur auf Weiden und nicht auf Wiesen durchführbar. Auch schlägt diese Methode nur auf den festen Böden durch, auf den weicheren weichen die Duwocktriebe aus und knicken nur teilweise ab. In sehr vielen Fällen ist man bei der Bekämpfung des Duwocks also noch immer auf die weniger wirksamen und langwierigeren Bekämpfungsmittel angewiesen, die C. A. Weber in seiner Monographie herausgestellt hat.

Jeder Bauer schwört auf seine eigene Methode, der eine auf die Düngung mit Schweinemist, der andere auf die Düngung mit Sandjauche, der dritte auf diese, der vierte auf jene Pflegemaßnahme. Alle diese Maßnahmen laufen daraus hinaus, die Gräser und Kleearten zu üppigerem Wachstum zu bringen und dadurch den Duwock zurückzudrängen. Einige dieser Maßnahmen schädigen zudem den Duwock direkt, so wirkt die Sandjauche beim Tritt der Tiere schmirgelnd auf die spröden Duwocktriebe, und das Walzen im Frühjahr fördert nicht nur die Untergräser, sondern staucht die noch im Boden befindlichen steil aufrechten Triebe des Duwocks.

Bei den Binsen muß landwirtschaftlich unterschieden werden zwischen den ausläufertreibenden und den horstigen Arten. Die ausläufertreibenden Binsen sind landwirtschaftlich bedeutungslos. Sie wurden nur in der nassen Lage zusammen mit den Mittelseggen behandelt, haben dort ihren Hauptstandort und werden nur gelegentlich als Streuepflanzen landwirtschaftlich wirklich bedeutsam. Von großer Bedeutung sind dagegen die Horstbinsen. Sie gehören zu den schlimmsten Unkräutern des Grünlandes und sind außerdem nicht leicht zu überschätzende Zeigerpflanzen.

In der nassen Lage zeigen sie quellige Nässe an. Sonst fehlen sie auf allen eigentlich nassen und auf regelmäßig überschwemmten Flächen.

In der feuchten Lage treten sie auf schlecht durchlüfteten Böden auf, auf denen die Kulturgräser kümmern. Der Luftmangel ist, wie Reincke nachgewiesen hat, ihnen geradezu Lebenselement. Sie dringen in das Grünland ein, wenn bei Bodennässe gewalzt oder beweidet wird, wenn stark zersetztes Niederungsmoor zu häufig gewalzt wird, also immer, wenn der Boden zu stark zusammengepreßt und damit luftarm wird. Ihr großer Zeigerwert besteht darin, daß sie auf diese beginnende schwere Schädigung zu einem Zeitpunkt hinweisen, wo der Schaden noch leicht behoben werden kann.

Ist die Schwere des Bodens schuld an der Luftarmut, so wird man mit Hilfe von Kalk und Humus versuchen müssen, den Boden in einen garen, tätigen Zustand zu bringen. Eggen und Ritzen sind zwecklos, sie schädigen nur die Narbe, schaffen aber keinen tätigen Boden. Ähnliche Maßnahmen sind auch auf den tätigen, leichteren Böden anzuwenden. Ist die Nässe des Bodens schuld an der Luftarmut, so muß zunächst die Entwässerung verschärft werden. Meist genügt schon das Räumen der vorhandenen Gräben. Selbstverständlich hat auch das Walzen bei Bodennässe oder auf den stark zersetzten Niederungsmooren ein zu häufiges Walzen zu unterbleiben.

Ist die Luftarmut beseitigt, verschwinden die Binsen mit der Zeit von selbst. Zur Beschleunigung dieses Prozesses kann man mit einer Reihe von direkten Bekämpfungsmaßnahmen nachhelfen. Wirksam sind das häufige Mähen, namentlich bei Regenwetter und vor Winter, sowie das Aushacken und Aussätzen der Bülte. Ein Umbruch ist nur notwendig, wenn man nicht rechtzeitig aufgepaßt und es zu einer starken Verbinsung hat kommen lassen.

Wie die Binsen schlecht durchlüftete, so zeigen andere Kräuter zu stark durchlüftete Böden an. Zu diesen Lockerbodenpflanzen, gehören Bärenklaue (*herácleum sphondýleum*), Wiesenkerbel (*anthríscus sylvéstris*), Weiches Labkraut (*gálium mollúgo*) und Brennessel (*úrtica dioíca*).

Einen großen Zeigerwert haben auch diejenigen Kräuter, die es gestatten, gut feuchte Wiesen von den nassen abzugrenzen. Nur auf nassen Wiesen sollen vorkommen: Kohldistel (*círsium olerátium*), gelber Hahnenfuß (*ranúnculus ácer*), Kuckuckslichtnelke (*coronária flos cúculi*), Wiesenknöterich (*polygonum bistórta*), Wiesenschaumkraut (*cardámine praténse*), Engelswurz (*angélica sylvéstris*), Silau (*sílaus praténsis*), Wiesenraute (*thalíctrum flávum*), Bachnelkenwurz (*géum rivále*) und Wiesenkönigin (*filipéndula ulmária*). In Wahrheit greifen aber alle diese Kräuter, die ersteren häufiger, die letzteren nicht ganz so häufig, auch auf gut feuchte Wiesen über. Diese Kräuter haben also keinen Zeigerwert. Einen großen Zeigerwert haben dagegen die oben genannten Lockerbodenpflanzen. Sie fehlen ebenso wie Wiesenknopf (*sanguisórba officinális*), Sauerampfer (*rúmex acetósa*) und Wiesenflockenblume (*centauréa jácea*) auf allen nassen Wiesen, sind also in ihrem Vorkommen auf gut feuchte Wiesen beschränkt.

Die beste Zeigerpflanze ist wohl die Bärenklaue (*herácleum sphondýleum*). Sie zeigt gut feuchte Wiesen an. Auf nasse Wiesen geht sie nicht über, weil ihre fleischige Keimwurzel und die diese später ersetzenden Beiwurzeln gegen Nässe sehr empfindlich sind und im nassen Boden bald verfaulen. Es können auf nassem Boden unter günstigen Verhältnissen gelegentlich wohl einige Pflanzen keimen. Sie gehen dort aber bald zugrunde. Wegen ihrer großen Wasseransprüche geht übrigens die Bärenklaue auch nicht auf trockene Wiesen über.

Ähnliche Wasserverhältnisse zeigt der große Wiesenknopf (*sanguisórba officinális*) an. Die pfahlwurzelähnlichen fleischigen Beiwurzeln seiner kriechenden Grundachse würden in einem nassen Boden bald verfaulen. Deshalb fehlt er dort ganz. Er fehlt aber auch wie die Bärenklaue wegen seiner großen Wasseransprüche auf trockenen Böden.

Der große Sauerampfer (*rúmex acetósa*), auch wohl Wiesenampfer genannt, ist schon etwas weniger typisch. Er geht einerseits auf etwas nasse Böden und andererseits auf etwas trockene Böden über. Auf den feuchteren Wiesen wird seine Keimpfahlwurzel bald durch Beiwurzeln ersetzt, die nur einige Dezimeter tief gehen, und da sie etwas holzig sind, gegen Nässe nicht überempfindlich sind. Auf trockeneren Böden treibt er dagegen eine metertiefe Pfahlwurzel. Immerhin kann man doch sagen, daß dort, wo Ende Mai, Anfang Juni der Sauerampfer die Wiesentäler mit einem roten Schleier überzieht, die Wasserverhältnisse der Wiese im großen und ganzen in Ordnung sind. Es fehlt dort nur an guter Düngung und Pflege. Für den Wiesenkerbel (*anthríscus silvéstris*) gilt fast Wort für Wort dasselbe wie für Bärenklaue. Nur sind seine Ansprüche an die Feuchtigkeit etwas geringer und seine Ansprüche an die Bodendurchlüftung etwas größer. Sein Hauptstandort ist demgemäß nicht die feuchte, sondern die frische Wiese. Er geht gelegentlich sogar auf etwas trockenfrische Wiesen über. Seine tiefgehende Pfahlwurzel stellt die Wasserversorgung auch hier evtl. noch sicher.

Die Wiesenflockenblume (*centauréa jácea*) kommt sowohl auf feuchten als auf frischen Wiesen vor. Auf den feuchten Wiesen hat sie mehr eine aufgelöste Pfahlwurzel nach Art des Rotklees, auf den frischen Wiesen dagegen mehr eine richtige Pfahlwurzel nach Art der Luzerne. Auf nasse Böden geht sie nie über.

Auch das Weiche Labkraut (*gálium mollúgo*) meidet die nassen Böden. Die vielen langen Wurzeln an den unterirdischen Stengelausläufern gehen sehr tief und sind sehr luftbedürftig.

C. A. Weber behauptet, daß die Moose zu den wichtigsten Feuchtigkeitsindikatoren gehören, die es gibt. Man könnte ohne Mooskenntnis überhaupt kein Wiesensachverständiger sein. Leider hat er es versäumt, uns seine einschlägigen Untersuchungsergebnisse vorzulegen. Einige wichtige Moose haben wir in den Übersichten mit aufgeführt.

3. Die Pflanzenbestände der frischen Wiesen

Die Wasserlieferung der frischen Böden reicht nicht mehr aus, höchste Wiesenerträge zu gewährleisten. Obwohl die beiden hauptsächlichen Obergräser der frischen Lage, der Glatthafer und das Knaulgras, besonders tief wurzeln und so einen großen Bodenraum ausnutzen können, werden Erträge von 100 dz/ha Heu wie in der feuchten Lage nicht erreicht und 80 dz/ha auch nur unter besonders günstigen Umständen, wie beispielsweise bei starker Stickstoffdüngung. Im allgemeinen liegen die Erträge nur um 60 dz/ha. Der Ackerbau liefert hier dagegen im allgemeinen höchste Erträge. Die Wiese hat hier deshalb auch nur Daseinsberechtigung, wenn der Ackerbau aus irgendeinem Grunde beeinträchtigt ist. Das Klima kann für den Ackerbau zu feucht sein. Überschwemmungen können den Ackerbau beeinträchtigen. Der Boden kann sehr leicht sein oder auch moorig. Schließlich kann auch das neben den frischen Böden zum Betriebe gehörende Land sehr leicht und damit wenig futterwüchsig sein. Nur in solchen Fällen ist die Wiese doch am Platze. Auf guten Böden im Ackerbauklima muß dagegen diese Wiese zu Ackerland umgebrochen werden.

Etwas ertragreicher sind die Mischbestände der Gräser der frischen Lage mit denen der feuchten Lage. Namentlich die Erträge des Wiesenschwingel-Glatthaferbestandes reichen an die Wiesenerträge der feuchten Lage mengenmäßig fast heran und sind ihnen in der Güte sogar oft noch überlegen. Trotzdem muß aber immer noch von Fall zu Fall entschieden werden, ob nicht auch hier der Ackerbau überlegen ist.

Einen günstigen Grundwasserstand für die frische Lage anzugeben, ist natürlich noch verfehlter als bei der feuchten Lage. Noch viel häufiger als dort in der feuchten Lage ist hier in der frischen Lage Grundwasser überhaupt nicht notwendig. Würden doch auch die Gräser der frischen Lage den natürlichen Grasbestand aller unserer besseren Äcker abgeben, so wie sie diese an den Rändern heute meist noch umsäumen.

a) Die Pflanzenbestände der nährstoffreichen frischen Wiesen

21. Der Glatthaferbestand.

Bestandsbildner: Glatthafer (*avéna elátior*).

Obergräser: Außer dem Bestandsbildner,
Knaulgras (*dáctylis glomeráta*).

Untergräser: Wiesenrispe (*póa praténsis*),
Rotschwingel (*festúca rúbra*),
Goldhafer (*avéna flavéscens*),
Kammgras (*cynosúrus cristátus*).

Kleearten: Rotklee (*trifólium praténse*),
Vogelwicke (*vícia crácca*),
Wiesenplatterbse (*láthyrus praténsis*),
Fadenklee (*trifólium mínus*).

Vorkommen: Auf frischen nährstoffreichen Wiesen, besonders üppig in milden Lagen. Fehlt in den Mittelgebirgen beispielsweise schon in 500 bis 600 m Höhe.

Ertragsfähigkeit: In Weinbaugegenden und bei reichlicher Stickstoffdüngung bis 80 dz/ha, sonst 60 dz/ha gutes Heu.

22. Der Knaulgrasbestand.

Bestandsbildner: Knaulgras (*dáctylis glomeráta*).

Obergräser: Außer dem Bestandsbildner,
Glatthafer (*avéna elátior*).

Untergräser: wie bei 21.

Kleearten: wie bei 21.

Vorkommen: Auf frischen reichen Wiesen. In reiner Form besonders häufig auf reich mit Stickstoff, meist Jauche gedüngten Wiesen. Ein Gegenstück etwa zur Wiesenfuchsschwanzwiese in der feuchten Lage.

Ertragsfähigkeit: meist 60 dz/ha, unter sehr günstigen Bedingungen evtl. bis 80 dz/ha, gutes Heu.

23. Der Goldhaferbestand.

Bestandsbildner: Goldhafer (*avéna flavéscens*).

Untergräser: Außer dem Bestandsbildner meist noch sehr reichlich
Kammgras (*cynosúrus cristátus*),
Wiesenrispe (*póa praténsis*),
Rotschwingel (*festúca rúbra*).

Kleearten: wie bei 21.

Vorkommen: Ersetzt die Glatthaferwiese in den höheren Gebirgslagen.

Ertragsfähigkeit: etwa 50 dz/ha sehr gutes Heu.

24. Der Bestand der Wehrlosen Trespe.

Bestandsbildner: Wehrlose Trespe (*brómus inérmis*).

Untergräser: wenig vorhanden, sonst wie bei 21.

Kleearten: nicht sehr zahlreich, sonst wie bei 21.

Vorkommen: sehr selten, namentlich im Osten Deutschlands, auf nicht mehr ganz frischen, sondern schon etwas trockenen Wiesen.

Ertragsfähigkeit: etwa 50—60 dz/ha gutes, wenn auch etwas hartes Heu.

b) Die Pflanzenbestände der einseitig reichen frischen Wiesen

25. Die kleereichen Bestände von 21, 22, 23.

Bestandsbildner: siehe 21, 22 und 23.

Untergräser: siehe 21, 22, 23.

Kleearten: siehe 21, 22, 23.

Vorkommen: auf frischen Wiesen bei alleiniger Kaliphosphatdüngung.

Ertragsfähigkeit: 50—60 dz/ha sehr gutes Heu.

26. Die an Doldenblütlern reichen Bestände von 21, 22, 23.

Bestandsbildner: siehe 21, 22, 23.

Untergräser: siehe 21, 22, 23.

Kleearten: siehe 21, 22, 23.

Doldenblütler: Wiesenkerbel (*anthríscus silvéstris*),
Wilde Möhre (*daúcus caróta*) u. a. m.

Vorkommen: In der frischen Lage bei einseitiger Gülle- oder Jauchedüngung, unter Vernachlässigung der Phosphorsäuredüngung und der Pflege.

c) Die Pflanzenbestände der nährstoffarmen frischen Wiesen

27. Der Honiggras-, Ruchgras-, Flaumhafer-Bestand.

Bestandsbildner: Honiggras (*hólcus lanátus*),
Ruchgras (*ánthoxánthum ódorátum*),
Flaumhafer (*avéna pubéscens*),
Rotschwingel (*festúca rúbra*).

Vorkommen: Auf unzureichend gedüngten und gepflegten, verarmten frischen Wiesen.

Ertragsfähigkeit: um 30 dz/ha mäßiges Heu und weniger.

28. Der Rotschwingelbestand.

Bestandsbildner: Rotschwingel (*festúca rúbra fállax*).

Untergräser: neben dem Bestandsbildner die unter 27 genannten und außerdem Rotstraußgras (*agróstis vulgáris*).

Außerdem sind in Kümmerform alle guten Gräser der frischen Lage vorhanden.

Vorkommen: Auf armen Wiesen der frischen Lage in weiten eintönigen Beständen namentlich in den Mittelgebirgen (vergleiche Ißler über die Vogesen und Klapp über die Rhönhuten).

Ertragsfähigkeit: 20—30 dz/ha und bei guter Pflege noch mehr.

29. Der Borstgrasbestand.

Bestandsbildner: Borstgras (*nárdus strícta*).

Vorkommen: auf total verarmten frischen Wiesen, namentlich in den Mittelgebirgen. Reicht bis in die trockene Lage hinein.

Ertragsfähigkeit: sehr gering, lohnt das Mähen kaum, unter 20 dz/ha, meist um 10 dz/ha.

30. Der Mischbestand von Glockenheide und gewöhnlicher Heide.

Bestandsbildner: Gewöhnliche oder Besenheide (*callúna vulgáris*),
Glockenheide (*eríca tetrálix*).

Von Gräsern ist besonders häufig der Dreizahn (*sieglíngia decúmbens*).

Vorkommen: In der frischen Lage auf ganz armen, heidigen Ländereien.

Hochwertig und bedeutungsvoll sind in der frischen Lage im allgemeinen die Glatthaferwiese und die Knaulgraswiese in der reinen (21, 22) oder in der kleereichen Form (25) In Höhenlagen kommt noch die Goldhaferwiese in der reinen (23) und in der kleereichen Form (25) hinzu. Die Wiese der Wehrlosen Trespe ist zwar auch sehr hochwertig, kommt aber nur sehr selten vor. Glatthaferwiesen, Knaulgraswiesen und Goldhaferwiesen in der reinen oder kleereichen Form gilt es also in der frischen Lage zu schaffen und zu erhalten.

Beides ist nicht schwer.

Über die Erhaltung gilt das in der feuchten Lage Ausgeführte: Gute Düngung, gute Pflege, rechtzeitiges Schneiden. Die Überführung der geringwertigen Bestände der frischen Lage in die vollwertigen ist noch viel einfacher als dort. Nur bei den an Doldenblütlern reichen Beständen (26) kann einmal der Umbruch nötig sein, sonst genügen gute Düngung und Pflege.

Unter den geringwertigen Beständen hätten wir vielleicht außer den behandelten noch die Bestände der Aufrechten Trespe (*brómus eréctus*) erwähnen müssen. In kalkreichen Gebieten geht nämlich die Glatthaferwiese bei nachlässiger Düngung in den Bestand dieses Grases über. Wir wollen aber diesen Bestand der Aufrechten Trespe erst in der trockenen Lage erwähnen, weil er hier besonders häufig vorkommt. Er soll hier an die Spitze gestellt werden, um besonders auf ihn hinzuweisen. Nirgends ist nämlich eine Umwandlung in Ackerland so häufig nötig wie bei diesem Bestand.

4. Die Pflanzenbestände der trockenen Wiesen

Von Wiesen kann in der trockenen Lage eigentlich nicht gesprochen werden. Es handelt sich hier mehr um Hutungen auf armen Sandböden und ebenso geringen Kalkböden. Wirklich als Wiese benutzt wird durchgängig nur der Bestand der Aufrechten Trespe, der nicht nur auf geringen Böden, sondern auch sehr hochwertigen Böden vorkommt, die als Ackerböden hohe und höchste Erträge geben würden. Als Wiese liefern sie dagegen sehr geringe Erträge, und nirgends ist eine Umwandlung in Acker so notwendig wie hier.

a) Die Pflanzenbestände der nährstoffreichen trockenen Wiesen

31. Der Bestand der Aufrechten Trespe.

Bestandsbildner: Aufrechte Trespe (*brómus eréctus*).

Vorkommen: Stebler und Schröter führen die Wiese der Aufrechten Trespe als Magerwiese. Richtig ist, daß sie auch nur magere Bestände abgibt. Das braucht aber nicht unbedingt an der Bodenarmut zu liegen, sondern liegt oft einzig und allein an der Trockenheit. Die Aufrechte Trespe bildet evtl. auf sehr reichen, aber trockenen Lößböden ausgedehnte Bestände. Außerdem kommt sie allerdings auch noch auf armen, sehr geringen trockenen Kalkböden vor, und schließlich auch noch auf etwas frischen armen kalkhaltigen Böden.

Ertragsfähigkeit: Je nach dem Standort von 15 bis 20, bis 25, bis etwas über 30, höchstens 35 dz/ha gutes, wenn auch etwas hartes Heu.

b) Die Pflanzenbestände der nährstoffarmen trockenen Wiesen

32. Der Rotstraußgrasbestand.

Bestandsbildner: Rotstraußgras (*agróstis vulgáris*).

Vorkommen: bildet auf trockenen Sandböden oft sehr ausgedehnte Bestände.

Ertragsfähigkeit: 20 dz/ha nicht gerade schlechtes Heu.

33. Der Schafschwingelbestand.

Bestandsbildner: Schafschwingel (*festúca ovína*).

Vorkommen: auf trockenen armen, hauptsächlich Sand-, aber auch Kalkböden.

Ertragsfähigkeit: unter 20 dz, meist nur 10 dz/ha Heu.

34. Der Igelgrasbestand.

Bestandsbildner: Igelgras (*weingärtnéria canéscens*).

Vorkommen: auf sehr dürren, allerärmsten Sandböden.

Ertragsfähigkeit: kaum zu nutzen.

35. Die Blaugrasbestände.

Bestandsbildner: Blaugras (*sesléria coerúlea*).

Vorkommen: Das Gegenstück zum Igelgras auf sehr geringen dürren Kalkböden.

Nach dieser Besprechung der gewöhnlichen Wiesen sollen noch die Pflanzenbestände einiger Sonderflächen kurz erwähnt werden, nämlich die der Salzwiesen, der Streuewiesen und der Riesel- oder Bewässerungswiesen.

5. Die Pflanzenbestände der Salzwiesen

Salzwiesen kommen nicht nur im Überflutungsgelände von Nord- und Ostsee vor, sondern außerdem im Binnenlande, im Bereiche von Solquellen. Salzwiesen sind durchaus nicht immer minderwertig. Es gibt hier wie bei den süßen Wiesen alle Übergänge: gute, mäßige und schlechte. Allerdings stehen alle Salzwiesen den Süßwiesen der entsprechenden Feuchtigkeitslage im Mengenertrage nach.

An der Nord- und Ostsee sind die niedrigsten, am stärksten und am häufigsten überfluteten Lagen gleichzeitig die feuchtesten und die salzhaltigsten. Die Anordnung der Pflanzenbestände in bestimmten Zonen ist hier deshalb auch so ausgeprägt wie fast nirgends.

Die wichtigsten Pflanzenbestände sollen hier kurz geschildert werden, und zwar nacheinander die der Nordsee, der Ostsee und des Binnenlandes. Auf alle Einzelheiten kann hier dabei nicht eingegangen werden. Wer sich für die Salzwiesen besonders interessiert, sei auf meine vor zwanzig Jahren erschienene Taxation der Wiesenländereien hingewiesen, die wohl bisher immer noch die genaueste Schilderung der Salzwiesen enthält und botanisch bis in die Einzelheiten mit der etwa zur selben Zeit entstandenen botanisch besten Beschreibung von Willi Christiansen übereinstimmt. (Die Außendeichsvegetation von Schleswig-Holstein mit besonderer Berücksichtigung von Föhr).

a) Die Pflanzenbestände der Salzwiesen der Nordsee

a) Der Quellerbestand des Watts.

Bestandsbildner: Queller (*salicórnia herbácea*).

Sonstige: Strandsoda (*suáeda marítima*), Strandmelde (*obíone pedúnculáta*), Meerstrandschwingel (*festúca thalássica*).

Vorkommen: Im Watt, von 0,5 m unter bis 0,3 m über der gewöhnlichen Fluthöhe; unter der Fluthöhe meist allein, um die Fluthöhe herum zusammen mit den anderen.

Ertragsfähigkeit: Landwirtschaftlich nicht nutzbar. Bedeutungsvoll aber als Schlickfänger. Leider ist aber der Queller keine mehrjährige, sondern nur eine einjährige Pflanze.

b) Der Bestand des Meerstrandschwingels.

Bestandsbildner: Meerstrandschwingel (*festúca thalássica*).

Sonstige: Widerstoß (*statíce limónium*), Strandaster (*áster tripólium*), Strandbeifuß (*artemísia marítima*), Stranddreizack (*triglóchin marítima*).

Vorkommen: Sobald sich das Land etwa 30 cm über die gewöhnliche Fluthöhe erhebt, tritt der Meerstrandschwingel in geschlossenen dichten Rasen auf, oft allein, oft aber auch vergesellschaftet mit den oben genannten Unkräutern.

Ertragsfähigkeit: Der Bestand des Meerstrandschwingels ist der landwirtschaftlich wertvollste Salzpflanzenbestand, den es gibt. Die Küstenbewohner sprechen von Kuh-Andelbeständen. Die Mengenerträge sind allerdings nur mittlere, etwa 50 dz/ha. Auch als Weide, namentlich als Schafweide, befriedigen diese Flächen durchaus. Die Leberegelgefahr besteht auf diesen salzhaltigen nassen Flächen nicht. Die verunkrautete Form wird von den Küstenbewohnern Päär-Andel genannt, weil dieses Heu nur noch als Pferdeheu zu gebrauchen ist. Außerdem setzen die Unkräuter den Wert der Wiese auch noch dadurch herab, daß sie die Heutrocknung erschweren, die sowieso beim Salzheu wegen der starken Hygroskopizität schon schwierig ist.

c) Der Bestand der Salzbinse.

Bestandsbildner: Salzbinse (*júncus gerárdi*).

Sonstige: Weißes Straußgras (*agróstis álba f. salína*).

Vorkommen: Die Salzbinse löst den Meerstrandschwingel dort ab, wo der Boden etwas höher wird und die Überflutungen seltener werden.

Ertragsfähigkeit: Die Salzbinse ist die einzige Binse, die gern gefressen wird. Obwohl sie kaum kniehoch wird, liefert sie doch ziemlich hohe Erträge, auch etwa 50 dz/ha. Die Salzbinse steht nämlich nicht nur sehr dicht, sondern ihre Stengel sind auch im Gegensatz zu denen der Gräser ohne Hohlräume. Auch bei den Salzbinsenwiesen gibt es eine Pferdefutterabart. Als Unkräuter treten etwa dieselben wie beim Meerstrandschwingel auf.

d) Der Bestand des Salzrotschwingels.

Bestandsbildner: Salzrotschwingel (*festúca rúbra salína*).

Sonstige: Roggengerste (*hórdeum secalínum*),
Wiesenrispe (*póa pratén̄sis f. costáta*),
Salzschwaden (*glyceria dístans*).

Vorkommen: Der Salzrotschwingel löst die Salzbinse dort ab, wo der Boden so hoch ist, daß er nur noch gelegentlich von ungewöhnlich hohen Fluten getroffen wird. Der Salzgehalt ist dementsprechend gering. Außer den eigentlichen Salzpflanzen kommen hier deshalb auch schon Pflanzen vor, die auch auf nicht salzhaltige Böden übergehen, wie Erdbeerklee und andere.

Ertragsfähigkeit: Die Erträge sind niedriger als bei der Salzbinse und beim Meerstrandschwingel, etwa nur 30 dz/ha. Die Wiese ist allerdings seltener verunkrautet.

b) Die Pflanzenbestände der Salzwiesen der Ostsee

Die Pflanzenbestände der Ostsee gleichen denen der Nordsee weitgehend. Weit häufiger ist hier allerdings der Salzbinsenbestand und sehr viel seltener der Bestand des Meerstrandschwingels. Außerdem kommen hier viel häufiger als an der Nordsee mit ihren starken Wasserstandsveränderungen sumpfige Flächen vor, die außer durch den Meerstranddreizack (*triglóchin marítima*) und durch die Sumpfsimse (*scírpus palúster*) hauptsächlich in den extremen Fällen durch die Meerstrandsimse (*scírpus marítimus*) und die meergrüne Simse (*scírpus tabernaémontáni*) gekennzeichnet sind. Hier sind schließlich auch verarmte Flächen häufiger als an der Nordsee, wo die Überschwemmungen außer Salz auch meistens Schlick bringen. Meerstrandswegerich (*plantágo marítima*), Salzprimel (*glaúx marítima*) und die rote Simse (*scírpus rúfus*) deuten darauf hin.

c) Die Pflanzenbestände der Salzwiesen des Binnenlandes

Hier gibt es noch einige Besonderheiten, aber es lohnt sich nicht, darauf einzugehen. Es sei nur darauf hingewiesen, daß der Meerstrandschwingel dort nicht vorkommt und daß der Salzschwaden dagegen verbreiteter ist.

6. Die Pflanzenbestände der Streuewiesen

Die Pflanzenbestände der Streuewiesen wurden bereits in der nassen und feuchten Lage miterwähnt. Am wertvollsten sind die Bestände des Besenrieds (*molínia coerúlea*), der Hohen Sauergräser (*mágnocáricéten*), des Rohrglanzgrases (*phálaris arúndinácea*), des Schilfrohres (*phrágmítes commúnis*) und der Stumpfblütigen Binse (*júncus óbtusiflórus*). Am ertragreichsten von allen ist der Schilfgrasbestand. Aber die Schilfstreue ist nicht sehr wertvoll. Sie ist nicht nur zu hart, sondern saugt auch schlecht auf und gibt einen schwer verrottenden Mist. Fast ebenso ertragreich sind die Rohrglanzgrasbestände. Auch ist die Streue sehr geschätzt. Aber die Ansprüche des Rohrglanzgrases an die Wachstumsbedingungen sind so hoch, daß man sie nur sehr selten befriedigen kann. Sehr hohe Erträge bringen auch noch die Hohen Sauergräser. Aber die Sauergrasstreue, die sog. Spaltstreue, befriedigt nicht in jeder Weise. Sie ist etwas schmutzig und außerdem saugt sie nicht besonders gut auf. Am besten in der Qualität ist die Besenriedstreue. Sie ist nicht zu hart, sie saugt gut auf, sie ist nicht schmutzig und sie liefert einen gut verrottenden Mist. Allerdings sind, absolut genommen, die Erträge nicht allzu hoch, etwa nur 60—80 dz/ha, relativ, d. h. im Verhältnis zu den ungünstigen Wachstumsbedingungen aber doch recht beträchtlich. Überdies versucht Paul, München, durch Herauszüchtung einer besonders wüchsigen Form auch diesen letzten Mangel des Besenrieds zu beseitigen. Zur Anlage von Streuewiesen kommt das Besenried im allgemeinen allein in Betracht. Nur von ihm sind, abgesehen vom Rohrglanzgras, Samen im Handel. Bei den übrigen Streuepflanzen ist man auf die langwierige und kostspielige Vermehrung durch Stecklinge angewiesen.

Abgesehen von der Rohrglanzgraswiese dürfen alle anderen Streuewiesen nur einmal im Jahr geschnitten werden, und zwar Ende September, Anfang Oktober. Bei zweimaligem Schnitt gehen sie in Futterwiesen über. Auch die Düngung darf nicht allzu kräftig sein, weil sich sonst leicht streueuntaugliche Gräser einstellen, so vor allem die Gemeine Rispe.

Streuewiesen sind in Deutschland nicht sehr häufig. Sie wurden hier aber trotzdem etwas eingehender behandelt, weil sie in Zukunft evtl. doch noch zu einer größeren Bedeutung kommen können. Vielleicht läßt sich in den stroharmen Gegenden mit Waldstreuenutzung durch Anlage von Streuewiesen hier und da die dem Wald so außerordentlich abträgliche Streueentnahme einschränken.

7. Die Pflanzenbestände der Bewässerungswiesen

Die Bewässerungswiesen machen nur etwa 7—8 % der gesamten Wiesen aus. Ihre Bedeutung ist also nicht allzu groß. Neue werden kaum noch angelegt. Vor dem Aufkommen der künstlichen Düngung war das ganz anders. Da bot die Bewässerung die einzige Möglichkeit, gute Wiesen zu schaffen. Heute aber tut man besser, nasse arme Flächen zu entwässern und dann durch Düngung gute Wiesen daraus entstehen zu lassen. Es kommt hinzu, daß heute bereits die günstigsten Bewässerungsmöglichkeiten ausgenutzt sind. Das Wasser, das von den Mittelgebirgen herunterkommt, wird meistens schon richtig verwertet. Nur bei der Verwertung der Abwässer werden heute noch neue Bewässerungswiesen in größerem Maßstabe geschaffen. Viel wichtiger als die Bewässerung ist heute im allgemeinen der Einbau von Stauen in die Entwässerungsanlagen, um ein zu weitgehendes Absacken des Grundwassers zu verhindern. Nichts lohnt sich im allgemeinen so sehr wie diese Maßnahme. Es klingt zwar zunächst überzeugend, ist aber trotzdem falsch, daß die Staue in den Jahren versagten, in welchen sie von Bedeutung sein sollten, nämlich in den trockenen Jahren. Sogar auf den Hochmoorwiesen, denen ja im allgemeinen kein fremdes Wasser zur Verfügung steht, sondern nur die mm Regen, die auf die entsprechende Fläche herunterfallen, kann man durch rechtzeitiges Stauen im Frühjahr sehr viel erreichen. Auf anderen Wiesen mit einem unterirdischen Wasserzusammenhang und -zufluß aus fremden Gebieten ist das natürlich in noch viel stärkerem Maße der Fall.

Über die Pflanzenbestände der Bewässerungswiesen ist nicht viel Besonderes zu sagen. Alle Obergräser vertragen die Bewässerung und treten je nach den Wassermengen, die zugeführt werden, hervor, ähnlich wie wir es schon von den gewöhnlichen Wiesen her kennen. Von den Untergräsern vermögen besonders die beiden Rispengräser: Wiesenrispe und Gemeine Rispe, die Bewässerung auszunutzen. Im allgemeinen pflegen aber diese Untergräser gegenüber den Obergräsern auf den Bewässerungswiesen noch mehr in den Hintergrund zu treten als auf den gewöhnlichen Wiesen. Auf geringere Anteile werden schließlich auch die Kleearten zurückgedrängt. Erinnert sei ebenfalls noch daran, daß auf den Jauchewiesen die Quecke (*tríticum répens*) und auf den Abwässerwiesen auch das kurzlebige und deshalb jedes Jahr nachzusäende Welsche Weidelgras (*lólium itálicum*) evtl. eine Rolle spielen.

B. Die Saatmischungen für Dauerwiesen

Das vorangegangene Kapitel über die natürlichen Pflanzenbestände der Wiesen bildet die wichtigste Grundlage für diesen Abschnitt über die geeigneten Samengemische. Es sind nämlich jeweilig die Gräser und Kleearten anzusäen, die in der betreffenden Feuchtigkeitslage auf guten Wiesen vorkommen. Die Untersuchungen guter Dauerwiesen ähnlicher Feuchtigkeitslage geben die besten Anhaltspunkte für die Wiesensaat ab. Dieser eigentlich selbstverständliche Grundsatz ist nicht etwa alt. Erst C. A. Weber hat ihm zur allgemeinen Anerkennung verholfen. Vorher war es üblich, die sog. guten Gräser und Kleearten wahllos unter allen Verhältnissen anzusäen. Dann, als das mißglückte, versuchte man es mit sehr vielen Gräsern und Kleearten. Man schmeichelte sich mit sog. Sicherheitsmischungen, die man aber mit Recht besser Verlegenheitsmischungen genannt hat. Erst seit C. A. Weber beschränkt man sich in jeder Lage auf die guten Gräser und Kleearten, die dort unter ähnlichen Verhältnissen auf gutem Grünland gefunden werden. Das sind, wie wir wissen, nur sehr wenige, von denen noch dazu einige ausscheiden, weil Samen davon nicht im Handel sind. An Obergräsern kommt in der nassen Lage nur das Rohrglanzgras in Betracht, vom Hohen Mannagrase sind Samen nicht zu beschaffen. In der feuchten Lage sind es Wiesenfuchsschwanz und Wiesenschwingel, daneben wird allerdings auch noch das Wiesenlieschgras regelmäßig mit angesät, obwohl es kein ausdauerndes Gras ist und auf Dauerwiesen nur selten gefunden wird. Aber es vermehrt die Erträge in den ersten Jahren, wenn die ausdauernden Gräser noch nicht in der vollen Entwicklung sind. In der frischen Lage sind nur Glatthafer und Knaulgras von allgemeiner Wichtigkeit und nur gelegentlich außerdem noch die Wehrlose Trespe. Die Auswahl unter den Untergräsern ist auch nicht viel größer. In der nassen Lage sind es das Fioringras und die Gemeine Rispe und allenfalls noch die Fruchtbare Rispe und der Rotschwingel. In der feuchten Lage etwa dieselben ußer der Fruchtbaren Rispe und in der frischen und der frischfeuchten aage fast ausschließlich die Wiesenrispe und daneben nur etwas der Rotschwingel und evtl. einmal auf schweren Böden das Deutsche Weidelgras. Unter Sonderverhältnissen können allerdings außerdem noch Goldhafer und Kammgras wichtig werden. Ganz gering ist schließlich die Zahl der zu verwendenden Kleearten. Eigentlich kommen nur die Schotenkleearten in Betracht, der Sumpfschotenklee in der nassen und feuchten Lage und der Hornschotenklee im Frischfeuchten und Frischen. Von den beiden sehr wertvollen Platterbsen, der Wiesenplatterbse und der Sumpfplatterbse, sind Samen leider nicht im Handel und von den Wicken nur gelegentlich von der Vogelwicke. Von Rotklee und Bastardklee sind dagegen nur die für den Feldfutterbau geeigneten kurzlebigen Sorten zu beschaffen, nicht aber die längerlebigen, die allein für die Wiese auf die Dauer geeignet sind. Allerdings sät man trotzdem gern einige Mengen als sog. Füller mit ein, um auch in den ersten Jahren einen guten Ertrag zu haben. Oftmals wird aber darauf verzichtet, weil sie die längerausdauernden Gräser und Kleearten leicht verdrängen, jedenfalls darf man nur sehr geringe Mengen einstellen

Erste Voraussetzung für die richtige Wahl des Samengemisches für Dauerwiesen ist also die Kenntnis der natürlichen Pflanzenbestände der Wiesen, also die Kenntnis des vorangegangenen Kapitels. Fehlt man hier, dann ist alles verloren. Dann entstehen zwangsläufig, wie namentlich C. A. Weber immer wieder betont hat, die sogenannten Hungerjahre. Die nicht standortsgemäßen Gräser und Kleearten halten sich wohl ein oder zwei Jahre, gehen dann aber zurück, die Hungerjahre sind da, erst allmählich stellen sich die standortsgemäßen Gräser und Kleearten von selbst ein. Gewiß ist das nicht der einzige Grund für das Auftreten der Hungerjahre, wie wir im nächsten Kapitel über den Umbruch noch sehen werden, aber doch ein sehr häufiger und wichtiger.

Viel leichter als die Wahl der passenden Gräser und Kleearten ist die richtige Mengenbemessung. Hier liegen lange Erfahrungen vor, auf die man ohne weiteres zurückgreifen kann, während man bei der Wahl der passenden Gräser und Kleearten vollkommen auf sich selbst angewiesen ist.

Am bekanntesten sind die Aussaatnormen von Stebler. Stebler hat für jedes Gras und für jede Kleeart eines bestimmten Gebrauchswertes die Aussaatmengen festgestellt und festgelegt, die bei der Reinsaat angewendet werden müssen und gibt ferner für die Ansaat zusammen mit anderen die nötigen Richtlinien. Man muß sich nach Stebler zunächst darüber klar werden, wieviel Flächenanteil man jedem anzusäenden Gras und jeder anzusäenden Kleeart zubilligt, dann die entsprechende Reinsaatmenge berechnen und zu dieser anteiligen Reinsaatmenge bei der Ansaat von mehreren Gräsern zusammen wegen der Konkurrenz, die sie sich machen, bis zu 50 oder sogar 100% zuschlagen. Ich halte von allen diesen Berechnungen nur sehr wenig. Daß keine genauen Vorschriften gegeben sind, wann 50 und wann 100% zugeschlagen werden sollen, dürfte schon bedenklich stimmen. Wieviel in Wirklichkeit auszusäen ist, lehrt viel besser die Praxis. Ihr verdanken wir auch alle Fortschritte, die bei der Ansaat gemacht worden sind. So, um nur ein wichtiges Beispiel zu nennen, daß man zur Erzeugung von Rohrglanzgraswiesen nur einige Pfund je Morgen des teuren Rohrglanzgrassamens der Mischung zuzusetzen braucht. Sind die Vorbedingungen für eine Rohrglanzgraswiese gegeben, so setzt es sich in einigen Jahren durch, und ähnlich setzen sich auch noch andere Gräser durch, während wieder andere zurückgehen. Wie berechnet man übrigens den Flächenanteil, auch darüber schweigt man sich aus. Unmöglich ist es natürlich, von der Flächenbedeckung auszugehen, die erreicht werden soll. Einige oder auch sehr viele oder sogar die meisten ausdauernden Wiesenpflanzen entwickeln sich langsam. Und man muß deshalb schon Füller hinzutun, die umgekehrt in den ersten Jahren hohe Erträge bringen und nachher zurückgehen. Diese Hinzusetzung von Füllern ist zwar in den letzten Jahren verpönt, aber doch nur scheinbar. Denn mir ist noch keine Anweisung bekannt geworden, die nicht den Timothe stark miteinsetzt, obwohl er nach einigen Jahren zurückgeht und auf einer richtigen Dauerwiese kaum einmal gefunden wird. Sehr eifrige Bekämpfer der Füllpflanzen setzen ihn sogar mit 20% ein. Wir dagegen bleiben lieber bei der alten Methode und nehmen etwas weniger Timothe und dafür noch immer nach wie vor etwas Welsches Weidelgras und etwas Bastard- bzw. Rotklee.

Wir bringen also im folgenden Saatmischungen, die sich in der Praxis ergeben und bewährt haben, ohne uns viel auf Berechnungen einzulassen. Sie ähneln denen, die C. A. Weber auf Grund einer langen Erfahrung herausgestellt hat. Als Faustregel kann man sich merken, daß bei einer durchschnittlichen Aussaatstärke von 45 kg/ha etwa 25 kg Obergräser, 10 kg Untergräser und 10 kg Füller und Kleearten in jeder Feuchtigkeitslage auszusäen sind.

Zum Überfluß bringen wir in der Tabelle auch noch die Reinsaatmengen von Stebler, hauptsächlich um ein leichtes Auswechseln verschieden teurer, aber gleichgeeigneter Gräser zu ermöglichen. Wer es nicht lassen kann, möge sich mit Hilfe dieser Angaben die jeweiligen Aussaatmengen berechnen. Als Flächenanteile dürften angemessen sein: für Füller und Kleearten 25—30%, für Obergräser 40—45% und für Untergräser 30%. Die Reinsaatmengen Steblers sind auf den tatsächlichen Gebrauchswert umzurechnen, um 100% zu erhöhen und dann den Flächenprozenten, die man den einzelnen Gräsern und Kleearten zugedacht hat, entsprechend zu wählen.

Die in der ersten Auflage erwähnten Versuche, die Saatmengenberechnungen dadurch auf eine festere Grundlage zu stellen, daß man von dem

Pflanzenart	Reinsaatmenge 100 %igen Saatguts in kg/ha	Der heute bei der Saatanerkennung geforderte Mindestgebrauchswert R × K = G		
		Reinheit	Keimfähigkeit	Gebrauchswert
1. Füller				
Timothe, Wiesenlieschgras ... (*phléum praténse*)	16,70	98	92	90
Welsches Weidelgras (Italienisches Raygras) .... (*lólium itálicum*)	36,50	97	92	89
Bastardklee, Schwedenklee ... (*trifólium hýbridum*)	10,90	96	90	86,4
Rotklee .... (*trifólium praténse*)	20,25	96	90	86,4
2. Obergräser				
Rohrglanzgras, Militz .... (*phálaris arúndinácea*)	15,75	96	85	81,6
Wiesenfuchsschwanz .... (*álopecúrus praténsis*)	14	80	75	60
Wiesenschwingel .... (*festúca praténsis*)	36,20	96	92	88,32
Glatthafer (Französisches Raygras) .... (*avéna elátior*)	29,40	90	80	72
Knaulgras .... (*dáctylis glómeráta*)	22,80	94	90	84,6
3. Untergräser				
Fioringras, Weißes Straußgras (*agróstis álba*)	12,25	90	90	81
Gemeine Rispe .... (*póa triviális*)	13,80	92	90	82,8
Rotschwingel .... (*festúca rúbra*)	17,30	95	90	85,5
Wiesenrispe .... (*póa praténsis*)	13,80	94	90	84,6
Goldhafer .... (*avéna flavéscens*)	7	80	75	60
Kammgras .... (*cynosúrus cristátus*)	19,60	96	90	85,4
Deutsches Weidelgras .... (*lólium perénne*)	38,0	97	92	89
4. Kleearten				
Sumpfschotenklee .... (*lótus úliginósus*)	8,80	95	90	85,5
Hornschotenklee .... (*lótus córniculátus*)	12,40	96	90	86,4
Weißklee .... (*trifólium répens*)	10,80	96	90	86,4
Zusammen:				

für Dauerwiesen

1 g Samen enthält Körner Stück	Tausendkorngewicht g	Preis in DM je kg	Auszusäende Saatmenge in kg/ha (bei normalem Gebrauchswert) in der nassen Lage	in der feuchten Lage	in der frischfeuchten Lage	in der frischen Lage
2703	0,37		4	4	4	4
500	2		2	2	2	2
1471	0,67		2	2	—	—
588	1,70		—	—	2	2
1333	0,75		5	—	—	—
1250	0,80		5	5	—	—
500	2		15	20	15	—
333	3		—	—	5	15
1000	1		—	—	5	10
12500	0,08		6	4	—	—
4348	0,23		4	2	—	—
1000	1		—	2	2	2
4348	0,23		—	2	8	8
2857	0,35		—	—	—	—
2222	0,45		—	—	—	—
500	2		—	—	—	—
1852	0,54		2	2	—	—
901	1,11		—	—	2	2
1515	0,66		—	—	—	—
			45	45	45	45

Standraumbedarf je keimfähiges Korn ausging, übergehen wir jetzt. Diese Methode hat sich, wie wir schon damals voraussagten, noch weniger bewährt als das schon vorhandene Berechnungsverfahren über die Flächenprozente und die Reinsaatmengen.

Die Ansaattabelle ist sehr einfach gehalten, um nicht zu verwirren. Sie ist lediglich auf die verschiedenen Feuchtigkeitslagen abgestellt. Über kleine Abänderungen, die durch Besonderheiten des Bodens und des Klimas bedingt sind, sei hier das Notwendigste hinzugefügt.

Manchmal wird vorgeschlagen, in der feuchten Lage besonders viel Wiesenfuchsschwanz und in der frischen Lage besonders viel Knaulgras in die Mischung aufzunehmen, um recht frühschnittige Wiesen zu erzielen. Das ist aber kaum nötig. Wenn die Verhältnisse für das kräftige Gedeihen dieser beiden Gräser wirklich gegeben sind, dann breiten sie sich auch bei den von uns vorgesehenen Saatmengen bald bis zu Reinbeständen aus, ähnlich wie es vom Rohrglanzgras in der nassen Lage bekannt ist.

Viel wichtiger ist, daß man den Glatthafer in den rauhen Lagen, also vor allem in den höheren Mittelgebirgen und auch auf frostgefährdeten Moorböden weitgehend durch Knaulgras und teilweise auch durch Goldhafer ersetzt. Stärker heranzuziehen als angegeben ist das Knaulgras aber vor allem bei der Ansaat besonders trockener Wiesen. Von allen wertvollen Gräsern hält das Knaulgras die Trockenheit bei weitem am besten aus, mit Ausnahme vielleicht der Wehrlosen Trespe, die aber im Gegensatz zum Knaulgras in der Saat sehr teuer kommt, was gerade auf den trockeneren Flächen geringerer Ertragsfähigkeit untragbar ist. Richtig kann es dagegen sein, die Wehrlose Trespe mit einigen Pfunden je Morgen auf allen zum Austrocknen neigenden Böden mitheranzuziehen.

Auf Hochmoorböden, Mittelgebirgsböden und anderen von Natur aus armen Böden kann es richtig sein, wenn man die Böden nicht in bester Kraft halten kann, das verhältnismäßig anspruchslose Kammgras mitanzusäen. Auf schweren Böden kommt eventuell als Untergras das Deutsche Weidelgras in Frage. Welche Saatmengen beim Austausch einander gleichwertig sind, erkennt man am besten an den in der Aussaattabelle mit angeführten Reinsaatmengen.

Wer befürchtet, daß Rot- und Bastardklee die Dauerwiesenpflanzen unterdrücken, kann statt dessen entsprechende Mengen Weißklee aufnehmen. Der Weißklee unterdrückt nicht und geht nach einigen Jahren auf guten, hochwüchsigen, zweischnittigen Wiesen zurück. Richtiger dürfte es aber sein, nur den sehr anfälligen Rotklee zu ersetzen, nicht dagegen den in jeder Beziehung harten Bastardklee.

Unbedingt falsch ist es, bei der Aussaat dadurch sparen zu wollen, daß man die Aussaatmenge geringer wählt als angegeben. 40 kg/ha ist schon knapp gerechnet, reichlich ist etwa 50 kg/ha. Unter allen Umständen muß schon bald nach der Aussaat ein geschlossener Rasen erreicht werden.

Falsch ist es weiter, bei der Aussaat dadurch sparen zu wollen, daß man die billigeren ausländischen Handelssaaten wählt. Es sind unbedingt die bodenständigen Sämereien deutscher Herkunft garantierter Reinheit und Keimfähigkeit zu kaufen. Es brauchen das nicht unbedingt Zuchtsorten zu sein, wenn diese auch manchmal den Vorzug verdienen, wie bei der

Beschreibung der einzelnen Gräser näher ausgeführt ist; auch bodenständige Landsorten sind oft brauchbar und nicht selten den Zuchtsorten noch überlegen.

Sparen kann man dagegen oft dadurch, daß man die besonders teueren Gräser gegen ebenso geeignete aber billigere austauscht. Es gibt ja in jeder Feuchtigkeitslage mehrere bestgeeignete Ober- und Untergräser, die zwar nicht vollständig, aber doch weitgehend austauschbar sind.

C. Wiesenumbruch und Wiesenansaat

Man kann alle minderwertigen Wiesen und Weiden, sofern die Wasserverhältnisse geregelt sind, auch ohne Umbruch in hochwertiges Grünland umwandeln. Je nach Boden und Pflanzenbestand genügen dabei entweder schon die gewöhnlichen Düngungs- und Pflegemaßnahmen, oder es bedarf dazu einer besonders forcierten und geleiteten Düngung und Pflege, oder es müssen außerdem noch besondere Maßnahmen zusätzlich angewandt werden; sei es, daß man die besseren Gräser nachsät oder die minderwertigen Pflanzen auszieht, aushackt oder verätzt. Je nach Boden und Pflanzenbestand ist zudem der Erfolg ein wechselnder; hier schnell und sicher und dort langsam und unsicher. Schließlich stehen auch die Hilfsmittel, die bei der Verbesserung des Grünlandes ohne Umbruch eingesetzt werden müssen, bald überhaupt nicht, bald aber wohlfeil zur Verfügung. Ebenso unterschiedlich in der Wirkung und in den Kosten ist auch der Umbruch. Zudem wechselt das Ziel, daß man sich bei der Grünlandverbesserung zu stecken hat je nach der Verwertbarkeit des Futters; bei bester Verwertungsmöglichkeit erstrebt man schnelle Erfolge, auch wenn sie teuer erkauft werden müssen, wo das Futter dagegen nicht so hoch verwertet werden kann, begnügt man sich mit einer weniger kostspieligen langsamen Verbesserung der Futterverhältnisse. Es bedarf also einer sehr eingehenden Prüfung des Bodens, der Pflanzenbestände, der zur Verfügung stehenden Hilfsmittel und der Verwertungsmöglichkeiten, um entscheiden zu können, ob das Grünland mit oder ohne Umbruch zu verbessern ist. Bei der Behandlung der einzelnen Wiesentypen, der einzelnen Wiesenpflanzen, sowie der Wiesendüngung und -pflege finden sich die meisten bodenkundlichen und pflanzlichen Daten, die es bei der Entscheidung zu berücksichtigen gilt. Sie sollen hier nicht wiederholt werden. Wohl aber seien die Fälle herausgestellt, in denen die natürlichen Verhältnisse so gelagert sind, daß die eine Methode der anderen so überlegen ist, daß sie praktisch allein in Frage kommt.

Der Umbruch scheidet überall dort aus, wo der Boden wegen Hängigkeit, wegen Steinigkeit, wegen Überschwemmungsgefahr oder auch aus anderen Gründen nicht ackerbar ist. Schwierigkeiten beim Umbruch macht vor allem auch der Übergangsmoorboden. Aber nicht nur diese Bodeneigentümlichkeiten, auch Mängel des Pflanzenbestandes können gegen den Umbruch sprechen. So ist der Umbruch unwirksam gegen eins der schlimmsten Grünlandunkräuter, gegen den giftigen Sumpfschachtelhalm. Hier muß man ohne Umbruch zum Ziele zu kommen versuchen.

Umgekehrt hilft gegen einige andere Unkräuter nur der Umbruch. Zu diesen Unkräutern, die bei stärkerem Auftreten nicht durch die Pflege und Düngungsmaßnahmen zu bekämpfen sind und gegen die auch zusätzliche Maßnahmen wenig ausrichten, die aber durch den Umbruch mit nachfolgender Beackerung beseitigt werden, gehören aber nur die Rasenschmiele und die Horstbinsen. Die Doldenblütler, Bärenklaue und Wiesenkerbel, kann man, auch wenn sie noch so stark auftreten, schnell durch Beweiden und langsamer durch sachgemäßes Walzen zurückdrängen, und gegen die Herbstzeitlose gibt es verschiedene einfache zusätzliche Maßnahmen, wie dort des näheren ausgeführt worden ist.

Umbrechen wird man meist auch immer die nassen Wiesen, wenn sie nach der Entwässerung in gutfeuchte umgewandelt werden sollen. Zwar verschwinden die hohen Sauergräser, die vorher auf den nassen Flächen wuchsen, bei normaler Wiesenkultur bald von selbst. Sie speichern sehr spät im Jahr und können, wie wir von den Streuewiesen, wo sie kultiviert werden, wissen, das frühe und mehrmalige Schneiden, das die Wiesenkultur mit sich bringt, nicht vertragen. Aber oft sind zwischen den Sauergräsern zu wenig gute Gräser eingesprengt, die sich bei guter Pflege und Düngung ausbreiten könnten. Sie müßten dann erst nachgesät werden, wodurch die Umwandlung ohne Umbruch nicht nur verteuert, sondern auch verzögert würde. Auch sind die früher nassen Böden meist so verwahrlost, so keimarm und luftarm und insbesondere, wenn sie mit Bültseggen bestanden waren, auch so uneben, daß man sie auch zur Behebung dieser Bodenmängel besser umbricht, wie man ja auch bei der Ödlandkultur aus diesem Grunde meist umbrechen muß. Allerdings gibt es sogar Ödlandbestände, und zwar Heidelandbestände, wie beispielsweise die Glockenheidebestände, bei denen man ohne Umbruch besser zum Ziele kommt.

Nur in diesen soeben skizzierten Fällen ist die Entscheidung, ob die Wiesen mit oder ohne Umbruch zu verbessern sind, leicht. Meistens bedarf es einer eingehenden Prüfung, welcher der beiden Wege im Einzelfalle beschritten werden muß.

Gewöhnlich wird der Umbruch im Herbst durchgeführt. Das Grünland wird anschließend mehrere, meist zwei Jahre, ackerbaulich genutzt, das erste Jahr mit Hafer, das zweite Jahr mit Kartoffeln bestellt und im Frühjahr des dritten Jahres mit oder ohne Überfrucht angesät. Diese mehrjährige ackerbauliche Zwischennutzung ist auch wohl notwendig, wenn der Umbruch wegen des Besatzes mit Rasenschmiele und Horstbinsen vorgenommen wurde. Diese zählebigen Unkräuter verschwinden erst bei mehrjährigem Ackerbau. Es wird aber meist vergessen, daß diese ackerbauliche Zwischennutzung ein Raubbau ist, ein Raubbau am Humus des Wiesenbodens. Man freut sich, daß man während der Ackerjahre weder mit Stallmist noch mit Stickstoff zu düngen braucht, vergißt aber, die unterlassene Stallmist- und Stickstoffdüngung bei der Wiederauslegung in Grasland nachzuholen. Das ist um so gefährlicher, als der Ackerbau die Kleinlebewelt des Wiesenbodens so zurückgedrängt hat, daß diese sich erst allmählich wieder einfindet und die Stickstoffvorräte des Bodens mobil macht. Die Hungerjahre sind dann die unausbleibliche Folge. Nicht nur die fälschlicherweise mit angesäten standortsfremden und kurzlebigen Gräser lassen nach einigen Jahren im Ertrage nach, sondern auch alle besseren anspruchsvolleren, an sich sonst standortsgemäßen Gräser gehen bald zurück. Besonders stark ist der Ertragsrückgang bei den Obergräsern, weil sie nach dem Setzen des Wiesenbodens auf die untätige obere Bodenschicht angewiesen sind, während sie nach der Ansaat zunächst in dem durch den Ackerbau gelockerten Boden auch tiefere Schichten ausnutzen konnten.

Anzuraten ist dieser mehrjährige Ackerbau auch nur auf Böden, die nicht zu feucht sind. Bei dem Umbruch zur Wiederansaat wird es sich aber oft um feuchte Flächen handeln, auf denen die Kartoffel in nassen Jahren versagt. Nicht ganz so gefährdet ist der Hafer. Aber meist ist auch er nicht am Platze. Er ist als Erstfrucht nach dem Umbruch nur deshalb so beliebt, weil er auch auf rohen Böden gut gedeiht und roher Boden beim Pflügen des Grünlandes leicht an die Oberfläche gebracht wird. Er leidet aber oft stark unter Drahtwurmbefall, auch liefert er keinen Ersatz für das durch den Umbruch ausfallende Futter. Die Ansaat eines Futtergemenges wäre also oft vorzuziehen, das zudem größere Feuchtigkeit besser verträgt.

In der Praxis ist denn auch namentlich auf nicht eigentlich ackerfähigem Grünlande eine andere Methode sehr gebräuchlich. Die Wiese wird im Herbst umgepflügt und im nächsten Frühjahr mit Wickfuttergemenge bestellt. Nach der Aberntung als Grünfutter wird die Dauerwiesenansaat vorgenommen. Das Wickgemenge hinterläßt den Boden in allerbester Gare. Es schont die Stickstoffvorräte des Bodens, wächst noch auf den eigentlichen Wiesenböden, so daß diese Methode auch in der Theorie die Beachtung verdiente, die sie in der Praxis seit jeher gefunden hat.

Größte Beachtung verdient schließlich noch eine dritte Methode, die O. Wehsarg neuerdings vorgeschlagen hat und die in der Praxis mit Recht bereits weitgehend eingeführt wurde. Es ist das der Umbruch nach dem ersten Schnitt und die anschließende Auslegung in Dauergrünland noch im selben Jahre etwa 6 Wochen nach dem Umbruch. In Anbetracht der großen Bedeutung soll diese Methode abschließend genauer geschildert werden.

Der Umbruch nach dem ersten Schnitt mit etwa 6 Wochen darauf erfolgender Wiederauslegung zur Wiese hat den Vorteil, daß Hungerjahre kaum noch entstehen, da die Stickstoffvorräte des Bodens durch eine ackerbauliche Nutzung nicht angegriffen und die Kleinlebewesen des Wiesenbodens nicht beeinträchtigt werden.

Die Wehsargsche Methode hat den weiteren Vorzug, daß sie, da der Umbruch im Sommer zur Zeit des niedrigsten Grundwasserstandes geschieht, auch auf den feuchten, eigentlich nicht ackerbaren Wiesen durchgeführt werden kann.

Vor allem sind aber die ausdauernden Unkräuter, die durch den Umbruch vertilgt werden sollen, um diese Zeit herum am anfälligsten. Sie haben sich beim Treiben von Blättern und Stengeln unterirdisch weitgehend erschöpft und vergehen schnell bei der starken Bodentätigkeit, die im Sommer auf diesen umgebrochenen Wiesenböden herrscht, noch dazu, wenn mit einer kleinen Stallmistdüngung nachgeholfen wird.

Schließlich hat auch die sich bei dieser neuen Methode ergebende Neuansaat im Herbst vor der im Frühjahr viel voraus. Im Frühjahr verunkrauten die neuangesäten Dauerwiesenbestände sehr leicht mit den Sommerunkräutern, namentlich mit der Miere (*stellária média*) und den Knöterich-Arten (*polýgonum*-Arten). Diese Ackerunkräuter treten bisweilen so stark auf, daß sie die Neuansaat gefährden, wenn man nicht dauernd schröpft,

d. h. mit der Sense oder dem Grasmäher hoch abmäht. Bei der Ansaat im Herbst treten Ackerunkräuter dagegen kaum auf. Die meisten Ackerunkräuter keimen zu dieser Zeit nicht oder doch weniger häufig.

Der Umbruch muß natürlich zu dieser Zeit genau so sorgfältig durchgeführt werden, wie es bisher üblich war. Man kann dazu keinen gewöhnlichen Pflug verwenden, sondern braucht unbedingt einen besonderen Wiesenpflug, der die Erdbalken wirklich um 180° umlegt, so daß nichts Grünes mehr zu sehen ist. Auf den Pflug folgt die schwere Wiesenwalze und auf die Walze, wenn es geht, die Telleregge. Dabei muß unbedingt darauf geachtet werden, daß die Rasensoden nicht wieder herausgerissen werden, es darf also nicht quer zu den Pflugfurchen getellert werden, sondern nur schräg dazu. Auf die Telleregge folgt die Pferdeegge, dann wird Dünger gestreut, der Dünger eingeeggt und dann wird mit einer Ackerwalze angewalzt. In diesem Zustande läßt man den Boden einige Wochen liegen. Dann wird die Ansaat vorgenommen, die unbedingt vor dem 1. September ausgeführt sein muß. Der Boden wird mit einer leichten Saategge aufgeeggt, das passende Samengemisch breitwürfig eingesät und mit einer Ackerwalze eingewalzt. Es muß unbedingt darauf geachtet werden, daß die Samen nicht allzu tief kommen. Wir dürfen hier bei der Dauerwiesenansaat keineswegs so tief säen, wie wir es vom Feldgrasbau her gewohnt sind. Wir haben es hier nämlich nicht wie dort mit großkörnigem Samen, sondern mit sehr kleinkörnigem Saatgut zu tun, das am liebsten bei Lichtzutritt keimt und schon bei einer 1 cm tiefen Bodenbedeckung umkommt. Das hat namentlich Feldt durch schöne Versuche demonstriert. Um ein zu tiefes Unterbringen des Saatgutes zu vermeiden, schlägt Feldt sogar vor, auf den nichtgewalzten Mineralböden das Aufeggen vor der Saat zu unterlassen. Man walzt dort am besten nur mit der Ringelwalze, sät dann ein und drückt mit der Glattwalze fest.

Die Breitsaat kann von Hand erfolgen. Dann muß der Same mit etwa der vierfachen Sandmenge vermischt und über Kreuz in zwei Arbeitsgängen ausgesät werden. Eine sehr gleichmäßige Verteilung kann man aber auch vermittels der gewöhnlichen Drillmaschine erreichen. Nur muß man nicht nur die Schare abnehmen und die Tüten feststellen, wie gewöhnlich empfohlen wird, sondern außer den Scharen auch die Tüten abnehmen und stattdessen einen Fuß unter dem Samenauslauf eine glatte runde Holzstange fest anbringen, auf die die Samen aufspringen. Die Verteilung läßt dann nichts zu wünschen übrig.

Allgemein ist man sich darüber einig, daß bei Dauerwiesenansaaten nur die Reinsaat ohne Überfrucht in Frage kommt. Die Überfrucht würde die Dauerwiesenpflanzen zu leicht unterdrücken. Nur bei der Ansaat im Frühjahr empfiehlt Kannenberg gelegentlich auf sehr unkrautwüchsigen Moorböden doch eine Überfrucht, aber dann eine wenigschattende dünngedrillte (50 kg/ha Sommerroggen). Meist ist es aber besser, statt imFrühjahr erst im Sommer einzusäen, dann bestehen die Gefahren vom Unkraut her nicht. Die Herbstsaat ist im übrigen auch das Natürliche. Die natürliche Keimzeit der Wiesenpflanzen ist der Herbst.

Mit dem sachgemäßen Wiesenumbruch und der sachgemäßen Wiesenansaat ist es aber nun immer noch nicht getan. Nach der Saat muß eine sorgfältige Pflege einsetzen. Bei früher Ansaat muß man häufig schröpfen, um das Überwuchern der Sommerunkräuter zu verhindern, ganz allgemein ist ein häufiges Walzen zu empfehlen, das den Rasen besonders schnell schließen hilft.

Bei Frühjahrsansaaten kann man im Herbst noch einen guten Schnitt nehmen, bei Herbstansaaten dagegen nicht. Hier tut man am besten, die junge Saat im Herbst sehr vorsichtig mit Jungvieh zu überhüten. Auch Schafe kann man evtl. darüber treiben, man muß dann nur besonders aufpassen, daß sie nicht zu tief abbeißen. Das Schaf hat ja bekanntlich eine goldene Klaue, aber ein giftiges Maul.

Wiesenumbruch und Wiesenansaat sind stets mit Schwierigkeiten verbunden. Mit Recht ist auch der tüchtigste Praktiker sehr stolz, wenn ihm die Neuansamung der Wiese wirklich voll gelungen ist. Auch ist eine Wiesenansaat meist sehr teuer. Zu den zusätzlichen Arbeitskosten kommen die beträchtlichen Ausgaben für Sämereien, und dann noch die zusätzliche Stickstoffdüngung.

D. Wiesendüngung und Wiesenpflege

Die Kaliphosphatdüngung steht bei der Wiesendüngung im allgemeinen obenan. Durch nichts haben sich die Wiesenerträge so gehoben wie durch die Kaliphosphatdüngung. Durch nichts ist soviel Ödland in Kulturland umgewandelt worden wie durch sie. Besonders deutlich hat sich diese starke Überlegenheit der Kaliphosphatdüngung auf Wiesen bei den Wiesendüngungsversuchen gezeigt, die die D.L.G. in allen Teilen Deutschlands viele Jahre hindurch angestellt hat. Kali und Phosphorsäure brachten in diesen Versuchen auf Wiesen etwa drei- bis viermal soviel Heu wie auf dem Acker Getreidekörner, während Stickstoff nur doppelt soviel Heu brachte (nach Nolte 1 kg N = 15 kg Körner oder 30 kg Heu; hingegen 1 kg K_2O + 1 kg P_2O_5 = 7,5 (2,5 + 5) kg Körner oder 25 kg Heu). Diese besondere Wirksamkeit ist leicht erklärlich. Bei den Wiesen haben wir es sehr häufig mit Moorböden, anmoorigen Böden und humosen Sandböden zu tun, die alle von Natur nicht nur arm, sondern fast frei von Kali und Phosphorsäure sind, während die anderen Wachstumsfaktoren meist nicht ungünstig liegen. Besonders günstig liegen gewöhnlich die Wasserverhältnisse. Auf zu nassen Wiesen wird eben nicht gedüngt. Aber auch Stickstoff ist jedenfalls häufiger, nämlich auf den gut zersetzten Niederungsmooren, reichlich vorhanden. Und bei anderen weniger moorigen, nur anmoorigen oder humosen Böden stellen sich bei Kaliphosphatdüngung meist Kleearten reichlich ein, so daß sich hier trotz der von Natur nicht ausreichenden Stickstoffversorgung doch die alleinige Kaliphosphatdüngung schon sehr lohnt.

Bei den vielen Wiesendüngungsversuchen, die seit Aufkommen der Kaliphosphatdüngung in den achtziger Jahren des neunzehnten Jahrhunderts angestellt worden sind, hat sich herausgestellt, daß man auf denjenigen Wiesen, die von Natur aus kali- und phosphorsäurearm sind, richtig düngt, wenn man eine Ersatzdüngung gibt. Nur im Anfang bei der Inkulturnahme sind als erstmalige Düngungsgaben etwa doppelte Mengen notwendig. 60 dz/ha Heu entziehen aber, wie Paul Wagner schon feststellte, dem Boden etwa 120 kg K_2O/ha und 42 kg P_2O_5/ha. Diese Mengen sind enthalten in 3 dz 40%igem Kali und $2^1/_2$ dz Thomasmehl. Da man Thomasmehl gern etwas reichlicher gibt, um die Güte des Heus zu verbessern, so ist demgemäß 3 dz/ha 40%iges Kali und 3 dz/ha Thomasmehl die richtige Düngung auf Wiesen normaler Ertragsfähigkeit. Bei hohen Wiesenerträgen (etwa 80 dz/ha) erhöht sich die Ersatzdüngung auf etwa 4 dz/ha 40%iges Kali und 4 dz/ha Thomasmehl und bei geringen Erträgen (40 dz/ha) erniedrigen sie sich auf 2 dz/ha Kali und 2 dz/ha Thomasmehl.

Kali gibt man entweder in Form des 40%igen Kalis oder auch in Form von Kainit. Oft ist es auch richtig, mit beiden Formen abzuwechseln. Nach Nolte sind oft schon 2 dz Kainit einem dz 40%igem Kali in der Wirkung ebenbürtig, obwohl erst 3 dz ebensoviel Kali enthalten. Der Kochsalzgehalt scheint sich günstig auszuwirken.

Unter den Phosphorsäuredüngern steht auf der Wiese das Thomasmehl bei weitem an erster Stelle. Es wirkt wegen seines hohen Kalkgehalts (50%) und seines Gehaltes an sonstigen Mineralstoffen und Spurenelementen besonders günstig auf die Qualität des Heus.

Auf Wiesen, die von Natur aus kali- und phosphorsäurereicher sind, kommt man natürlich mit geringeren Gaben aus. Der Versuch muß hier entscheiden. Auch auf Überschwemmungswiesen kann man manchmal sparen. Klare Wasser können schon Kali und schlickreiche Wasser Kali und Phosphorsäure zuführen.

Ausgestreut wird die Kaliphosphatdüngung im Spätherbst, im Winter oder zu Wintersende. Auf Überschwemmungswiesen muß man das Frühjahr abwarten.

Nicht so wichtig wie die Kaliphosphatdüngung ist auf den Wiesen die Stickstoffdüngung. Das Niederungsmoor ist so reich an Stickstoff, daß sich hier auch ohne Stickstoffdüngung schon Höchsterträge erzielen lassen. Wenn die Stickstoffdüngung hier hin und wieder zu Mehrerträgen führt, so liegt das nur daran, daß das Niederungsmoor zu roh oder wegen Nässe zu untätig ist. Auf gutzersetztem, gut feuchtem Niederungsmoor ist eine Stickstoffdüngung dagegen ohne jede Wirkung.

Aber auch auf weniger stickstoffreichen Böden hat man ohne Stickstoffdüngung oft, wenn nicht Höchsterträge, so doch sehr gute Erträge, weil sich bei der Kaliphosphatdüngung reichlich Kleearten einstellen. Stickstoffdüngungen führen hier dann zu einem Rückgang des Klees und damit zu Ertragssteigerungen erst bei sehr hohen Gaben, die aber meist nicht wirtschaftlich sind. Zunächst wird der durch die Stickstoffdüngung erzielte Mehrertrag bei den Gräsern durch das Zurückgehen der Kleearten wettgemacht. Trotzdem hat aber doch die Stickstoffdüngung auf der Wiese nicht selten eine große Bedeutung. Es gibt nämlich nicht wenig Wiesen, auf denen auch bei Kaliphosphatdüngung keine Kleearten auftreten oder nicht genügend stark auftreten. Auf der Wiese fehlt uns immer noch ein Klee, der etwa das ist, was auf den Weiden der Weißklee: also der mit angesät werden kann, der ausdauert, der bei Kaliphosphatdüngung immer da ist und der durch die Stickstoffdüngung nicht vertrieben wird. In allen den Fällen, wo aber bei Kaliphosphatdüngung auf den Wiesen der Klee sich nicht reichlich einstellt, muß auf allen nicht stickstoffreichen Böden mit Stickstoff zugedüngt werden. 2 dz/ha ist eine in der Praxis gebräuchliche und auch zweckmäßige Gabe.

Wichtig ist dagegen die Kalkdüngung. Nur auf den Niederungsmoorwiesen kann sie unterbleiben. Zwar gab die Moorversuchsstation in

Bremen früher (Tacke) an, daß die von Natur so kalkarmen Hochmoorböden nur bei der Inkulturnahme mit etwa 40—45 dz CaO/ha gedüngt zu werden brauchten, wenn sie in Grünland gelegt würden, später genügten schon die in der regelmäßig gegebenen Thomasmehldüngung enthaltenen Kalkmengen als Kalkersatz. Neuerdings hat man (Brüne) dagegen gefunden, daß auf gewissen Hochmooren bei der Inkulturnahme bis doppelt so viel Kalk gegeben werden muß, um die notwendige 75%ige Abstumpfung der Humussäure zu erreichen und daß eine Nachdüngung von 20 dz CaO/ha sich nach 20 Jahren auch bei reichlicher Thomasmehldüngung als ertragsteigend erwies. Namentlich würde dadurch der Kleewuchs sehr gefördert und der Mineralstoffgehalt des Futters gehoben und damit die Knochenausbildung der Tiere. Verabfolgt wird die Kalkdüngung auf dem Grünlande in Form von CaO_3. Zu beachten ist die thomasmehlfeine Mahlung. Gaben von 5 Ztr. CaO_3 je Morgen alle fünf Jahre dürften im allgemeinen angemessen sein, wenn außerdem regelmäßig mit Thomasmehl gedüngt wird.

Fast ebenso wichtig wie die Kaliphosphatdüngung ist auf den meisten Wiesen die Düngung mit Kompost oder Stallmist. Ohne diese von Zeit zu Zeit gegebene organische Düngung lassen die meisten Wiesen trotz ausgiebiger Kaliphosphatdüngung nach. Die Gare läßt nämlich dann bald zu wünschen übrig. Kompost und Stallmist sind aber auf der Wiese viel mehr noch, als es der Stallmist auf dem Acker ist, die eigentlichen Garebringer. Wir können den Wiesenboden nicht wie den Ackerboden durch Bodenbearbeitung physikalisch günstig gestalten. Auch durch Kalkdüngung ist im allgemeinen weniger zu erreichen als auf dem Ackerlande, so daß hier als einziges wirklich durchschlagendes Gareförderungsmittel die organische Düngung verbleibt. Sie wirkt nicht nur günstig durch die Schattengare, die sie gibt, sondern auch als Zuführer von leichtlöslichem Humus und als Träger von Bakterien. Gewiß werden außerdem auch noch Mineralstoffe zugeführt, aber das ist doch weniger wichtig. Immerhin kann man in den Jahren, in denen die organische Düngung erfolgt, die mineralische Düngung zur Hälfte etwa einsparen. Sehr vorteilhaft ist es, wenn man alle drei Jahre mit Kompost oder Stallmist kommt. Aber auch eine gute Gabe, von 200 bis 300 dz/ha alle fünf Jahre gegeben, reicht aus, wenn in der Zwischenzeit mit Kartoffelkraut oder anderem deckendem Material nachgeholfen wird.

Die gewöhnliche Anwendungszeit ist im allgemeinen der Herbst. Das Gras hat dann Zeit hindurchzuwachsen. Vor allem kommt dann der erste Schnitt im nächsten Jahr besonders früh. Neuerdings wird auch oft der Sommer als beste Anwendungszeit vorgeschlagen. Das trifft aber hauptsächlich nur für Weiden zu, auf denen die Kompost- und Stallmistdüngung auch noch vor dem Austrocknen schützen soll. Wichtig ist, daß der Kompost reif ist (d. h. etwa zwei Jahre alt und mehrmals durchgearbeitet und mit Kalk durchsetzt). Der Stallmist ist um so geeigneter, je besser er verrottet ist.

Von den Wirtschaftsdüngern werden auf den Wiesen außer Stallmist und Kompost auch noch Jauche und Gülle sehr häufig angewendet; die Jauche überall in Deutschland auf Wiesen in der Nähe des Hofes und die Gülle, (d. h. die Jauche mit dem Kot und mit Wasser verrührt und vergoren), im Allgäu und anderen Höhengebieten ohne Ackerbau. Beide sind sehr wertvolle Wiesendünger, nur muß man daneben, was meistens verabsäumt wird, noch Kalk und Phosphorsäure geben, am besten Thomasmehl. Jauche und Gülle sind nämlich wohl sehr stickstoff- und kalireich, aber arm an Phosphorsäure und Kalk. Sie führen bei alleiniger Verwendung zum Auftreten der Doldenblütler: Bärenklaue und Wiesenkerbel, die diese einseitige Nährstoffzusammensetzung bevorzugen. Nolte hebt mit Recht hervor, daß bei der Gülleanwendung ein ungewöhnlich schneller Stickstoffkreislauf erzielt wird. Der Stickstoff läuft evtl. dreimal in einem Jahre um. Da die Jauche den Stickstoff in der sehr leicht flüchtigen Form des kohlensauren Ammoniaks enthält, darf man die Jauche nicht bei warmem und sonnigem Wetter auf die Wiese fahren. Sie würde um diese Zeit im übrigen auch ätzend wirken. Eine normale Jauchedüngung von 200 Hektoliter auf den ha enthält etwa 50 kg Stickstoff.

In gewissem Sinne kann man die Wiesendüngung auch zu den Pflegemaßnahmen rechnen. Denn sie vergrößert nicht nur die Erträge, sondern sie verbessert oft auch den Bestand. Die landläufigen Meinungen über diese Bestandsverbesserungen sind allerdings oft etwas überschwänglich. Es soll hier deshalb das wichtigste über den Einfluß der Düngung auf die Pflanzenbestände den Ausführungen über die Wiesenpflege vorangestellt werden.

Die Kaliphosphatdüngung bewirkt oft ein starkes Hervortreten der Kleearten. Allerdings ist das nicht immer der Fall. Es gibt Böden, auf denen trotz Kaliphosphatdüngung Kleearten nicht auftreten.

Die Stickstoffdüngung fördert hingegen die Gräser, hauptsächlich die Obergräser. Sie drängt die Kleearten zurück. Nur die Wiesenplatterbse scheint sich auch bei Stickstoffdüngung einigermaßen zu halten.

Jauche- und Gülledüngung fördern die Doldenblütler.

Abgesehen von diesen allgemein bekannten Sonderwirkungen der einzelnen Düngemittel verbessert ganz allgemein eine gute Düngung den Wiesenbestand. Die anspruchslosen Gräser wie Ruchgras, Bocksbart, Niedersegge, Honiggras und Rotschwingel, die alle miteinander minderwertig oder doch von mäßigem Wert sind, gehen zurück und die besseren Gräser treten mehr und mehr hervor. Richtig ist weiter, daß die Kulturgräser bei guter Düngung manches Unkraut überwachsen, so evtl. beispielsweise sogar den Duwock. Aber man kann nicht etwa durch Düngung allein alle minderwertigen Gräser und alle sonstigen Unkräuter von den Wiesen verdrängen. Man hat zwar geglaubt, daß man die breitblättrigen Wiesenunkräuter und die rauhhaarigen Wiesenungräser mit Kainit und Kalkstickstoff ähnlich bekämpfen könnte wie den Hederich und den Senf im Getreide. Man hat versucht, diese beiden Düngemittel ebenso wie auf dem Acker auf die taufeuchten Bestände zu streuen, um eben bei den breitblättrigen oder rauhhaarigen Unkräutern eine Verätzung zu erzielen. Aber die Versuche sind gescheitert. Die rauhhaarigen Ungräser und die breitblättrigen Unkräuter wurden zwar angegriffen, aber auch die haarigen Kulturgräser wie Goldhafer und Glatthafer und weiter die Kleearten und auch noch andere gute Gräser. Im übrigen war aber die Wirkung auf die Unkräuter nicht vernichtend. Zwar werden die oberirdischen Teile verätzt, so daß sie im Augenblick verschwinden, wie sie ja auch verschwinden, wenn sie abgemäht werden. Damit ist aber noch lange nicht gesagt, daß überhaupt etwas zur Bekämpfung getan ist. Oft vermehren sie sich unterirdisch daraufhin gerade besonders stark. Nur wenn man zur richtigen Zeit ätzt, nämlich wenn die Unkräuter besonders anfällig sind, kann man einen vollen Erfolg erzielen. So habe ich selbst durch Kopfdüngung mit Kalkstickstoff morgens im Tau den Löwenzahn völlig vertreiben können bei Anwendung eben vor Blühbeginn. Wenn ähnlich bei anderen Pflanzen der kritische Punkt herausgefunden ist, mag man namentlich durch Verätzung mit Kalkstickstoff manches erreichen können. Es ist aber doch fraglich, ob diese Methode weitgehend anwendbar ist, weil ja der anfällige Punkt bei den einzelnen Unkräutern sehr verschieden liegt und oft in Zeiten, zu denen man nicht streuen kann. Immerhin verdienen die einschlägigen Versuche weitergeführt zu werden. Beim Kalkstickstoff kann übrigens wie auf dem Acker auch auf der Wiese außer der Blattwirkung auch die Bodenwirkung gelegentlich ausgenutzt werden. Auf dem Acker ist ja diese Methode heute die am häufigsten angewendete. Kalkstickstoff, drei bis sechs Wochen nach der Herbstsaat auf die trockenen Bestände gegen Windhalm und andere überjährige Ackerunkräuter ausgestreut, wirkt manchmal Wunder. Und ähnlich wirkt auch der Kalkstickstoff vor Erwachen der Vegetation auf Wiesen angewandt wegen der Bodenwirkung vernichtend auf die Wiesenseide, wie Wehsarg festgestellt hat und nach Versuchen von Fürst auch auf den Klappertopf. Beides sind eben Unkräuter, die um diese Zeit seicht im Boden keimen und von den Umsetzungsprodukten des Kalkstickstoffs geschädigt werden. Schließlich kann man noch Kalkstickstoff oder auch Kainit in sehr großen Mengen anwenden, um einzelne Bülten der Rasenschmiele oder der Binsen zu vernichten. Pro Bült von 15 cm Durchmesser braucht man etwa 50 g Kainit oder 10 g Kalkstickstoff. Sicherer gelingt aber meist die Vernichtung durch die Gifte Hedit und Natriumchlorat. Nach Kannenberg braucht man pro Horst von diesen Giften etwa 3—4 g. Die Horste sterben bald ab, das Gift wäscht aus und die guten Gräser schieben sich allmählich in den verwesenden Horst vor.

Von den Pflegemaßnahmen ist auf allen moorigen und humosen Wiesen das Walzen bei weitem am wichtigsten. Das Walzen ebnet nicht nur den Boden und erleichtert somit die Ernte, sondern es verbessert durch die Herstellung eines guten Bodenschlusses die Wasserverhältnisse der oberen Bodenschichten und fördert somit die flachwurzelnden Untergräser. Walzen schafft gleichsam Untergras. Außerdem werden durch das Walzen eine Reihe von Unkräutern mit stehender Grundachse oder auch mit dicker liegender Grundachse oder auch mit steil aufrecht steigenden Trieben stark gestört, so u. a. auch Wiesenkerbel und Bärenklaue. Allerdings kann man auch des Guten leicht zuviel tun, den Boden tot walzen. Einmal walzen im Jahr genügt meist, entweder im Frühjahr oder, wenn man den günstigen Zeitpunkt versäumte, nach dem ersten Schnitt. Noch gefährlicher als das zu häufige Walzen ist das Walzen zur unrechten Zeit. Walzt man bei Bodennässe, so wird der Boden so zusammengepreßt, daß er auf Jahre hinaus nicht wieder in Gare kommt, walzt man im Frühjahr zu spät, wenn die Obergräser schon stärker treiben, dann schädigt man diese. Eine Wiesenwalze soll etwa 20—30 Ztr. auf den laufenden Meter wiegen. Der Durchmesser soll möglichst groß sein, damit sie leichtzügig bleibt, damit zwei Pferde eine Walze von über 1 m Arbeitsbreite auch noch ziehen können. Die Wiesenwalze läßt sich im eigenen Betriebe oder doch im Dorfe herstellen. Koska hat in den

Mitteilungen zur Förderung der Moorkultur im Jahre 1925 eine sehr klare Beschreibung gegeben, wie man Betonwalzen selbst anfertigen kann (mit Abbildungen).

Noch wirksamer als das Walzen der Wiesen ist das Befahren der Moorwiesen mit Sand. Das Besanden der Wiesen hat vor dem Walzen zudem den großen Vorzug, daß es gar nicht erst zum Auffrieren der Moorböden kommt. Diese Meliorationsmaßnahme wurde zu Beginn des 19. Jahrhunderts von dem großen mecklenburgischen Praktiker Domänenrat Carl Pogge erfunden. Sie besteht darin daß man die Wiese, nachdem sie gründlich entwässert ist, 4 Zoll hoch (etwa 10 cm) mit Sand bekarrt und sie dann ansät. Dieses Befahren der Moorwiesen mit Sand griff in den ersten Jahrzehnten des 19. Jahrhunderts schnell um sich. Nach anfänglichen großen Mehrerträgen während der Rotte der alten Narbe ließen die Erträge aber doch wieder nach. Man fand zwar im Gipsen ein Mittel, den Ertragsrückgang gelegentlich aufzuhalten. Erst die in den siebziger Jahren des 19. Jahrhunderts einsetzende Kaliphosphatdüngung legte die Grundlage zu dauernd hohen Erträgen auf den moorigen Böden. Aber das billige Walzen verdrängte dann das teure Besanden. Das Besanden kam in Vergessenheit. Neuere Untersuchungen, die in Rostock von Rübensam durchgeführt worden sind, führten aber zu dem Ergebnis, daß das Besanden vor dem Walzen noch eine Reihe anderer großer Vorzüge hat. Und da der einzige Nachteil, die Kostspieligkeit des Verfahrens, bei der Arbeitsstruktur der durch die Bodenreform geschaffenen Betriebe nicht mehr so ausschlaggebend ist, dürfte dieses Besanden der Wiesen in Zukunft wieder eine größere Rolle spielen. Bei der Untersuchung der vor hundert Jahren besandeten Wiesen stellte sich überraschenderweise heraus, daß die Sandschicht auf das Doppelte angeschwollen war, so viel Humus haben die Graswurzeln in den hundert Jahren gebildet.

Weniger wichtig als das Walzen der Wiesen ist das Eggen. Schwere, tiefgreifende Eggen gehören nur ausnahmsweise auf die Wiese zur Beseitigung von überständigem Gras. Sie zerstören das Untergras und fördern die Wiesenunkräuter. Vor dem Aufkommen der Kaliphosphatdüngung war es vielleicht richtig, schlechtmoorige Wiesen, mit denen man damals nicht viel anfangen konnte, im Frühjahr schwarz zu eggen und dann mit der Heublumensaat anzusäen. Heute ist aber diese extensive Methode nicht mehr am Platze. Ganz entbehren können wir allerdings die Egge auf der Wiese nicht. Sie ist unbedingt notwendig zur Verteilung der Maulwurfshaufen, zur Entfernung des abgestorbenen überständigen Grases und auch zur Verteilung von Kompost und Stallmist. Aber besser als die viel zu scharf angreifenden Wieseneggen wirkt eine Fladenverteileregge, wie etwa die Fellaegge oder noch besser die selbstgefertigte Strauchschleppe. Als Sträucher müssen dabei möglichst Schwarzdörner verwendet werden, und bei der Herstellung ist vor allem darauf zu achten, daß die Dornen wirklich fest eingeklemmt werden. In Kühns Landwirtschaftlichem Taschenkalender habe ich 1932 die Herstellung einer solchen selbstgefertigten Strauchschleppe geschildert (mit Abbildung).

Sehr wichtig ist weiter ein gehöriges Räumen der Gräben. Oft wird vorgeschlagen, zweimal im Jahre zu räumen. Aber es genügt vollständig, wenn, wie bisher in gut geleiteten Betrieben meist üblich, die Gräben einmal im Herbst oder Winter wirklich aufgemacht werden und außerdem dazu noch nach dem ersten Schnitt die Gräben mit ausgemäht werden. Um diese Zeit ist nämlich die Wasser- und Morastvegetation der Gräben besonders anfällig. Sie geht zurück, und die Verschlammung der Gräben bleibt dann in Grenzen, daß ein einmaliges Räumen genügt. Beim Räumen ist besonders darauf zu achten, daß der Grabenaushub nicht an den Rändern liegen bleibt, den Boden zusammenpreßt und so den natürlichen Wasserabzug nach den Gräben hemmt. Auf Wiesen, die leicht etwas austrocknen, hält man manchmal das Räumen für nicht so wichtig, ja für schädlich. Richtiger wäre es aber, auch hier zu räumen und außerdem Staue einzubauen, die in der Vegetationszeit das Absinken des Grundwassers verhindern. In der Zeit der Vegetationsruhe ist es für die Wiese nur von Vorteil, wenn das Grundwasser niedrig steht. Der Boden gesundet dann bei dem starken Luftzutritt. Nur während der Vegetationszeit brauchen wir auf den Wiesen viel Wasser.

Auch das zeitweilige Beweiden der Wiesen kann zu den Pflegemaßnahmen gehören. Wir betonten ja sogar, daß es richtig sein kann, die weder im Ertrage noch in der Ausdauer befriedigenden, zu trockenen Wiesen in Dauerweiden umzuwandeln. Der Biß und Tritt der Tiere und die bessere Düngung und Pflege, die man Weiden gewöhnlich angedeihen lassen kann, wandeln die ertragsarmen und kurzlebigen Dauerwiesen bald in ertragsreiche und langausdauernde Dauerweiden um. Aber auch schon das gelegentliche Beweiden von Wiesen kann von großem Vorteil sein. Zwar werden durch das gelegentliche Beweiden nicht, wie man häufig hören kann, alle Unkräuter beseitigt, sondern nur einige und zwar diejenigen, die man auch meistens mit der Walze bekämpfen kann, wie vor allem Bärenklaue und Wiesenkerbel. Gegen sehr hartnäckige Unkräuter wie Rasenschmiele und Binse hilft auch das Beweiden nicht. Ja, in der feuchten Lage wird durch unvorsichtiges Beweiden geradezu erst die Verbinsung des Grünlandes herbeigeführt.

Schließlich gehört auch noch das rechtzeitige Schneiden der Wiesen zu den Pflegemaßnahmen. Bei spätem Schnitt breiten sich frühaussamende Unkräuter wie Honiggras, Sauerampfer, Wiesenkerbel und noch andere leicht stark aus. Über die Wahl der Schnittzeiten wird übrigens später bei der zusammenfassenden Übersicht über die Verwertung der Gräser bei der Verfütterung das Notwendigste nachgetragen werden.

E. Wiesennutzung

Die Wiese wird gewöhnlich genutzt zur Gewinnung von Heu, das in Gaben von mindestens 5 kg besser $7^1/_2$ kg je Tier und Tag die Grundlage der Winterfütterung des Rindviehs bildet. Leider werden die Wiesen meistens immer noch zu spät geschnitten, Ende Juni anstatt Anfang Juli. Alle Analysen haben übereinstimmend ergeben, daß am meisten verdauliche Nährstoffe geerntet werden, wenn die Gräser zur Zeit der Blüte geschnitten werden, das ist bei den Wiesenfuchsschwanzwiesen Ende Mai und bei den übrigen Wiesen Anfang Juni. Einige besonders schnell verholzende Gräser wie das hohe Mannagras und das Rohrglanzgras müssen sogar vor dem Blühen zur Zeit des Rispenschiebens geerntet werden. Ein so früher Schnitt ist auch bei den anderen Gräsern notwendig, wenn man gelegentlich ein sehr eiweißreiches Futter gewinnen will. Statt dessen werden aber die Wiesen oft noch erst Ende Juni gemäht, kurz vor der Reife der Gräser, wenn sie schon stark verholzt sind, so daß trotz der äußerlich höher scheinenden Erntemengen doch geringere Mengen an verdaulichen Nährstoffen von der Wiese heruntergeholt werden als drei Wochen früher. Die rechtzeitige Mahd hat zudem den weiteren Vorteil, daß der zweite Schnitt besser nachwächst und auch höhere Erträge bringt. Außerdem ist der rechtzeitige Schnitt, wie wir schon sahen, gleichzeitig eine Unkrautbekämpfungsmaßnahme. Beim späten Schnitt kommen die frühreifenden Unkrautgräser wie Honiggras und Weiche Trespe und frühreifende sonstige Unkräuter wie Wiesenkerbel und Sauerampfer zum Aussamen und damit zu einer verstärkten Ausbreitung.

Geworben wird das Heu auf den Wiesen meist noch durch Bodentrocknung. Bei schlechtem Erntewetter treten dabei Verluste auf durch Atmung, Abbröckelung, Auswaschung, die zusammen mit den beim Trocknen nicht zu vermeidenden Verdaulichkeitsdepressionen und den Nachgärungen im Heustock sich nach den Untersuchungen von Wiegner, Kirsch, Nehring u. a. bis auf 50% belaufen. Aber auch bei gutem Erntewetter sind die Verluste noch groß. Sie liegen auch dann noch bei 30%. Diese Verluste lassen sich durch die Gerüsttrocknung erheblich herabsetzen. Allerdings sind dabei die gewöhnlichen Klee- und Luzernedreibockreuter nicht zu verwenden. Das nicht sehr sperrige Wiesenheu lagert auf den wenigen Stangen der Dreibockreuter zu fest. Geeigneter sind schon die Heuhütten. Das Gras muß aber erst abwelken, ehe es auf diese Heuhütten gepackt werden darf. Eine wirkliche Sicherung der Heuernte wird erst durch den Dünndrahtreuter erreicht. Auf diese Schwedenreuter kommt das Gras gleich nach dem Schnitt im grünen Zustande. Leider scheitert eine allgemeine Einführung dieses Dünndrahtreuters heute schon an den Schwierigkeiten der Materialbeschaffung. Inzwischen sollte man beginnen, jedenfalls das besonders eiweißreiche Gras auf Schwedenreutern zu werben und dann zunächst in den feuchten Gegenden ganz zu dieser besten Gerüsttrocknungsmethode übergehen. Das dürfte doch allmählich möglich sein, wenn man bedenkt, daß in sehr regenreichen Gegenden wie dem Allgäu sogar das Reutern auf Heinzen allgemein üblich ist.

Immerhin ergeben sich auch bei der besten Gerüsttrocknung noch Verluste an verdaulichen Nährstoffen von 25%. Fast verlustlos geht dagegen die Einsäuerung vor sich. Verluste an verdaulichem Rohprotein treten bei sachgemäßer Kaltvergärung unter Zusatz von $^3/_4$% Zucker oder $1^1/_2$% Melasse oder entsprechenden Mengen von Amalsil o. a. m. überhaupt nicht auf, aber auch die Stärkeverluste liegen sehr niedrig, unter 10%. Nun ist es zwar richtig, daß man im allgemeinen Heu und nicht Sauerfutter von der Wiese gewinnen will. Aber immerhin kann es auch einmal richtig sein, gelegentlich besonders eiweißreiches Gras einzusäuern. Daß bei der gewöhnlichen Einsäuerung der Duwock entgiftet wird, trifft nicht zu. Das ist nur bei der Heißvergärung der Fall, bei der das Gras nicht fest gelagert, sondern zunächst locker aufgeschichtet wird. Dieses Verfahren ist aber nicht allgemeiner zu empfehlen, da es zu Nährstoffverlusten von 50% und darüber führt.

Noch geringer als bei der Einsäuerung sind die Verluste bei der Grünfutternutzung. Sie ist in einigen Voralpengegenden allgemeiner gebräuchlich und auch sonst gelegentlich üblich. Die Jauchewiesen am Hof, die meist mit Quecke bestanden sind, werden fast überall als Grünfutterwiesen genutzt. Erstaunliche Erträge werden auf diesen Wiesen von kleinen Flächen heruntergeholt. Diese kleinen Flächen am Hof sind oft wahre Goldgruben.

Zum Schlusse dieses Kapitels sei noch einmal mit Nachdruck betont, daß Heu und Heu nicht dasselbe ist, wie unterschiedlich die Güte des Heus je nach der Zusammensetzung und je nach der Werbung sein kann. Ganz abgesehen davon, daß es manchmal bei Besatz mit giftigen Kräutern, mit Pflanzenkrankheiten oder bei Verschmutzung direkt gesundheitsschädlich ist, kann es einerseits bei schlechter Werbung oder bei Zusammensetzung aus Sauergräsern so ballastreich, nährstoffarm und insbesondere eiweißarm sein, daß es selbst bis zur vollen Sättigung gegeben nicht einmal als Erhaltungsfutter ausreicht, während es bei guter Zusammensetzung und bester Werbung so ballastarm, nährstoffreich und insbesondere auch eiweißreich ist, daß es bis zur vollen Sättigung gegeben Milchleistungen von über 20 l je Tier und Tag gewährleistet. Über die Unterschiede in der Heugüte orientieren sehr gut die Kellnerschen von Fingerling verbesserten Zahlen über Stärkewerte und verdauliches Eiweiß bei verschiedener Heugüte. Wir bringen diese deshalb in einer tabellarischen Übersicht, fügen aber noch den jeweiligen Ballastgehalt hinzu und geben außerdem noch an, wieviel Liter Milch bei der Verfütterung der höchstaufnehmbaren Heumengen, d. h. der Menge, die 4,3 kg Ballast enthält, erzielt werden kann.

Wiesenheu	Gehalt je kg an			Täglich aufnehmbare Futtermenge, d. h. 4,3 kg Ballast, enthalten in	Mit verdaulichem Eiweiß	Mit Stärkewerten	Reicht aus im Gehalt an	
	verdaulichem Eiweiß	Stärkewerten	Ballast				verdaulichem Eiweiß für	Stärkewerten für
	g	g	g	rund kg	rund g	rund g	l Milch	l Milch
Geringes	25	189	419	10	250	1900	—	—
Weniger gutes .	32	237	385	11	350	2500	1	—
Gutes	38	310	328	13	500	4000	4	4
Sehr gutes	50	362	276	15,5	800	5750	10	11
Vorzügliches ..	65	406	227	19	1250	7750	19	19

II. Die Gräser als Kulturpflanzen und Unkräuter auf den Weiden

Wir können uns hier im allgemeinen sehr kurz fassen, da das bei den Wiesen lang und breit Ausgeführte nur etwas abgewandelt zu werden braucht, um für die Weiden zu passen. Nur die notwendig werdenden Abwandlungen sollen hier beschrieben werden. Das Kapitel ist also zusammen mit dem vorhergehenden über die Wiesen erst vollständig.

A. Die natürlichen Pflanzenbestände der Weiden: ihre Zusammensetzung, ihre Standortbedingungen, ihre Ertragsfähigkeit, ihre Erhaltung und die Möglichkeiten, sie in andere, besonders wertvollere umzuwandeln

Die Zahl der Weidenpflanzenbestände ist nicht entfernt so groß wie die der Wiesenpflanzenbestände. Auf den Weiden fehlen sehr viele Pflanzen, die auf den Wiesen vorkommen, während die auch auf den Wiesen vorkommenden Untergräser fast die einzigen bestandbildenden Weidenpflanzen sind. Es fehlen also fast alle Obergräser. Nur der Wiesenschwingel ist nicht nur ein ausgezeichnetes Wiesenobergras, sondern gleichzeitig ein ebenso brauchbares, weit verbreitetes, bestandbildendes Weidengras. Alle anderen Obergräser vertragen das Beweiden nicht. Nur das Knaulgras kommt gelegentlich auf Weiden vor, ist dort aber im allgemeinen auf wirklich guten Weiden als Unkraut zu werten und hat nur auf sehr trockenen Weiden, wie wir noch sehen werden, einige Daseinsberechtigung als Weidengras. Außer den meisten Obergräsern fehlen auf den Weiden auch sehr viele Wiesenunkräuter. So können beispielsweise Bärenklaue und Wiesenkerbel, die bisweilen auf den Wiesen geradezu Bestände bilden, den Biß und Tritt der Weidetiere nicht vertragen. Aber auch die alleranspruchslosesten Ungräser und Unkräuter fehlen meist auf den Weiden, weil Weiden fast nie so arm sind, wie Wiesen sein können. Die Weiden werden zwar auch oft wie die Wiesen nur ausgeraubt, ohne daß ihnen etwas zurückgegeben wird, aber dann verbleiben doch immer noch die tierischen Ausscheidungen auf den Weiden. Endlich fehlt auf den Weiden meist die sehr zahlreiche Nässeflora, weil man die nasse Lage nur selten durch Beweiden, sondern meist durch Heuen nutzt.

1. Die Pflanzenbestände der nassen Weiden

(vergleiche auch die Pflanzenbestände der nassen Wiesen, Seite 153—159).

Die nasse Lage eignet sich zur Weide noch schlechter als zur Wiese. Während in der nassen Lage bei sehr günstigen Verhältnissen eventuell die im Ertrage nicht zu übertreffenden Rohrglanzgraswiesen auftreten können, haben wir es auch bei den besten Weidenformen in der nassen Lage immer nur mit mittelertragreichen Weiden zu tun, die niemals beispielsweise beste Ochsenweiden abgeben. Andererseits sind hier die Gefahren für das Vieh auf den Weiden noch größer als auf den Wiesen. Außer dem Befall der Gräser mit Rost und anderen Schmarotzern kommen auf der Weide Leberegel- und Lungenwurmgefahr hinzu. Es ist wirklich nicht übertrieben, wenn man behauptet, daß die Krankheiten nicht aus dem Stalle verschwinden, ehe die Entwässerung der nassen Weiden durchgeführt ist. Die Beseitigung der nassen Weiden ist noch viel dringender als die der entsprechenden Wiesen.

Vier Untergräser bilden, wie bei den Wiesenbeständen bereits geschildert, die Weiden der nassen Lage: das Flutende Mannagras (*glycéria flúitans*) in der übernassen Lage und sonst Fioringras (*agróstis álba*), Sumpfrispe (*póa palústris*) und Gemeine Rispe (*póa triviális*). Alle geben auch bei bester Ausbildung, also bei reichlicher Nährstoffversorgung und bei dichtem Bestand niemals Ochsenweiden, sondern bestenfalls Kuhweiden ab. In der Marsch ist allgemein bekannt und gefürchtet, daß ein Vordringen des Flutenden Mannagrases in nassen Jahren die Weide verschlechtert. Fioringras und Gemeine Rispe können allerdings in der feuchten Lage eventuell sehr gute Weiden bilden.

2. Die Pflanzenbestände der feuchten Weiden

(vergleiche dazu auch die Pflanzenbestände der feuchten Wiesen, Seite 159—169).

Die feuchte Lage ist, wie bereits betont wurde, die beste, die geborene Wiesenlage. Auch beste Weiden sind hier durchaus möglich, Weiden, die in den Marschen zu den besten Ochsenweiden zählen. Aber als optimal kann man diese Lage für Weiden doch schlecht bezeichnen. Die Gefahr der Verunkrautung, namentlich mit den Binsen, ist hier allzu groß. Das beim Beweiden unvermeidliche Zusammenpressen des Bodens führt hier in der feuchten Lage, jedenfalls auf vielen Böden leicht einmal zur Luftarmut und damit zum Auftreten der Binsen. Wenn man es in der Hand hat, sollte man deshalb bei der Neuschaffung von Weiden nicht nur bis zur feuchten, sondern etwas schärfer, bis zur frischfeuchten Lage entwässern, wo die Weiden auch noch hochertragreich sind, wo aber die Gefahr der Verbinsung nicht mehr besteht.

Die beste Weide in der feuchten Lage ist die Wiesenschwingelweide (*festúca praténsis*). Sie liefert das ganze Jahr hindurch reichliches und gern gefressenes Futter. Besonders geschätzt wird sie als Milchviehweide. Aber in der Marsch zählt sie auch zu den besten Fettviehweiden, die nicht nur größte Erträge liefern, sondern auf denen auch die schwersten Ochsen wirklich fett werden. Durchsetzt ist die Wiesenschwingelweide meistens mit zwei anderen Weidegräsern, die wir schon aus der feuchten Lage kennen, nämlich mit dem Fioringras (*agróstis álba*) und der Gemeinen Rispe (*póa triviális*). Die letztere bildet auch häufig eigene Bestände und kann durchaus allerbeste Weiden abgeben. Allerdings ist wegen der oberirdischen Ausläufer, die die Gemeine Rispe treibt, namentlich auf trockenen Böden, die Tragfähigkeit der Narbe sehr gefährdet, und man sieht gern, daß sie mit anderen Gräsern, die die Narbe festigen, durchsetzt ist, so außer mit den beiden schon genannten, eventuell auch etwas mit dem Kammgras (*cynosúrus cristátus*). An Kleearten treten in der feuchten Lage Weißklee und auf moorigen Böden auch der Sumpfschotenklee auf, die übrigens beide auch in der nassen Lage die einzigen Kleearten darstellen. Die besten Weiden der feuchten Lage verlangen eine reichliche Versorgung mit Wasser und Nährstoffen. Der Wiesenschwingel scheint auch besonders dankbar für Kompostdüngung und für Bedeckung mit schattendem Material und für humose Böden zu sein.

Außer den genannten hochertragreichen Weidenbeständen kommen in der feuchten Lage auch einige minderwertige vor. Es sind entweder die Bestände, die mit hartnäckigen Unkräutern durchsetzt sind oder auch Bestände ärmlichen Bodens. An hartnäckigen Unkräutern kommen mit Ausnahme der Doldenblütler dieselben vor, die wir bei den feuchten Wiesen nannten, so vor allem die **Horstbinsen**, die **Rasenschmiele**, der **Sumpfschachtelhalm** und die **Herbstzeitlose**. Über die Bekämpfung braucht hier nichts nachgetragen zu werden, weil dort bereits alles klargestellt worden ist. Von den Beständen armer Böden sind die der allerärmsten auf den Weiden sehr selten, so hier die Bestände der Niederseggen. Aber immerhin finden sich doch häufig stark mit Niederseggen und mit Moosen durchsetzte Bestände, die nicht einmal Kuhweiden, sondern nur noch Jungviehweiden abgeben, also fast bis zu Hutungen herabgesunken sind. Unter den Moosen herrscht meistens das Sperrige Astmoos (*hylocómium squarrósum*) vor, aber auch das Bäumchenastmoos (*climácium dendroídes*) kann namentlich in den feuchteren Partien reichlicher auftreten und nach der frischen Lage zu das Krückenastmoos (*brachythécium rutábulum*). Man darf sich allerdings durch das Auftreten von Moosen nicht verleiten lassen, eine Weide zu unterschätzen. Moose treten zwar auf Wiesen nur auf, wenn sie sich in einem sehr schlechten Düngerzustande befinden. Denn nur in weniger wüchsigen Wiesenbeständen können die Moose ihr starkes Lichtbedürfnis befriedigen. Auf der immer kurz gehaltenen Weide erhalten die Moose aber auch in reich gedüngten Beständen noch Licht, so daß sie überall jedenfalls in einiger Menge auftreten können. Sie fehlen dort auch fast nie, namentlich nicht in den Wintermonaten. Die Moose haben ja, was man leicht vergißt, nicht wie die höheren Pflanzen im Winter Vegetationsruhe, sondern im Sommer, während sie gerade im Winter ihre Hauptwachstumszeit haben, und so finden sich namentlich im Winter auch auf allen besseren Weiden, wenn auch nicht gerade sehr viel, so doch auffällig viel Moose. Bei sehr starker Durchsetzung können wir aber doch auf geringe Nährstoffversorgung schließen. Durch Düngung kann man natürlich solche Bestände, die nur Jungviehweiden abgeben, in beste Kuh- und Ochsenweiden umwandeln. Das trifft in noch höherem Maße für die etwas häufiger vorkommenden nicht ganz so armen Flächen zu, die stark mit den anspruchsloseren Gräsern durchsetzt sind, also mit Rotschwingel (*féstuca rúbra*), Ruchgras (*anthoxánthum odorátum*) und Honiggras (*hólcus lanátus*). Nur das Honiggras verschwindet bei guter Düngung nicht unbedingt. Bei saurer Stickstoffdüngung kann es sogar sehr um sich greifen. Gute Mineraldüngung und Vermeidung saurer Stickstoffdüngung schränken es aber allmählich ein.

3. Die Pflanzenbestände der frischen Weiden

(vergleiche die Pflanzenbestände der frischen Wiesen, Seite 169—172).

Die frische Lage ist für Wiesen nicht mehr besonders geeignet. Weiden liefern hier aber noch recht hohe Erträge und dauern hier sehr lange aus. Die beste Weidenlage ist aber wohl doch mehr die frischfeuchte Lage. Dort gewinnt man die höchsten und sichersten Erträge und hat auch dort schon keinerlei Gefahren durch die Verunkrautung mit Binsen usw. zu befürchten.

Je nach der Bodenstruktur bilden in der frischen und frischfeuchten Lage das Deutsche Weidelgras (*lólium perénne*) oder die Wiesenrispe (*póa praténsis*) den besten Bestand. Deutsche Weidelgras-Weide, Wiesenrispe-Weide und Wiesenschwingel-Weide sind die drei besten Weidetypen, die es überhaupt gibt. Alle drei verlangen aber eine reichliche Versorgung mit Nährstoffen.

In der frischen und frischfeuchten Lage ist das Deutsche Weidelgras das typische Weidengras auf allen schweren Böden. Unter anderem ist es auch das Hauptweidengras der Marschen. Dort bildet es, wie wir seit C. A. Weber wissen, fast allein, nur mit dem Weißklee durchsetzt, weit und breit die wertvollen Fettweiden der Marschen. Aber auch auf anderen Weiden mit schwerem Boden tritt es fast in Reinbeständen auf. Es ist zum Weiden wie geschaffen. Obwohl Horstgras, bildet es doch dichte Bestände, weil es, wie viele andere Horstgräser auch, doch einige Ausläufer treibt. Es verträgt den Biß und Tritt der Weidetiere ausgezeichnet und liefert das ganze Jahr hindurch ein reichliches und gern gefressenes Futter. Allerdings verlangt das Deutsche Weidelgras eine reichliche Versorgung mit Nährstoffen und auch gute Feuchtigkeitsverhältnisse. Zudem verträgt es längere Schneebedeckung und überhaupt rauhere Klimate nicht und scheidet deshalb in allen rauheren Gegenden aus.

Ob die Wiesenrispe auf den lockeren, d. h. den leichteren und moorigen Böden ein noch wertvolleres Weidengras abgibt als das Deutsche Weidelgras auf den schweren Böden, ist wohl kaum zu entscheiden. Auch die Wiesenrispe liefert wie das Deutsche Weidelgras bei guter Nährstoffversorgung allerbeste Weiden. Sie verträgt die Trockenheit besser als das Deutsche Weidelgras und ist auch gegen rauhe Lagen weniger empfindlich.

Neben dem Deutschen Weidelgras und der Wiesenrispe sind noch Kammgras (*cynosúrus cristátus*), Rotschwingel (*festúca rúbra*) und Knaulgras (*dáctylis glomeráta*) nicht durchweg, aber manchmal unter Sonderverhältnissen bedeutungsvolle Weidengräser der frischen und frischfeuchten Lage.

Das Kammgras ist nur auf den von Natur sehr armen Böden, die man nicht in bester Kultur halten kann, von wirklichem Wert. Es kommt nämlich mit weniger Nährstoffen aus, als die wirklich hochwertigen Weidengräser Deutsches Weidelgras, Wiesenrispe und Wiesenschwingel und liefert dabei zwar keine Höchsterträge, aber doch noch immer nicht geringe Mengen eines sehr schmackhaften und besonders gehaltreichen Futters. Seine Bedeutung als Grünlandpflanze ist sehr umstritten. Im zweiten Teil bei der Schilderung des Kammgrases als Kulturpflanze wurde es von uns bereits in jeder Beziehung gewürdigt, so daß hier ein Hinweis darauf genügt.

Der Rotschwingel in seiner besseren Form mit längeren unterirdischen Ausläufern und breiteren Blättern (*festúca rúbra genuína*) sollte vor einigen Jahren als Ersatz der Wiesenrispe in Trockengegenden und auf leichteren Böden dienen. Größere Bedeutung kommt ihm aber nur als Ersatz des Deutschen Weidelgrases in rauhen Gegenden zu. Er ist keineswegs der Wiesenrispe überlegen, wie im einzelnen bei der Beschreibung im zweiten Teil nachgelesen werden mag.

Das Knaulgras schließlich ist auf den guten Weiden ein Unkraut und hat nur auf leichten Böden als trockenheitswiderständiges und dabei billiges Gras einen Wert als Weidenpflanze. Daneben mag gelegentlich auch ein beschränkter Anbau auf guten Böden in Betracht kommen, um eine besonders frühtreibende Weide zu schaffen.

Auf allen frischen und frischfeuchten Weiden ist wie überall sonst auch der Weißklee der Dauerweidenklee. Daneben findet man nur noch den Hornschotenklee (*lótus corniculátus*), der zwar nicht ausdauernd, sondern nur mehrjährig ist, sich aber durch Samenausfall länger hält und den Gelbklee (*medicágo lupulína*), der noch kurzlebiger ist, aber meist auch durch Aussamung sozusagen ausdauert.

Außer den besten und den besseren Weiden kommen in der frischen und frischfeuchten Lage auch minderwertige gelegentlich vor. Wie in der feuchten Lage sind das solche Weiden, die entweder mit hartnäckigen Unkräutern verunkrautet sind oder die unter Nährstoffmangel leiden. Die hartnäckigen Unkräuter sind hier im allgemeinen seltener als in der feuchten Lage. Binse, Rasenschmiele, Sumpfschachtelhalm und Herbstzeitlose treten nur selten auf. Häufiger sind dagegen der Löwenzahn (*taráxacum officinále*) und in Mittel- und Süddeutschland der Mittlere oder Weidewegerich (*plantágo média*). Den Löwenzahn kann man, wie ich zeigen konnte, durch eine Kalkstickstoffdüngung, eben vor der Blüte auf die taufeuchte Weide gestreut, vollständig vernichten. Noch einfacher läßt sich der Löwenzahn von den Weiden durch Überhüten mit Schweinen beseitigen. Für die Schweine ist die Löwenzahnwurzel im Frühjahr ein wahrer Leckerbissen. Sie stürzen sich gleichsam darauf und machen die Weide schnell vom Löwenzahn frei. Das habe ich jedenfalls beim veredelten Landschwein und beim Hannoversch-Hildesheimer Weideschwein feststellen können. Gegen den Weidewegerich gibt es dagegen bisher außer dem langwierigen und kostspieligen Ausstechen kein durchschlagendes Mittel. Hier bleibt oft nur das letzte Mittel, der Umbruch.

Die ärmsten Flächen in der frischen Lage sind mit dem Borstgras (*nárdus strícta*) bestanden. Diese, namentlich in den Höhengegenden noch an. zutreffenden Borstgrashutungen liefern fast überhaupt keinen Ertrag. Durch Düngung allein kann man sie in die besten Weidenformen umwandeln. Wo die Nährstoffverhältnisse etwas günstiger liegen, trifft man in den Mittelgebirgen und auch in den Niederungen weit und breit die weniger wertvolle Form des Rotschwingels, die *festúca rúbra fállax* in weiten eintönigen Beständen. Die Weiden geben gewöhnlich nur Jungviehhutungen ab, aber bei einiger Düngung auch mäßige Kuhweiden, und bei stärkerer Düngung gehen sie sogar in die besten Weideformen der entsprechenden Feuchtigkeitslage über, also mindestens in Kuhweiden, wenn nicht in Fettweiden.

4. Die Pflanzenbestände der trockenen Weiden

(vergleiche die Pflanzenbestände der trockenen Wiesen, Seite 172—173)

Das Hauptweidengras aller trockenen Böden ist der Schafschwingel (*festúca ovína*). Er bildet nur Schafhutungen von sehr geringer Ertragsfähigkeit. Etwas ertragreicher sind meistens die Bestände, die mit dem Roten Straußgras (*agróstis vulgáris*) durchsetzt sind, ohne jeden Ertrag sind dagegen die mit Igelgras (*weingärtnéria canéscens*) durchsetzten oder mit Igelgras allein bestandenen dürren Sandflächen. Einen Ertrag geben schließlich auch die Blaugrashalden in den Kalkgebieten nicht.

B. Die Saatmischungen für Dauerweiden

(vergleiche die Saatmischungen für Dauerwiesen, Seite 180—181)

Anzusäen sind naturgemäß wie auf der Wiese auch auf der Weide vor allem die Dauergräser und die Dauerkleearten, die auf wertvollen Grünländereien unter Verhältnissen gefunden werden, die denen der anzusäenden Flächen möglichst entsprechen. Wie wir im vorangegangenen Kapitel sahen, sind das nur sehr wenige Gräser und noch weniger Kleearten. Wirklich vollwertige Dauerweidengräser sind eigentlich nur der Wiesenschwingel in der feuchten Lage, das Deutsche Weidelgras und die Wiesenrispe in der frischen Lage, ersteres auf den schweren Böden dortselbst und letzteres auf den leichteren oder lockeren Böden. Erwünscht sind in der feuchten Lage allerdings außer dem Wiesenschwingel noch die Gemeine Rispe und das Fioringras, die auch in der nassen Lage eventuell noch brauchbare Weiden liefern. Kammgras, Rotschwingel und Knaulgras haben dagegen nur unter Sonderverhältnissen einen Anbauwert; das Kammgras auf nährstoffämeren Böden, der Rotschwingel in den rauheren Lagen als Ersatz des Deutschen Weidelgrases und das Knaulgras auf sehr trockenen Böden, die keine eigentlichen Weideböden mehr sind. Bei den Kleearten ist die Auswahl noch geringer. Der fast alleinige Dauerweidenklee aller Lagen ist der Weißklee. In der feuchten Lage auf moorigen Böden verdient der Sumpfschotenklee außerdem noch einige Beachtung und in der frischen Lage Gelbklee und Hornschotenklee, die aber beide nicht wirklich ausdauern, sondern sich nur durch Samenausfall länger halten. Außer diesen eigentlichen Dauerweidengräsern und den Kleearten der Dauerweiden bedarf es aber, wie bei der Ansaat der Wiesen, noch der sog. Füller, die in den ersten Jahren, wenn die Dauerweidenpflanzen noch nicht auf der Höhe ihrer Ertragsfähigkeit stehen, die Erträge vergrößern helfen. Bei der Ansaat von Dauerweiden muß man mit diesen Füllern aber noch vorsichtiger sein als bei den Dauerwiesen. Sie unterdrücken die Dauerweidenpflanzen zu leicht. Glücklicherweise bedürfen wir dieser Füller hier auch nicht so sehr. Die Kleearten können wir ganz entbehren, weil der überall stark mit auszusäende Weißklee schon bald gute Erträge gibt. Aber auch bei den Gräsern können wir auf das Welsche Weidelgras ganz und auf den Timothe weitgehend verzichten, die bei der Ansaat von Dauerwiesen eine große Rolle spielen, denn die meisten Dauerweidengräser geben doch schon von sich aus bald hohe Erträge. Das trifft jedenfalls für das Deutsche Weidelgras und den Wiesenschwingel zu. Nur bei der Ansaat von Wiesenrispengrasweiden muß mit Füllern ziemlich nachgeholfen werden. Aber hier wählt man zweckmäßigerweise als Füller hauptsächlich das Deutsche Weidelgras. In den ersten Jahren bringt es auch auf den an sich weniger geeigneten Wiesenrispenstandorten gute Erträge und räumt nach und nach der Wiesenrispe das Feld.

Über die Mengen, die auszusäen sind, entscheidet ebenso wie bei der Wiesenansaat die Praxis. Die Saatmischungen, die wir im folgenden bringen, sind dementsprechend solche, die sich in der Praxis bewährt haben. Als Faustregel kann man sich merken, daß bei einer durchschnittlichen Aussaatstärke von 50 kg/ha insgesamt im einzelnen berücksichtigt werden: die Kleearten mit 10 kg, das Hauptgras mit 20 kg, wenn eine Wiesenschwingelweide, mit 30 kg, wenn eine Deutsche Weidelgrasweide und mit 15 kg, wenn eine Wiesenrispengrasweide erzielt werden soll. Im Frischfeuchten, wo Mischbestände angestrebt werden, setzen sich die 20 kg auf den lockeren Böden aus 10 kg Wiesenschwingel und 10 kg Wiesenrispe und die 30 kg auf schweren Böden aus 20 kg Weidelgras und 10 kg Wiesenschwingel zusammen. Die restlichen 20 bzw. 10 oder 25 kg verteilen sich auf vier bis fünf jeweils am besten dazu passende andere Weidegräser. Neben der Wiesenrispe, die sich erst allmählich durchsetzt, wird das Deutsche Weidelgras gerne als Füller besonders stark mit 10 kg herangezogen. Marschweiden vom Typ des Deutschen Weidelgrases sät man sehr stark, mit 70 kg/ha ein, davon sind 50 kg Deutsches Weidelgras.

Um ein leichtes Auswechseln verschieden teurer aber gleich geeigneter Gräser zu erleichtern, bringen wir in der Tabelle außerdem noch die Reinsaatmengen 100%igen Saatgutes nach Stebler. Wer will, kann sich mit Hilfe dieser Angaben die Aussaatmengen berechnen. Nur ist der jeweilig für jede Pflanze zu wählende Flächenanteil noch schwieriger zu normieren als bei den Wiesenpflanzen. Mit der Angabe, daß eine ideale Weide aus 60% Untergräsern, 20% Obergräsern und 20% Kleearten zusammengesetzt sein müsse, ist nichts anzufangen. Fehlen doch die Obergräser in Wahrheit

Saatmischungen für Dauerweiden

Pflanzenart	Preis in DM je kg	Reinsaatmenge 100%igen Saatgutes kg/ha	Auszusäende Saatmenge in kg/ha (bei normalem Gebrauchswert)						
			in der nassen Lage	in der feuchten Lage	in der frischfeuchten Lage		in der frischen Lage		
					Boden locker	Boden schwer	Boden locker	Boden fest	Boden Marsch
1. Kleearten									
Weißklee (*trifolium repens*)		10,8	8	8	8	8	8	8	8
Sumpfschotenklee (*lotus uliginosus*)		8,8	2	2	—	—	—	—	—
Hornschotenklee (*lotus corniculatus*)		12,4	—	—	2	—	2	—	—
Gelbklee (*medicago lupulina*)		18	—	—	—	2	—	2	2
2. Gräser									
Wiesenschwingel (*festuca pratensis*)		36,2	20	20	10	10	2	2	2
Deutsches Weidelgras (*lolium perenne*)		38	—	—	10	20	15	30	50
Wiesenrispe (*poa pratensis*)		13,8	—	4	10	2	15	2	2
Weißes Straußgras (*agrostis alba*)		12,3	10	6	4	2	—	—	—
Gemeine Rispe (*poa trivialis*)		13,8	8	6	—	—	—	—	—
Rotschwingel (*festuca rubra*)		17,3	—	2	2	2	4	2	—
Kammgras (*cynosurus cristatus*)		19,6	—	—	2	2	2	2	4
Goldhafer (*avena flavescens*)		7	—	—	—	—	—	—	—
Timothe (*phleum pratense*)		16,7	2	2	2	2	2	2	2
Knaulgras (*dactylis glomerata*)		22,8	—	—	—	—	—	—	—
Zusammen			50	50	50	50	50	50	70

auf den meisten Weiden gänzlich, während auf den Wiesenschwingelweiden ein Obergras Hauptbestandsbildner ist. Man trifft wohl nicht ganz daneben, wenn man als Flächenanteil annimmt für Klee 30%, für das Hauptgras oder die beiden Hauptgräser 40% und für die Nebengräser 30%. Zu der entsprechenden anteiligen Reinsaatmenge sind bei der Weidenansaat ebenso wie bei der Wiesenansaat mindestens 100% zuzuschlagen.

Die Saattabelle ist sehr einfach gehalten worden, um nicht zu verwirren. Sie ist im allgemeinen nur auf die verschiedenen Feuchtigkeitslagen, in der frischen und frischfeuchten Lage auch auf die verschiedenen Bodenstrukturen abgestellt. Abweichungen, die sonst noch notwendig werden, wird man nach den vorangegangenen Ausführungen leicht selbst anbringen können. Abweichungen, je nach dem Besatz mit Pferden, Rindvieh, Schweinen usw., von denen oft viel gesprochen wird, brauchen kaum vorgenommen zu werden. Nur Schweineweiden müssen stärker mit Weißklee eingesät werden als gewöhnlich und Hühnerweiden stärker mit Rispengräsern.

C. Weidenumbruch und Weidenansaat

(vgl. auch Wiesenumbruch und Wiesenansaat, S. 183—187)

Über den Weidenumbruch und die Weidenansaat bleibt kaum etwas Besonderes nachzutragen. Es gilt hier etwa das, was in dem entsprechenden Kapitel bei der Wiese ausgeführt wurde. Die hartnäckigen Unkräuter, die hier zum Umbruch zwingen können, sind meist dieselben wie dort: Rasenschmiele, Binse, Herbstzeitlose, nicht allerdings die Doldenblütler als typische Wiesenunkräuter, dafür aber manchmal der Weidewegerich als typisches Weidenunkraut.

D. Weidendüngung und Weidenpflege

(vgl. Wiesendüngung und Wiesenpflege, S. 187—193)

Auch auf den Weiden ist die Kaliphosphatdüngung wie auf den Wiesen sehr wichtig. Auch hier hat sich herausgestellt, daß man im allgemeinen auf Böden, die von Natur kali- und phosphorsäurearm sind, richtig düngt, wenn man eine Ersatzdüngung gibt. Die entsprechenden Mengen sind aber hier nur etwa halb so hoch wie dort, weil die entzogenen Nährstoffmengen auf der Weide zur Hälfte schon durch die Exkremente der Weidetiere zurückgegeben werden. Trotzdem muß man aber auf den Weiden gewöhnlich fast ebensoviel Kali und Phosphorsäure geben wie auf den Wiesen, weil die Weideerträge gewöhnlich etwas höher liegen als die Wiesenerträge. 1 Ztr. 40%iges Kali auf den Morgen und 1 Ztr. Thomasmehl auf den Morgen oder entsprechende Gaben in anderen Formen sind etwa das normale. Allerdings kann man auf der Weide häufiger etwas einsparen als auf der Wiese, weil wir es bei den Weiden viel häufiger nicht nur mit kali- und phosphorsäurearmen Sand- und Moorböden zu tun haben, sondern mit reichen Lehmböden, die von sich aus die Kali- und Phosphorsäureversorgung zum Teil sicherstellen. So gibt es beispielsweise Marschweiden, die man überhaupt nicht zu düngen braucht.

Bezüglich der Kalkdüngung gilt das bei der Wiese Ausgeführte. Nur auf den kalkreichen Niederungsmoorböden erübrigt sich die regelmäßige Kalkgabe.

Eine Sonderstellung nimmt die Stickstoffdüngung ein. Sie ist auf der Weide von weit größerer Bedeutung als auf der Wiese. Richtig ist zwar, daß man auf der Wiese evtl. schon eher mit der Stickstoffdüngung anfangen muß als auf der Weide. Sehr viele Wiesen haben nämlich trotz Kaliphosphatdüngung keine ausreichende Kleeflora. In solchen Fällen muß man, wenn die Böden nicht von Haus aus sehr stickstoffreich sind, schon von vornherein mit Stickstoff düngen, wenn man überhaupt einige Erträge erzielen will. Auf der Weide stellt sich dagegen bei Kaliphosphatdüngung der Weißklee überall reichlich ein, so daß schon ohne Stickstoffdüngung überall gute Weideerträge erzielt werden. Durch Stickstoffdüngung lassen sich nun aber die Erträge der Weide mit wirtschaftlichem Erfolge fast immer erhöhen und oft sogar sehr stark erhöhen, während das auf den Wiesen nur selten der Fall ist. Auf den kleereichen Wiesen verdrängt eine gewöhnliche Stickstoffdüngung von etwa 1 Ztr. auf den Morgen die Kleearten, so daß überhaupt kein Mehrertrag erzielt wird. Der Eiweißgewinn bei den Gräsern wird durch den Eiweißverlust beim Zurückgehen der Kleearten wieder wettgemacht. Erst sehr starke Stickstoffdüngungen führen hier wirklich zu hohen Mehrerträgen. Nur selten kann man aber von einer so starken Düngung wirtschaftlich Gebrauch machen, weil die Einerntung dieser Erträge nicht nur mit Kosten verbunden ist, sondern weil auch ein Teil des Mehrertrages verloren geht. Mit 25% Verlust muß man sogar bei bester Gerüsttrocknung rechnen. Nur auf Grünfutterwiesen werden die Mehrerträge wirklich ziemlich vollständig eingeheimst. Hier wird auch sehr häufig mit Stickstoff gedüngt, allerdings meistens in Form von Jauche. Auf der Weide kann man dagegen schon mit gewöhnlichen Düngergaben von 1 Ztr. Stickstoff auf den Morgen viel erreichen. Der Weißklee wird nicht oder doch nur wenig zurückgedrängt. Aber außerdem kann man hier auch sehr oft mit großen Stickstoffmengen arbeiten, weil die Mehrerträge ohne Unkosten vom Weidevieh vollständig und zur günstigsten Zeit eingeheimst werden. Bis 120 kg Reinstickstoff auf den Hektar werden in der Praxis bisweilen gedüngt. Natürlich muß dann auch die übrige Düngung gesteigert werden. Es ist erstaunlich, was man durch solche Düngergaben aus den Weiden herausholen kann. Bis 5000 Stärkewerte auf den Hektar sind festgestellt worden. Das würde ungefähr mengenmäßig einer Ernte von 150 dz/ha Heu entsprechen, bei einer Güte, wie sie im Heu überhaupt nicht möglich ist. Durch die Stickstoffdüngung läßt sich auf der Weide jede Milchleistung ohne jedes Beifutter erzielen. Während der Sommermonate gibt es in Weidegebieten seit dem Aufkommen der Stickstoffdüngung keine Schwierigkeiten mehr in der wirtschaftseigenen Eiweißversorgung des Rindviehs.

Die Düngung mit Stallmist und Kompost und mit anderen Wirtschaftsdüngern bietet auf der Weide kaum Besonderheiten. Sie ist auf der Weide mindestens ebenso wichtig wie auf der Wiese. Eine Besonderheit ist vielleicht, daß Stallmist und Kompost in Trockengebieten gerade auf Weiden besonders auch vor Austrocknung schützen sollen. Sie werden dort deshalb oft nicht nur im Herbst, sondern auch während des Sommers gegeben.

Auch die Pflege der Weiden gestaltet sich ähnlich wie die der Wiese. Als Egge kommt auch hier die selbstgefertigte Strauchschleppe oder eine Fladenverteileregge nach Art der Fellaegge in Betracht. Beste Fladenverteiler sind im übrigen auch die Hühner. Die Walze ist auch hier wichtiger als alles andere. Die Walze kann auf der Weide noch die besondere Aufgabe haben, den Duwock zu beseitigen.

E. Die Nutzung der Weide

1. Standweide und Umtriebsweide

Bis vor einigen Jahrzehnten war die Standweide allgemein üblich. Das Vieh wurde im Frühjahr auf eine bestimmte Weide getrieben und verblieb dort während der ganzen Weidezeit, soweit nicht infolge des Nachlassens der Weide zeitweilig auf Nebenweiden getrieben werden mußte. Gelegentlich fand wohl auch ein gewisser Umtrieb aber nur zwischen zwei oder drei Koppeln statt. Bei dem Auftrieb achtete man streng auf einen gemischten Besatz, weil sich gezeigt hatte, daß dadurch eine bessere Ausnutzung der Weide gegeben ist. So fressen Pferde, wenn sie allein weiden, einige Stellen kahl und gefährden dort die Narbe, während sie namentlich die Stellen, wo sie misten, ganz und gar meiden, so daß das Futter dort überständig und nicht genutzt wird. Läßt man dagegen die Pferde bis zu 15% der gesamten Besatzstärke zusammen mit dem Rindvieh weiden, so putzen sie die Geilstellen weg, die das Rindvieh stehen läßt, und leben so weitgehend vom Futter, das sonst verloren gehen würde. Auf den Fettweiden in der Marsch läßt man regelmäßig neben den Ochsen einige Schafe mitweiden — eins auf den Morgen — die das überständige Gras mit Vorliebe abweiden und auch noch durch Vertilgung von Unkräutern nützlich werden. Sie stellen dort, wie Hansen, Schmidt-Tychsen und andere, die die Marschweidewirtschaft untersucht haben, sich ausdrücken, eine Art Weidepolizei dar.

Neuerdings geht man von dieser althergebrachten Standweide mehr und mehr zur Umtriebsweide über. Die für das Vieh vorgesehene Weide wird in eine größere Zahl von Koppeln unterteilt, das Vieh dann zunächst auf die erste Koppel getrieben, dann, wenn sie nach einigen Tagen abgegrast ist, auf die zweite Koppel usw. und schließlich wieder auf die erste Koppel. Ein Turnus dauert etwa 3—4 Wochen. Diese Methode hat den großen Vorzug, daß die Weiden bei der großen Besatzdichte gleichmäßiger abgegrast werden, daß weniger Gras vertreten wird, daß das Gras eine längere Ruhepause hat, in der es besser nachwachsen kann, noch dazu wo Düngung und Pflege nun besser durchgeführt werden können. Es hat sich herausgestellt, daß eine Besatzdichte von 5 Stück Großvieh auf den Morgen die beste Ausnutzung gewährleistet. Bei einem Besatz von 1 Stück Großvieh auf den Morgen, der bei ertragreichen Weiden möglich ist, würde die Unterteilung der Weide in 5—6 Koppeln das Minimum darstellen. H. Warmbold, der im Jahre 1917 auf der Hohenheimer Gutswirtschaft dieses neue Weidesystem verbunden mit einer starken Stickstoffdüngung von 120 kg N/ha erstmalig anwendete, ging noch einen Schritt weiter. Er schickte nicht alle Tiere gleichzeitig ohne Rücksicht auf ihre Leistung auf die Teilstücke, sondern nacheinander in Leistungsgruppen. Zunächst ließ er eine Gruppe weiden, die die Kühe mit sehr hohen Milchleistungen umfaßte, in einer zweiten Gruppe folgten die Tiere mit geringeren Milchleistungen und in der dritten Gruppe folgten schließlich die trockenstehenden Tiere, das Jungvieh und die Fohlen. Er führte also die Leistungsfütterung auch auf der Weide ein. Die Tiere mit den höchsten Leistungen bekamen das eiweißreichste und zarteste Futter, so daß eine weitere Leistungssteigerung gegenüber der Umtriebsweide ohne Gruppenbildung erzielt wurde. Bei zwei Leistungsgruppen sind dann mindestens 10—12 Koppeln und bei drei Leistungsgruppen 15—16 Koppeln nötig.

Die Umtriebsweide, die große Erfindung H. Warmbolds, ist der gewaltigste Fortschritt, der im letzten Jahrhundert auf dem Gebiete der Weidewirtschaft erzielt worden ist. Schon im Jahre 1929 konnte Pfannenstiel in den Mitteilungen der D.L.G. berichten, daß er durch dieses neue Weidesystem in Luisenhof bei Oranienburg auf frischen humosen Sandböden, auf denen das Grundwasser im Sommer öfters versagt, im dreijährigen Durchschnitt Erträge von 2500—2700 Stärkewerte/ha erzielte. Es werden also durch das neue Weidesystem von geringen Mittelböden in Heu ausgedrückt Erträge von 80 dz/ha heruntergeholt. Auf besseren Böden steigen die Erträge auf über 3000, ja gelegentlich über 4000 Stärkewerte.

Nicht durchgesetzt hat sich diese neue Methode bisher in der Marsch auf den Fettweiden. Hier bietet der Umtrieb auch keine Vorteile. Bei der enormen Graswüchsigkeit dieser Böden ist eine Schonzeit hier nicht so notwendig. Vertreten und in Geilstellen verschwendet wird nicht viel Futter, weil durch das Mitweidenlassen von Schafen dafür gesorgt wird, daß die Weide gleichmäßig abgeweidet wird. Schließlich will das Fettvieh seine Ruhe haben.

2. Ganztagweide oder Kurztagweide

In allen Weidegegenden war es immer üblich, die Tiere Tag und Nacht weiden zu lassen. In allen Tierzuchtgegenden und Tierzuchtbetrieben ist diese Methode auch die einzig richtige. In den Ackerbaugegenden, in denen das Vieh meist von geringerer Leistungsfähigkeit ist, war von altersher die Kurzweide üblich. Das Vieh wurde vormittags und nachmittags oder auch nur einmal am Tage einige Stunden auf die Weide getrieben, im übrigen im Stalle gehalten unter Zufütterung von Stärke- oder Ballastfutter. Die Ganztagsweide würde in diesen Ackerbaugegenden eine Verschwendung von Futter darstellen. Gutes Weidegras ist so ballastarm, daß bei ununterbrochenem Weidegang dann so große Mengen aufgenommen werden, wie sie nur hochleistungsfähige Tiere wirklich gebrauchen. Außerdem fällt bei der Kurzweide auch mehr Stallmist an, was wieder in Ackerbaugegenden von besonderer Bedeutung ist.

3. Die Anpassung an den wechselnden Futteranfall

Der Futteranfall auf der Weide ist im Mai/Juni am größten, im Juli bis August fällt er um ein Viertel und im September/Oktober auf die Hälfte herab. Bei den besseren Weiden ist der Abfall etwas geringer und bei geringeren Weiden noch größer. Außerdem treten je nach der Niederschlagsverteilung in einigen Gegenden noch Dürrezeiten auf, die es auch zu überbrücken gilt.

Bei der Umtriebsweide paßt man sich gewöhnlich dadurch dem wechselnden Futteranfall an, daß man im Mai/Juni einige Koppeln, und zwar in jedem Jahr andere, nicht mitbeweidet, sondern heut. Schon H. Warmbold führte 1917 diese Mähweidenutzung durch. Im Herbst liefern weiter die Kleeschläge und die Wiesen zusätzliche Weidegelegenheit. Vor der Einführung der Umtriebsweide war man vornehmlich auf diese zusätzlichen Weiden angewiesen.

Wo nur wenig Weiden vorhanden sind, paßt man sich auch dadurch dem wechselnden Futteranfall an, daß man in den ersten Monaten das gesamte Vieh weiden läßt, während später nur noch das Jungvieh auf der Weide verbleibt.

Auf den Fettweiden der Marsch löst man die Aufgabe der Anpassung an den wechselnden Futteranfall auch dadurch, daß man die Tiere mit dem Nachlassen der Weiden laufend abstößt, im Juli die Färsen, im August jüngere Kühe, die ebenso wie die Färsen relativ schnell schlachtreif werden oder auch Ochsen, deren mangelhaftes Gedeihen nur eine geringe Zunahme in den Herbstmonaten und eine schlechte Ausmast erwarten lassen, im September weitere Ochsen und die Mastlämmer, Anfang Oktober nochmals einige Ochsen, so daß dort, wo im Frühjahr etwa 15 Tiere weideten, im Oktober nur noch 5 Tiere grasen, die bei einer Zunahme von über 200 kg je Tier Ende Oktober/Anfang November als Ausstichtiere auf den Markt kommen. Schmidt-Tychsen, der den zünftigen Fettweidebetrieb einer eingehenden Untersuchung unterzogen hat, teilt außerdem mit, daß man den großen Futteranfall in den Monaten Mai und Juni auch dadurch für die spätere Zeit nutzbar zu machen versteht, daß man zunächst nicht zu scharf abgrast, mit Absicht Geilstellen stehen läßt, die dann beim Nachlassen der Weide abgeputzt werden.

In Gegenden, wo mit einem Ausbrennen der Weiden zu rechnen ist, muß für zusätzliches Futter in dieser Notzeit vorgesorgt sein. Meist greift man auf eine Sauerfutterreserve zurück. Ohne eine solche zusätzliche Sicherung setzt man sich in solchen Gegenden der Gefahr aus, daß die Milchleistung infolge Futtermangels nachläßt und in derselben Laktationsperiode später auch bei reichlichem Futteranfall nicht wieder gehoben werden kann.

III. Die Gräser als Kulturpflanzen und Unkräuter auf dem Acker

Während bei der Wiese und bei der Weide die Gräser als Kulturpflanzen und Unkräuter zusammen abgehandelt worden sind, muß hier eine Trennung erfolgen. Im ersten Teil soll ihre Rolle als Kulturpflanze auf dem Acker, also ihre Stellung im Feldfutterbau aufgezeigt werden, und in einem zweiten Teil folgen dann erst die Gräser als Ackerunkräuter.

A. Die Gräser im Feldfutterbau

1. Die Gräser im Hauptfutterbau

a) Die Gräser im Gemengebau mit Klee

(Einjähriger Mäheklee, Wechselwiese, Wechselweide)

In vielen Gegenden ist es üblich, den einjährigen Mäheklee nicht rein zu säen, sondern im Gemenge mit Gras. So waren von den 1,5 Mill. ha, die in Deutschland Mäheklee trugen, nach der Bodenbenutzungserhebung von 1935, die erstmalig zwischen Klee und Kleegras unterscheidet, mehr als 400000 ha Kleegras. Neuerdings wird sogar vorgeschlagen, den Klee nie rein zu säen, sondern allgemein zum Kleegrasbau überzugehen. Man solle überall dem Klee etwa 10—20% Gras beimischen. Eine solche Beimischung unterdrücke den Klee nicht, ja störe ihn überhaupt kaum im Wachstum, so daß die Erntemenge durch diese Kleegrasbeimischung sehr gehoben würde, nämlich fast um den ganzen Betrag, den die beigemischten Gräser bringen. In Wahrheit ist aber eine solche Grasbeimischung von 10—20% nicht allgemein zu empfehlen. Sie beeinträchtigt den Klee nämlich doch und ist und bleibt ein Notbehelf überall dort, wo der Rotklee aus irgendeinem Grunde nicht voll gedeiht, sei es nun, daß Boden und Klima nicht genügen oder daß auch die Gefahr des Befalles mit Kleekrebs oder anderen Krankheiten besteht. Es wäre besser, man könnte ohne die den Eiweißertrag herabdrückende und die Vorfruchtwirkung abschwächende Grasbeimischung auskommen. Auch ist keine gleichmäßige Grasbeimischung von 10—20% zu empfehlen, sondern eine mit der Sicherheit des Rotklees wechselnde von 0—50%. In den feuchteren Küstengegenden mit Koppelwirtschaft, wo der einjährige Mähekleegrasschlag heute weitgehend die Regel ist, sät man auf den verschiedenen Böden etwa die folgenden Mischungen aus:

Einjähriges Kleegrasgemenge (Mäheklee)

(Saatmenge in kg/ha)

	Guter Lehmboden	Schwerer, etwas feuchter Lehmboden	Tiefliegender schwarzgründiger humoser Sandboden	Leichterer, aber noch etwas lehmiger Sandboden	Wirklich leichter Sandboden
Rotklee	16	6	6	6	—
Schwedenklee	—	8	8	2	—
Gelbklee	—	—	—	2	—
Wundklee	—	—	—	2	16(24)
Weißklee	—	—	—	2	—
Welsches Weidelgras	6	4	4	4	—
Timothe	—	4	6	2	—
Knaulgras	—	—	—	2	—
Wehrlose Trespe	—	—	—	2	8 (0)
	22 kg/ha	22 kg/ha	24 kg/ha	24 kg/ha	24 kg/ha

Hauptsächlich wird also dem Rotklee das früh-, froh- und schnellwüchsige, allerdings nicht sehr winterfeste, kurzlebige Welsche Weidelgras (*lólium itálicum*) beigegeben. Auf den schweren Böden und auf den schwarzgründigen Sandböden muß man dieses wegen seiner Wüchsigkeit besonders beliebte, aber leider nicht wetterharte Gras zum Teil durch den etwas weniger wüchsigen, aber sehr wetterharten Timothe (*phléum praténse*) ersetzen, wie man hier bei den Kleearten neben dem Rotklee gern auf den härteren Bastardklee zurückgreift. Auf den leichteren Böden nimmt man außerdem noch trockenheitsresistentere Gräser wie Knaulgras (*dáctylis glomeráta*) und Wehrlose Trespe (*brómus inérmis*) in die Mischung auf, wie man auch bei den Kleearten hier besonders trockenheitsresistente, wie Gelbklee und Wundklee, mitberücksichtigt. Das allgemein verwendete Gras in den feuchteren Küstengegenden ist aber doch überall das frohwüchsige Welsche Weidelgras. In den trockeneren Gegenden, wo die Gefahr besteht, daß das Welsche Weidelgras den Rotklee unterdrückt, geht man dagegen neuerdings allgemeiner zum Timothe (*phléum praténse*) und zum Wiesenschwingel (*féstuca praténsis*) über. Man muß diese nicht sehr schnellwüchsigen Gräser dann allerdings etwas stärker säen. Auf den guten Böden gebraucht man statt 16 kg Rotklee und 6 kg Welsches Weidelgras etwa 16 kg Rotklee und 12 kg Gras (Timothe und Wiesenschwingel) je ha.

Ganz verzichtet man auf das kurzlebige Welsche Weidelgras am besten auch allgemein im mehrjährigen Mähekleegrasbau. Hier sind allein die längerlebigen Obergräser mit befriedigender Anfangsentwicklung: Knaulgras (*dáctylis glomeráta*), Timothe (*phléum praténse*), Wiesenschwingel (*festúca praténsis*) und Glatthafer (*avéna elátior*) am Platze. Am häufigsten greift man auf die drei erstgenannten zurück. Der Glatthafer ist nämlich nicht besonders wetterhart. Er kann die rauhen Lagen meist nicht vertragen, in denen der mehrjährige Mähekleegrasbau, die sog. Wechselwiesen, allein eine Rolle spielen. In den tieferen Lagen sind die gewöhnlichen Ackerfrüchte dem mehrjährigen Mähekleegras so überlegen, daß die Mähekleegrasschläge hier gewöhnlich nur ein Jahr genutzt werden dürfen. In den höheren Lagen dagegen, wo der Ackerbau durch die starken Niederschläge beeinträchtigt wird und andererseits die Graswüchsigkeit besonders groß ist, kann und muß der Mähekleegrasschlag dagegen mehrere Jahre als Wechselwiese liegen bleiben. Bei noch höheren Niederschlägen wird der Ackerbau sogar ganz aufgegeben und aus dem Wechselgrünland wird Dauergrünland.

Wie bei den Gräsern gilt es auch bei den Kleearten zur Wechselwiesenansaat die längerdauernden heranzuziehen. Das gelingt bei kalkreichen Böden auch verhältnismäßig leicht. Hier stehen genug längerlebige Kleearten zur Verfügung, so vor allem Luzerne, Esparsette und Hornschotenklee. Am besten nimmt man meist alle drei zu gleichen Teilen in die Mischung auf, insgesamt etwa zu 50%; die übrigen 50% der Samenmischung bestehen zweckmäßigerweise aus einem Gemisch der drei oder vier oben benannten Obergräser. An der Saat darf wegen der längeren Ausdauer der Wechselwiese nicht gespart werden. Es sind nicht nur 20—30 kg auszusäen wie beim einjährigen Mähekleegrasbau, allerdings auch nicht 40—50 kg/ha wie bei der Ansaat von Dauergrünland, sondern 30—40 kg/ha. Das bedeutet einen 50%igen Zuschlag zu den Steblerschen Reinsaatmengen (vgl. die Tabelle über die Wiesenansaat, S. 180 u. 181).

Schwer wird die Auswahl einer passenden Samenmischung für Wechselwiesen auf allen denjenigen Böden, die den längerlebigen Kleearten nicht genügen, wo man also auf die kürzerlebigen Kleearten Rotklee und Bastardklee angewiesen ist. Der Rotklee dauert (das Ansaatjahr nicht mitgerechnet) voll nur ein Jahr und zum Teil noch ein zweites Jahr aus; der Bastardklee voll vielleicht zwei Jahre und zum Teil noch ein drittes Jahr, so daß wir auf solchen Wechselwiesen nach zwei Jahren bereits mit einem starken Rückgang des Klees rechnen müssen. Man muß dann mit Stickstoff nachhelfen, wenn die Erträge einigermaßen befriedigen sollen. Leider sind die im Handel von Zeit zu Zeit immer wieder angebotenen ausdauernden Rotkleearten doch nicht ausdauernd, so vor allen Dingen auch der viel gepriesene Rotklee von Holy aus der Tschechoslowakei nicht. Am aussichtsreichsten scheint mir noch die Verwendung des nordischen Spätklees zu sein. (Vgl. „Klee und Kleeartige“, S. 59).

Außer dem mehrjährigen Mähekleegrasbau, der auf die Egartwirtschaften in den höheren Gebirgslagen beschränkt ist, gibt es noch eine andere Form des mehrjährigen Kleegrasbaus, nämlich den Weidekleegrasbau der Küstengegenden mit Koppelwirtschaft. Hier ist der Ackerbau auch durch starke Niederschläge beeinträchtigt und die Graswüchsigkeit groß, aber beides trifft doch nicht in einem so hohen Maße zu wie in den höheren Gebirgsgegenden. Der Ackerbau tritt noch stark hervor, und die Graswüchsigkeit der gewöhnlichen Ackerböden ohne Grundwasser reicht nicht für Wechselwiesen, sondern nur für Wechselweiden aus.

Früher war es in diesen Gegenden mit Koppelwirtschaft meist üblich, nach den Getreidejahren in die abtragende Frucht, meist in den Hafer, in den sog. Kleehafer, ein Kleegrasgemenge einzusäen, das man im ersten Jahre nach der Ansaat durch Mähen nutzte und in den nächsten zwei, drei Jahren durch Weiden. Man säte auf den verschiedenen Böden etwa die folgenden Mischungen ein:

Mehrjähriges Kleegrasgemenge

(Erstes Jahr Mäheklee, die nächsten Jahre Weideklee)

(Saatmengen in kg/ha)

	Guter Lehmboden	Schwerer, feuchter Lehmboden	Tiefliegender schwarzgründiger humoser Sandboden	Leichterer, aber noch etwas lehmiger Sandboden
Rotklee	10	4	4	4
Schwedenklee	—	4	4	2
Weißklee	4	4	4	4
Gelbklee	—	—	—	2
Wundklee	—	—	—	—
Hornschotenklee	—	—	—	2
Welsches Weidelgras	4	—	—	—
Deutsches Weidelgras	6	8	8	2
Wiesenschwingel	2	4	4	2
Timothe	2	4	4	2
Knaulgras	—	—	—	6
Wehrlose Trespe	—	—	—	—
	28 kg/ha	28 kg/ha	28 kg/ha	26 kg/ha

Diese Form des Kleegrasbaus ist aber heute nur noch selten gebräuchlich Die Weide bringt nämlich nur in dem ersten Jahre nach dem Schneiden noch einigermaßen befriedigende Erträge, etwa 1500—2000 Stärkewerte auf den ha (über die Bedeutung der Stärkewerte vergleiche den Anhang). In den nächsten Jahren sinken die Erträge schnell bis unter 1000 Stärkewerte herab, also fast bis auf die Erträge von Hutungen. Nur auf leichten

Böden kann man sich mit solchen Erträgen begnügen. Nur auf leichten Böden ist deshalb auch diese Form des Kleegrasbaus noch allgemeiner gebräuchlich. Auf den besseren Böden geht man entweder von der Wechselweide zur Dauerweide über, oder man schiebt außer dem einjährigen Kleegrasgemenge zum Mähen noch ein besonderes zweijähriges Kleegrasgemenge zum Weiden in die Fruchtfolge ein. Eine solche Trennung des Mähekleegrasschlages von den beiden Weidekleegrasschlägen nahm Thünen schon 1842 in Tellow vor. Die Weidekleegrasschläge sät man dabei etwa folgendermaßen ein: 8 kg Weißklee, 2 kg Schwedenklee, 15 kg Deutsches Weidelgras, 3 kg Timothe und 2 kg Wiesenschwingel je ha. Hüten muß man sich unbedingt davor, den Rotklee mit aufzunehmen. Zweimal Rotklee in der sieben- bis neunschlägigen Koppelwirtschaft ist untragbar. Der Acker würde kleemüde werden. Man kann es höchstens wagen, neben dem Rotklee in dem Mähekleegrasschlage gelegentlich noch einmal Rotklee zur bloßen Herbstnutzung unterzusäen.

Diese Wechselweiden bringen etwa 2000 Stärkewerte, also gute Durchschnittserträge, wie sie etwa auch die Dauerweiden auf ähnlichen Böden bei gewöhnlicher Bewirtschaftung liefern würden. Gegenüber den Dauerweiden haben sie den Vorzug, daß sie kaum einer Stickstoffdüngung bedürfen, jedenfalls nur einer sehr geringen im zweiten Jahr. Dieser Vorteil wird allerdings durch die Saatkosten mehr als aufgehoben. Es bleibt aber der weitere Vorzug, daß die Wechselweiden sehr gute Vorfrüchte abgeben. Sie reinigen den Acker, reichern ihn mit Stickstoff an und vergrößern so bei verringertem Aufwand die Erträge der Nachfrucht. Die Wechselweide ist gegenüber der Dauerweide deshalb auch überall dort überlegen, wo ein Mangel an guten Vorfrüchten herrscht. Das war früher in den Gegenden mit Koppelwirtschaft sehr häufig der Fall. Da hier oft nur ein halber Hackfruchtschlag vorhanden ist, war hier der Mäheklee fast die einzige Vorfrucht, und die Fruchtfolge wurde beträchtlich verbessert, wenn man außerdem noch eine besondere Wechselweide einfügte. Ja, zur Zeit der Weizenschlacht, als es darauf ankam, möglichst viel Weizen zu bauen, konnte es sogar richtig sein, auch diesen zweijährigen Wechselweidenschlag noch in zwei getrennte aufzuteilen. Man hatte dann überall, ohne die Hackfrüchte, schon drei wirklich brauchbare Vorfrüchte für Weizen: den Mäheklee, den Weideklee und das zweite Weidefutter, meist Wicke. Von den neun Schlägen konnte man drei mit Weizen bebauen. Heute hat sich aber die Sachlage beträchtlich verschoben. Bei der ausgeglichenen Agrarproduktion ist eine so unnatürliche Ausdehnung des Weizenanbaus nicht am Platze. Außerdem sind durch die Wiedereinführung des Rapsbaus, durch die Neubelebung des Körnerhülsenfruchtbaus und durch die vermehrte Zwischenfuttergewinnung meist schon genügend Vorfrüchte vorhanden, so daß man auf die Wechselweide aus Vorfruchtgründen verzichten kann. Dann ist aber die Dauerweide überlegen. Das trifft besonders in solchen Betrieben zu, die besonders große Futtererträge von der Flächeneinheit herunterholen wollen. Wer mehr als gute Durchschnittserträge von etwa 2000 Stärkewerten je ha von der Weide gewinnen will, muß schon zur Dauerweide übergehen. Nur dort sind die Intensivierungsmöglichkeiten groß. Das heute häufig zu beobachtende Übergehen von der Wechselweide zur Dauerweide ist deshalb auch durchaus zu begrüßen.

Daß natürlich die Dauerweide immer schon auf solchen Böden überlegen war, die schlecht ackerfähig sind, braucht wohl kaum hinzugefügt zu werden. Die kupierten, steinigen, unregelmäßig begrenzten und anmoorigen Böden besitzen eine so spezifische Eignung als Dauerweide, daß das Problem Wechselweide statt der Dauerweide hier nie auftrat.

b) Die Gräser im Gemengebau mit Luzerne

Der Anbau von Gräsern im Gemenge mit der Luzerne spielt zur Zeit praktisch kaum eine Rolle. Ähnlich wie beim Klee wird aber auch bei der Luzerne eine allgemeine Beimischung von Gras von einigen Seiten propagiert. Diese Beigabe von Gras dürfte aber hier wie dort nicht allgemein am Platze sein. Es fragt sich nur, ob sie nicht unter ähnlichen Verhältnissen wie beim Rotklee in Frage käme, nämlich auf weniger luzernefähigen Standorten. Der Klee hat sich ja im Laufe der Zeit gerade in Form des Kleegrasbaus sehr viel an sich schlechter geeignete Standorte erobert, und warum sollte es bei der Luzerne nicht ebenso sein, die gerade im Begriff steht, sich die weniger geeigneten Standorte zu erschließen. Nach allem, was wir bis jetzt wissen, scheint aber ein sorgfältiger Anbau viel wichtiger zu sein, was bei der langsamen Jugendentwicklung der Luzerne auch nur verständlich ist. Versucht hat man namentlich die Beimischung von einigen Pfunden je Morgen Knaulgras oder Glatthafer auf den trockneren Böden und Timothe oder Wiesenschwingel auf den frischeren Böden.

c) Die Gräsereinsaaten im Hauptfutterbau

Der Reinbau von Gräsern im Hauptfutterbau spielt nur eine geringe Rolle. Wichtig kann unter besonderen Umständen eigentlich nur der Reinbau der zwar sehr kurzlebigen, aber außerordentlich frohwüchsigen Abart des Welschen Weidelgrases, des sog. Westerwoldischen Weidelgrases (*lólium westerwóldicum*) sein. Es möge dort nachgelesen werden, unter welchen Umständen es richtig sein kann, durch Reinbau dieser massenwüchsigen Pflanze sich evtl. beträchtliche zusätzliche Futtermassen zu beschaffen.

Viel von sich reden gemacht, zwar weniger als eigentliche Hauptfutterpflanze, sondern mehr als Zweitpflanze nach Winterfuttergemenge, hat das Sudangras. Wir haben es weiter vorn bei den Beschreibungen und Abbildungen nicht mit aufgeführt, weil es uns kaum von Bedeutung zu sein scheint. Es ist ein ausländisches Gras. Der Same muß vom Ausland bezogen werden. Die Saat ist noch dazu nicht billig. Die 50 kg, die man je ha aussäen muß, kommen auf über 50,— DM zu stehen. Es hat zudem keine besonderen Vorzüge. Es verlangt nämlich soviel Wärme und einen so nährstoffreichen Boden, daß der Mais dort höhere Erträge bringt. Gerühmt wird gewöhnlich seine besondere Dürreresistenz. Aber auch damit ist es nicht so weit her. Jedenfalls ist es kein Gras, das auf trockenem Sandboden gedeiht. Es bringt, nach Landsberger Gemenge, auf gut gedüngtem Boden mit 50 kg/ha auf 25 cm ausgedrillt, noch zwei Schnitte und etwas Nachweide. Der erste Schnitt kommt etwa schon nach acht Wochen, wenn die Wärmeverhältnisse danach sind. 200 dz/ha Grünmasse soll der Ertrag in zwei Schnitten sein können, oft werden aber auch sehr viel niedrigere Erträge erzielt, weil das Sudangras, namentlich nach dem ersten Schnitt, leicht mit Rost befällt.

2. Die Gräser im Vorfutterbau (Winterzwischenfruchtbau)

Von größter Bedeutung ist hier das Welsche Weidelgras (*lólium itálicum*) als Hauptbestandteil des Landsberger Gemenges (s. „Klee und Kleeartige", S. 78).

3. Die Gräser als Untersaaten im Zwischenfutterbau

Hier spielen Gräser kaum eine Rolle. In Betracht kommen nur die verschiedenen Kleemischungen aus Rotklee, Bastardklee, Weißklee, Gelbklee und Serradella (siehe „Klee und Kleeartige", S. 92).

4. Die Gräser als Stoppelsaaten im Zwischenfutterbau

Zum Anbau empfohlen wird manchmal das Westerwoldische Weidelgras. Es soll, bis Ende Juli gesät, bei guter Stickstoffdüngung noch fast 200 dz Grünmasse je ha bringen können. Das kann jedoch nur bei sehr reichlicher Stickstoffversorgung und auf gut feuchten Böden möglich sein. Wenn man sich dort aber die besondere Wüchsigkeit des Westerwoldischen Weidelgrases zunutze machen will, dann ist es besser, ein kleineres, besonders ausgesuchtes Stück Land im Hauptfutterbau damit zu bestellen, wie wir es weiter vorn geschildert haben, wie es vor Jahren schon von Huntemann und neuerdings von Kannenberg propagiert wird. Der Stoppelbau ist zu unsicher, als daß man so große Aufwendungen, wie sie zum üppigen Gedeihen des Westerwoldischen Weidelgrases unerläßlich sind, machen könnte. Richtig kann es dagegen bisweilen sein, das Westerwoldische Weidelgras zusammen mit dem Inkarnatklee als Stoppelsaat zur Herbstnutzung Ende Juli auszusäen. Je 20 kg von beiden je ha ist eine passende Aussaatmenge.

B. Die Gräser als Ackerunkräuter

1. Die queckenartigen Unkrautgräser des Ackerlandes

Die queckenartigen Ackerunkrautgräser wurden von uns bei Besprechung der echten Quecke (*tríticum répens*) auf den Seiten 146—149 so genau behandelt, sowohl im Grundsätzlichen als auch im Einzelnen, daß hier nur auf die betreffenden Ausführungen zu verweisen bleibt.

2. Die Samenunkrautgräser des Ackerlandes

Unter den Samenunkrautgräsern haben wir sowohl Herbst- als auch Frühjahrs-, als auch Spätfrühjahrskeimer, also anders ausgedrückt sowohl Wintergetreide-, als auch Sommergetreide-, als auch Hackfrucht- bzw. Stoppelunkräuter. Zu den Wintergetreideunkräutern gehören Windhalm (*agróstis spíca vénti*), Ackerruchgras (*anthoxánthum puélii*) und Ackerfuchsschwanz (*alopecúrus agréstis*). Vornehmlich Sommergetreideunkraut ist der Flughafer (*avéna fátua*) und vorwiegend Hackfruchtunkraut die Hirse (*pánicum*) in ihren verschiedenen Arten. Bei der Beschreibung der Gräser im zweiten Teil wurde die Bekämpfung bis in alle Einzelheiten geschildert.

IV. Exkurs über den Grassamenbau

Wenn wir im Futterbau weiterkommen wollen, muß unbedingt auch der Grassamenbau gefördert werden. Viele Wiesen und Weiden sind umbruchreif, außerdem bedürfen wir gewisser Grassämereien auch im Kleegrasbau und des Welschen Weidelgases im Landsberger Gemenge. Anhangsweise soll hier deshalb in einer tabellarischen Übersicht[1]) das Wichtigste über den Grassamenbau zusammengestellt werden. In dieser Zusammenstellung sind nicht nur die eigenen Erfahrungen verwertet worden, sondern daneben auch die bereits vorliegenden Anleitungen zum Grassamenbau von Fischer, Weller, Roßteuscher und Renius und nicht zuletzt auch die Erfahrungen Prof. Dr. h. c. Lemkes, des Pionieres auf dem Gebiete der Gräserzüchtung und des Grassamenbaus.

Man arbeitet sich am leichtesten in den Grassamenbau hinein, wenn man dabei mit den Arten beginnt, die keine ausgefallenen Maßnahmen erfordern. Wir stellen diese zu einer ersten Gruppe zusammen. Es handelt sich dabei um die Weidelgräser und um Knaulgras, Wiesenschwingel, Glatthafer und Timothe, die alle aus dem Kleegrasbau allgemeiner bekannt sind, die als hoch- und schnellwüchsige horstbildende Gräser weder bei der Ansaat noch bei der Pflege und Düngung andere als auch sonst geübte Maßnahmen verlangen. Sie werden wie Klee untergesät, manchmal auch gemeinsam mit Klee, die Pflege beschränkt sich auf ein einfaches Hacken oder Eggen einmal nach der Ernte der Überfrucht bzw. nach dem Samenschnitt, dann nach der Futternutzung im September und schließlich nach der Stickstoffkopfdüngung im frühen Frühjahr vor Erwachen der Vegetation. In der Düngung sind sie etwa wie die Getreidearten zu behandeln. Kali und Phosphorsäure werden meist im Winter und der Stickstoff als Frühjahrskopfdüngung verabreicht; einen Teil des Stickstoffs kann man auch schon nach der Samenernte zur Erhöhung der Herbstfutternutzung und zur Stärkung der jungen Bestände geben. 1 Ztr. je Morgen bei denen, die leicht lagern, bis $1^1/_2$ Ztr. Stickstoff sonst kann als normale Gabe gelten. Bei älteren Beständen muß die Stickstoffdüngung über diese Mengen hinaus auf 2 Ztr. erhöht werden. Von den wirtschaftseigenen Stickstoffdüngern sind Jauche und Stallmist verwendbar. Eine Kopfdüngung mit kurzem Stallmist im Januar auf den gefrorenen Boden gegeben, hat sich namentlich im letzten Jahre vor dem Umbruch sehr bewährt. Die Gare des Bodens wird durch die Stallmistkopfdüngung so gefördert, daß der Umbruch nach dem letzten Samenschnitt auch bei trockenem Wetter keine Schwierigkeiten bereitet. Bewährt hat sich auch im Frühjahr die Kopfdüngung mit Kalkstickstoff, wobei natürlich dieselben Vorsichtsmaßregeln wie sonst gelten. Die einzige zusätzliche Maßnahme beim Anbau der Gräser dieser ersten Gruppe ist das Jäten der Bestände im Mai vor der Samenernte. Es müssen nicht nur die Unkräuter entfernt werden, die sich schwer oder überhaupt nicht aus dem Saatgut herausreinigen lassen, sondern auch die frühblühenden und frühabsamenden, die sonst bei den mehrjährigen Samenkulturen zu einer rettungslosen Verunkrautung in den späteren Samenjahren führen. Die Einzelheiten, die sonst noch zu beachten sind,

[1]) Die Tabelle ist als Falttafel am Schluß des Buches eingefügt.

gehen aus der Tabelle hervor. Das Hauptanbauverfahren ist jeweils durch Unterstreichung besonders kenntlich gemacht.

In einer zweiten Gruppe haben wir diejenigen Gräser vereinigt, deren Anbau sehr viel schwieriger ist, die aber doch in größerem Umfange angebaut werden müssen und auch können. Es handelt sich dabei um die drei wertvollsten Wiesenuntergräser Wiesenrispe, Rotschwingel und Fioringras, die gleichzeitig neben dem Deutschen Weidelgras und dem Wiesenschwingel unsere besten Dauerweidengräser sind. Diese drei Untergräser sind ausläufertreibend und in der Jugend langsamwüchsig und erfordern deshalb besondere Anbauverfahren sowie besondere Pflege- und Düngungsmaßnahmen, die aus dem gewöhnlichen Rahmen herausfallen. Man kann sie nicht einfach untersäen, sondern bestenfalls im Lichtschachtverfahren, sie müssen im Ansaatjahre bei ihrer langsamen Jugendentwicklung groß gepflegt werden durch häufigeres Hacken, notfalls auch mit der Hand, und müssen durch eine Stickstoffdüngung nach dem Räumen der Überfrucht getrieben werden. Dazu kommt dann die Stickstoffkopfdüngung im frühen Frühjahr. 2 Ztr. Stickstoffdünger je Morgen sind im ersten Jahre die normale Gesamtgabe, in den späteren Jahren steigt sie bis auf 3 Ztr. herauf. Nach der ersten Samenernte muß aber eine ganz besonders intensive Hackkultur einsetzen, um ein Verrasen der Bestände zu verhindern. Verraste Bestände liefern kaum noch Samen, wahrscheinlich weil bei der Ernährung so dichter Bestände Stickstoff und Wasser ins Minimum kommen. In der ersten Bearbeitungsperiode, die wohl etwas verschoben, aber keinesfalls versäumt werden darf, unmittelbar nach der Samenernte, muß dicht an die Reihen herangearbeitet werden. Die Ausläufer müssen in einer Breite von 30—35 cm zwischen den Reihen durch Hacken und anschließendes Eggen restlos zerstört werden. Die herausgepflügten Ausläufer werden wie Quecken zusammengeharkt und abgefahren. Bei rechtzeitiger Bearbeitung sind 1 Fuder vom Morgen abzufahren, hat man den Zeitpunkt verpaßt, so werden es 10 und mehr. Die zweite Bearbeitung im Herbst nach der Futternutzung, spätestens Ende September, erfolgt weniger tief und breit, im Frühjahr darf nur auf 15 cm flach gehackt oder nur geeggt werden, um nicht die jungen Samentriebe zu zerstören.

In einer dritten Gruppe lassen wir dann noch Rohrglanzgras, Wiesenfuchsschwanz und Goldhafer folgen. Auch sie sind langsamwüchsig im Ansaatjahre wie die Gräser der zweiten Gruppe, bereiten aber außerdem entweder bei der Ernte oder bei der Reinigung oder bei der Saat noch besondere Schwierigkeiten, so daß ihr Anbau nur in Ausnahmefällen empfohlen werden kann. Die Einzelheiten sind aus der Tabelle zu entnehmen. In dieser dritten Gruppe haben wir außerdem noch die Wehrlose Trespe untergebracht; sie beginnt erst neuerdings eine Rolle zu spielen, so daß wir noch wenig Erfahrungen über ihren Anbau haben.

Nicht aufgenommen in die Tabelle sind die Gemeine Rispe und das Kammgras. Die Gemeine Rispe reift noch vor der Wiesenrispe und fällt sehr leicht aus, so daß sie auf geeigneten Standorten wild im Boden vorkommt und nicht angesät zu werden braucht. Der Samenbau würde ähnlich wie bei der Wiesenripse durchzuführen sein. Oft wird der Samen auch wild von 2jährigen Kleegrasschlägen gewonnen. Kammgras wird gelegentlich mit 5 Pfund je Morgen zusammen mit dem Deutschen Weidelgras ausgesät. Im zweiten Jahr fällt Kammgrassamen mit an, der sich leicht herausreinigen läßt.

In die Tabelle aufgenommen zu werden verdient hätte der Schafschwingel. Mit Absicht bringen wir ihn hier zum Schlusse gesondert, um mit allem Nachdruck auf diesen Kulturbringer und Kulturträger der leichten Böden hinzuweisen. Zwar ist im Inlande kaum Absatz für den Schafschwingelsamen vorhanden, wohl aber sollte versucht werden, den Absatz nach den Schafländern Australien, Argentinien, Afrika neu zu organisieren. Durch den Schafschwingelsamenbau kann man nicht einmal kartoffel-, geschweige denn haferfähige Sandböden mit einer Wertzahl unter 16, die sonst aufgeforstet zu werden verdienten, aber auch dann meist nur Krüppelkiefernbestände ergeben, zu wertvollen Böden machen, wie die Erfahrungen aus den Sandkreisen Südwestmecklenburgs und den angrenzenden brandenburgischen Kreisen beweisen. Der Schafschwingel wird dort breit in einem zweiten Arbeitsgang sofort nach dem Roggen im September eingesät und zugeeggt und gibt dann ohne jede Pflege und bei einer Düngung von 1 Ztr. Kainit je Morgen und Jahr und einer kleinen jährlichen Kopfdüngung mit 30 Pfund Stickstoffdünger in jedem Frühjahr 3 Jahre hindurch reichlich 1 Ztr. auf den Morgen Samen, in 3 Jahren rund 4 Ztr. Samen. Nach den 3 Samenjahren hat sich im Boden durch die Schafschwingelwurzeln soviel Humus angesammelt, daß jetzt 3 Jahre hindurch ohne jede Stallmistdüngung die Erträge von 6, 5 und 4 Ztr. Roggen je Morgen auf Böden erzielt werden, die sonst nur im Zusammenhang mit viel Wiesenland bewirtschaftet werden könnten, dann aber auch bei Stallmistdüngung geringere Roggenernten liefern würden. Gewiß gibt man meist zum ersten Roggen nach Schafschwingel eine schwache Stallmistdüngung von 40 Ztr. auf den Morgen, zur Anregung der Zersetzung der Wurzelrückstände. Aber diese schwache Stallmistdüngung stammt letzterdings auch wieder vom Schafschwingel, nämlich von dem aus der Verfütterung des Samenheus gewonnenen Mist. Die Humusanreicherung durch die Graswurzeln verdient übrigens im gesamten Grassamenbau eine viel größere Beachtung.

ANHANG

I. Die Daseinsberechtigung der Dauerwiese

Wir haben bisher immer nur davon gesprochen, welche Gräser und Kräuter auf den verschiedenen Wiesen vorkommen, wie man sie erkennt im blütenlosen Zustande und in der Blüte, was sie anzeigen, wie man sie fördert, wenn es sich um wertvolle Gräser und Kräuter handelt, wie man sie bekämpft, wenn es Unkräuter sind. Wir haben aber mit voller Absicht, um nicht alles durcheinanderzuwerfen, noch nicht davon gesprochen, ob es richtig ist, die Wiesen als solche zu belassen, sie zu pflegen und zu verbessern, oder ob es nicht ratsamer ist, sie in Weiden oder Äcker umzuwandeln, sie also zu beseitigen. Wir haben bisher noch nicht die Frage nach der Daseinsberechtigung der Dauerwiesen gestellt, die sehr umstritten ist.

Zwar gibt es wohl keinen, der die Notwendigkeit der Gewinnung ausreichender Mengen guten Heus bestritte. 5 kg Heu je Tier und Tag werden allgemein als Mindestgabe bei der Winterfütterung des Rindviehs gefordert. Wenn größere Mengen Sauerfutters verabreicht werden sollen, strebt man sogar möglichst $7^1/_2$ kg Heu an. Aber das notwendige Heu könne in besserer Qualität und von viel kleineren Flächen auf dem Acker gewonnen werden. Luzerne, Klee, Kleegras und Winterwicken seien leistungsstarke Heulieferanten, die Wiesen aber seien leistungsschwach. Wegen ihrer geringen Leistungen hätten die Wiesen im allgemeinen jede Daseinsberechtigung verloren. Man müsse sie in Äcker umwandeln.

Diese Verfemung der Wiesen als leistungsschwach besteht nun aber keineswegs zu Recht. Sie geht zurück auf eine falsche Ausdeutung der Statistik. Daß die Wiesenerträge statistisch niedriger liegen (40 dz/ha Heu) als die vom Klee (fast 50 dz/ha Heu) und von Luzerne (über 55 dz/ha Heu), ist kein Beweis einer geringeren Leistungsfähigkeit, sondern hängt vielmehr damit zusammen, daß es so viele Wiesen gibt, die auf minderwertigen Standorten liegen. Will man die Leistungsfähigkeit der Wiesen überprüfen, dann muß man bei dem Vergleich von Erträgen unter zusagenden Verhältnissen ausgehen. Dann ergibt sich aber, daß große Leistungsunterschiede zwischen den verschiedenen Heulieferanten nicht bestehen.

Die Wiesen bringen ebenso wie Klee und Luzerne unter wirklich zusagenden Verhältnissen 80—100 dz/ha Heu und unter weniger zusagenden Verhältnissen 60 dz/ha Heu. Auch in der Qualität steht das Wiesenheu nicht zurück. Gewiß haben Rotklee und Luzerneheu einen 1 bzw. 2% höheren Eiweißgehalt, aber das Wiesenheu ist bekömmlicher. Bestes Heu, sogenanntes Kälberheu, ist immer nur Wiesenheu. Auch in der Förderung der Fruchtbarkeit und Langlebigkeit der Tiere steht Wiesenheu obenan, es folgt Luzerneheu, dann Rotkleeheu und schließlich Winterwickenheu. Allerdings hat man auf moorigen und heidigen Böden durch starke mineralische Düngung dafür zu sorgen, daß das Wiesenheu mineralstoffreich ist. Die Wiesen sind also nicht in Bausch und Bogen abzulehnen, sondern es ist in jedem einzelnen Falle sorgfältig zu überprüfen, wie man sich am besten die notwendigen Heumengen beschafft. Meist wird der Vergleich zugunsten der Wiesen ausfallen, weil wir es meist mit feuchten moorigen Böden zu tun haben, auf denen eben die Wiese die überlegene Kultur ist. Nicht Umbruch der Wiesen zu Ackerland, sondern Verbesserung der Wiesen muß also heute im allgemeinen die Parole sein. Die Kultur der Wiesen muß gehoben werden. Dabei werden dann von selbst die trockeneren Flächen überflüssig, sie können dann in Ackerland umgewandelt werden. Die Gewinnung von Heu im Winterzwischenfruchtbau über das Landsberger Gemenge oder andere Winterwickengemische wird weitere Wiesenflächen zum Umbruch in Ackerland freimachen.

II. Die Daseinsberechtigung der Dauerweide

Im Gegensatz zur Dauerwiese ist die Dauerweide nicht als leistungsschwach hingestellt worden. Es ist zu bekannt, daß mit Hilfe der Umtriebsweide unter zusagenden Verhältnissen 3—4000 Stärkewerte vom ha, das sind 100—120 dz Weideheu heruntergeholt werden und unter weniger zusagenden Verhältnissen noch 2500 Stärkewerte oder 80 dz/ha Weideheu. Mit Recht ist deshalb auch seit Jahrzehnten propagiert worden, die zu trockenen Wiesen in Weiden umzuwandeln, als Wiesen sind diese Flächen minderwertig, sie haben nur einen dünnen Bestand, der bald in die Halme schießt. Werden solche Flächen beweidet, so verdichten sie sich unter dem Biß und Tritt der Tiere, statt ins Generative gehen die Gräser jetzt ins Vegetative, die Flächen werden vollwertig. Man sollte in allen Gegenden, wo das Ackerland nicht wirklich weidefähig ist, sich, abgesehen von Kälberkoppeln am Hofe, mit solchen Naturweiden bescheiden. Vielleicht ist es richtig, in Zukunft bei den Wiesenmeliorationen alle Flächen so weit zu entwässern, daß sie auch beweidet werden können. Dadurch würde man ihre Ertragssicherheit jedenfalls im großen Durchschnitt sehr heben. In allen Kleinbauerngebieten ist die Weidewirtschaft genossenschaftlich zu organisieren. Nur in Tierzuchtbetrieben und Tierzuchtgebieten ist die Ganztagsweide am Platze; in allen anderen Gebieten führt sie zu einer Futterverschwendung.

III. Die Weideleistungen

Seit 1927 ist es auf eine Anregung Falkes hin mehr und mehr üblich geworden, auch bei uns nach dem Vorbilde von Elofson in Schweden die Weideleistungen in kg Stärkewerten je ha auszudrücken und anzugeben. Das Vorgehen ist an sich sehr einfach. Die Leistungen, die auf der Weide erzielt worden sind, werden nach den Kellnerschen, von Fingerling und anderen verbesserten Normen, die man heute in jedem besseren landwirtschaftlichen Taschenkalender findet, auf die verbrauchten Stärkewerte umgerechnet. Zu den Leistungen werden dabei nicht nur, wie der Praktiker es gewohnt ist, der Lebendgewichtszuwachs, die Milcherträge und die Erträge an Heu gezählt, sondern außerdem auch die Erhaltung der Tiere während der Weidezeit.

Im einzelnen rechnet man dabei heute mit den folgenden Normen:

1. Erhaltungsfutter je 100 kg Lebendgewicht in 24 Stunden

Kühe und Jungvieh von 200—400 kg Lebendgewicht	0,65 kg Stw
Kühe und Jungvieh von 400—600 kg Lebendgewicht	0,55 kg Stw
Kühe von mehr als 600 kg Lebendgewicht	0,45 kg Stw
Trockenstehende Kühe	0,55 kg Stw

2. Leistungsfutter

je 1 kg Milch von 3% Fettgehalt	0,24 kg Stw
je 1 kg Milch von 3—3,5% Fettgehalt	0,26 kg Stw
je 1 kg Milch von 3,5—4% Fettgehalt	0,28 kg Stw
je 1 kg Milch von über 4% Fettgehalt	0,3 kg Stw
je kg Lebendgewichtszuwachs bei Tieren bis zu 500 kg Gewicht	2,5 kg Stw
je kg Lebendgewichtszuwachs bei Tieren über 500 kg Gewicht	3,5 kg Stw
je kg geborenes Kalb	2,5 kg Stw

3. Nebenleistungen

je dz Grünfutter	13 kg Stw
je dz Heu	35 kg Stw

4. Erhaltung und Leistungsfutter, wo Trennung nicht möglich

Pferde bei leichter Arbeit je 100 kg Lebendgewicht	1 kg Stw
Pferde bei mittlerer Arbeit je 100 kg Lebendgewicht	1,2 kg Stw
Ochsen bei leichter Arbeit je 100 kg Lebendgewicht	1 kg Stw
Schafe je 100 kg Lebendgewicht	0,7 kg Stw

Selbstverständlich wird auch eventuell verabreichtes Zufutter mit den entsprechenden Stärkewerten abgesetzt. Dabei werden Nebenweiden je Stunde mit $^1/_{10}$ des Gesamttagesverbrauchs angerechnet.

Zur genauen Festlegung der Stärkewertleistung ist eine sehr eingehende Weidebuchführung notwendig, in der die Leistungen jeder einzelnen Weide genau festgehalten werden. Zum einfachen Überschlagen der Stärkewertleistungen genügt es, wenn man außer den sonstigen Leistungen, die ja in großen Zügen bekannt sind, das Auf- und Abtriebsgewicht kennt.

Diese Stärkewertberechnung wies anfangs große Fehler auf. Ein Lebendgewichtszuwachs von 1 kg wurde einheitlich mit 2,5 kg Stärkewerten angerechnet, gleichgültig, ob es sich dabei um den vorwiegenden Fleischzuwachs jüngerer Tiere oder den vorwiegenden Fettzuwachs älterer Tiere handelte. Dadurch kam man zu einer starken Unterschätzung der besten Marschweiden, auf denen schwere Tiere fettgegrast werden. Dieser Mangel ist nunmehr etwas behoben, der Lebendgewichtszuwachs wird bei Tieren über 500 kg mit 3,5 Stw je kg angerechnet. Auch der andere offensichtliche Mangel, daß zunächst für 1 kg Milch die gleiche Stärkewertzahl gutgeschrieben wurde, gleichgültig wie hoch der Fettgehalt war, ist längst beseitigt. Es bleiben aber trotzdem noch einige Mängel bestehen. Zunächst kommt es meistens auf die festgestellten Gesamtleistungen gar nicht an, sondern auf die verwertbaren Leistungen, also im allgemeinen nicht auf das Erhaltungsfutter, sondern nur auf das Leistungsfutter, auf den Lebendgewichtszuwachs, auf die Milcherträge usw. Abgesehen davon ist es seit je ein selbstverständlicher Satz der gesamten Fütterungslehre, daß der Stärkewert ja nur einen Energiewertvergleich zuläßt, nicht aber einen vollständigen Futterwertvergleich. 1 Ztr. bestes Wiesenheu ist im Futterwert nicht wie beim Stärkewertvergleich nur doppelt so viel wert wie 1 Ztr. Stroh.

Aber das alles weiß ja der Kenner der Fütterungslehre und berücksichtigt das bei seinen Schlüssen. Trotzdem läßt die Stärkewertberechnung auf den Weiden den Praktiker aber meist doch etwas kalt. Er kann die Zahlen nicht in Vergleich setzen zu den Leistungen, nach denen er bisher gewohnt war, die Weiden zu beurteilen: nach den Besatzzahlen je Morgen, nach dem Lebendgewichtszuwachs je Morgen, nach den Milchleistungen.

Die folgende einfache Überlegung kann hier eine Brücke schlagen. Bei einer Milchleistung von 10 kg je Tier und Tag, d. h. einer durchschnittlichen Milchleistung von 3650 kg im Jahr, einer guten Leistung also, wird die eine Hälfte der verbrauchten Stärkewerte zur Erhaltung und die andere Hälfte zur Leistung verbraucht.

Erhaltungsfutter (je Tier von 500 kg und Tag)	2,5 kg Stw
Leistungsfutter für 10 l Milch (je Tier und Tag)	2,5 kg Stw
zusammen	5 kg Stw

Aus 5 kg Stärkewerten Gesamtfutter werden bei dieser Annahme 10 kg Milch. Durch diese beiden Angaben werden alle Stärkewertzahlen in Besatz- und Milchleistungszahlen übersetzbar. 3000 kg Stw entsprechen, wenn nur Milch erzeugt wird, 6000 kg Milch, das entspricht bei Milchleistungen von 3650 kg im Jahr, Besatzzahlen von 3—4 Stück Großvieh je ha. Wohlgemerkt gilt diese Rechnung nur unter den Voraussetzungen, von denen wir ausgegangen sind, also bei guten Leistungen. Bei geringeren Leistungen werden größere Teile des Gesamtfutters für die Erhaltung verbraucht, aus 1 kg Stw werden weniger als 2 kg Milch, und umgekehrt wird bei höheren Leistungen der größere Teil des Gesamtfutters in Leistungen umgesetzt. Ebenso einfach ist die Rechnung bei dem Lebendgewichtszuwachs. Ein wirklich guter Zuwachs ist bei wachsenden Tieren 1 kg je Tier und Tag. Es werden dann verbraucht je Tag an Erhaltungsfutter 2,5 kg und an Leistungsfutter 2,5 kg, zusammen 5 kg. Auch hier wird also die Hälfte des Futters in Leistung umgesetzt und aus 5 kg Stw wird 1 kg Lebendgewichtszuwachs. Dieser einfache Umrechnungsschlüssel gilt selbstverständlich auch hier nur unter den Voraussetzungen, von denen wir ausgingen. Bei der Mast alter Tiere kommt man bei 1 kg Zuwachs mit 5 kg Stw nicht aus.

Auf Grund dieser beiden Überlegungen ergibt sich die folgende Tabelle, die einen Vergleich zuläßt zwischen den Stärkewerterträgen und den Maßstäben, nach denen es bisher üblich war, Weiden zu beurteilen.

1. Beste Fettviehweide (Ochsenweide) bis 4 Stück Großvieh/ha		2500—3000 Stärkewerte
	oder	5000—6000 Liter Milch
	oder	500—600 kg Zuwachs
	oder	70—80 dz Weideheu
2. Sehr gute Kuhweide 3 Stück Großvieh/ha		2000—2500 Stärkewerte
	oder	4000—5000 Liter Milch
	oder	400—500 kg Zuwachs
	oder	60—70 dz Weideheu
3. Gute Kuhweide 2—3 Stück Großvieh/ha		1500—2000 Stärkewerte
	oder	3000—4000 Liter Milch
	oder	300—400 kg Zuwachs
	oder	40—60 dz Weideheu
4. Mittlere Kuhweide 2 (±) Stück Großvieh/ha		1000—1500 Stärkewerte
	oder	2000—3000 Liter Milch
	oder	200—300 kg Zuwachs
	oder	30—40 dz Weideheu
5. Geringe Kuhweide 1 Stück Großvieh/ha		700—1000 Stärkewerte
	oder	1400—2000 Liter Milch
	oder	140—200 kg Zuwachs
	oder	20—30 dz Weideheu

---

6. Jungviehhutung		250—700 Stärkewerte
	oder	50—140 kg Zuwachs
	oder	8—20 dz Weideheu
7. Bessere Schafhutung		150—250 Stärkewerte
	oder	4—8 dz Weideheu
8. Geringe Schafhutung		bis 150 Stärkewerte
		unter 4 dz Weideheu

Sachverzeichnis

Die Einzelabbildungen des ersten Teils und die Einzeldarstellungen des zweiten Teils folgen sich in alphabetischer Reihenfolge, und zwar ist dabei der lateinische Gattungsname zugrunde gelegt worden, weil dieser allein eindeutig ist und auch so allein das Auseinanderreißen der zusammengehörigen Gattungen vermieden wird. Eines eigentlichen Sachverzeichnisses der lateinischen Namen bedarf es also nicht, sondern es ist hier lediglich anzugeben, welche lateinischen Namen den deutschen entsprechen und unter welchem lateinischen Namen man nachschlagen muß, wenn mehrere vorhanden sind. Über den dritten Teil der Arbeit klärt das Inhaltsverzeichnis so eingehend auf, daß schon aus den Überschriften zu ersehen ist, was man in den verschiedenen Kapiteln zu erwarten hat. Übrigens ist das Inhaltsverzeichnis ganz allgemein als Sachverzeichnis gedacht.

Ackerfuchsschwanz: *alopecurus agrestis*
Ackerruchgras: *anthoxanthum puelii*
Ackertrespe: *bromus arvensis*
Ansehnliches Mannagras: *glyceria aquatica*
Aufrechte Trespe: *bromus erectus*

Benthalm: *molinia coerulea*
Besenried: *molinia coerulea*
Blaue Schmiele: *koeleria glauca*
Blaugras: *sesleria coerulea*
Bluthirse: *panicum sanguinale*
Böhmers Lieschgras: *phleum boehmeri*
Bocksbart: *nardus stricta*
Burst: *bromus erectus*

Dachtrespe: *bromus tectorum*
Deutsches Raygras: *bromus mollis*
Deutsches Weidelgras: *lolium perenne*
Drahtschmiele: *aira flexuosa*
Dreizahn: *sieglingia decumbens*
Duftendes Mariengras: *hierochloa odorata*

Echte Quecke: *triticum repens*
Einblütiges Perlgras: *melica uniflora*
Englisches Raygras: *lolium perenne*

Federgras: *stipa pinnata*
Fiederzwenke: *brachypodium pinnatum*
Fioringras: *agrostis alba*
Flattergras: *milium effusum*
Flaumhafer: *avena pubescens*
Flechtstraußgras: *agrostis alba*
Flughafer: *avena fatua*
Flutender Schwaden: *glyceria fluitans*
Flutendes Mannagras: *glyceria fluitans*
Französisches Raygras: *avena elatior*

Geknieter Fuchsschwanz: *alopecurus geniculatus*
Gelbe Hirse: *panicum glaucum*
Gemeine Rispe: *poa trivialis*
Gemeines Straußgras: *agrostis vulgaris*
Glatte Hirse: *panicum glabrum*
Glatthafer: *avena elatior*
Goldhafer: *avena flavescens*
Grannenlose Trespe: *bromus inermis*
Grüne Hirse: *panicum viride*

Haargras: *stipa capillata*
Hainrispe: *poa nemoralis*
Hochmoorquecke: *holcus mollis*
Hoher Wiesenhafer: *avena elatior*
Hohes Mannagras: *glyceria aquatica*
Hühnerhirse: *panicum crus galli*
Hundsquecke: *triticum caninum*
Hundsstraußgras: *agrostis canina*
Hundszahn: *cynodon dactylon*

Igelgras: *weingaertneria canescens*
Italienisches Raygras: *lolium italicum*
Jährige Rispe: *poa annua*

Kammgras: *cynosurus cristatus*
Kammschmiele: *koeleria cristata*
Kleine Hirse: *panicum filiforme*
Kleine Schmiele: *aira praecox*
Knaulgras: *dactylis glomerata*
Kopfgras: *sesleria coerulea*

Leinlolch: *lolium remotum*

Mäusegerste: *hordeum murinum*
Meerstrandschwingel: *festuca thallassica*

Nelkenschmiele: *aira caryophyllea*
Nickendes Perlgras: *melica nutans*

Pfeifengras: *molinia coerulea*
Platthalmrispe: *poa compressa*
Prächtiges Mannagras: *glyceria aquatica*
Prachtschwaden: *glyceria aquatica*

Quecktrespe: *bromus inermis*

Rasenschmiele: *aira caespitosa*
Rauhe Trespe: *bromus asper*
Raupenförmige Beckmannia: *beckmannia eruciformis*
Riesenschwingel: *festuca giganthea*
Roggengerste: *hordeum secalinum*
Roggentrespe: *bromus secalinus*
Rohrglanzgras: *phalaris arundinacea*
Rohrschwingel: *festuca arundinacea*
Roter Fuchsschwanz: *alopecurus fulvus*
Rotschwingel: *festuca rubra*
Rotstraußgras: *agrostis vulgaris*

Salzschwaden: *glyceria distans*
Sandgerste: *elymus arenarius*
Sandhafer: *ammophila arenaria*
Sandquecke: *agrostis vulgaris*
Sandrohr: *calamagrostis epigeios*
Sauergräser: *carex*-Arten
Schafschwingel: *festuca ovina*
Schilfrohr: *phragmites communis*
Schmalblättriges Reitgras: *calamagrostis lanceolata*
Spreizschwaden: *glyceria distans*
Steifes Borstengras: *nardus stricta*
Strandgerste: *elymus arenarius*
Strandhafer: *ammophila arenaria*
Sumpfrispe: *poa palustris*

Taube Trespe: *bromus sterilis*
Taumellolch: *lolium temulentum*
Timothe: *phleum pratense*

Verschiedenblättriger Schwingel: *festuca heterophylla*

Waldzwenke: *brachypodium silvaticum*
Wasserquellgras: *catabrosa aquatica*
Wasserschwaden: *glyceria aquatica*
Wehrlose Trespe: *bromus inermis*
Weiches Honiggras: *holcus mollis*
Weiche Trespe: *bromus mollis*
Weißstraußgras: *agrostis alba*
Welsches Weidelgras: *lolium italicum*
Westerwoldisches Weidelgras: *lolium westerwoldicum*
Wiesenfuchsschwanz: *alopecurus pratensis*
Wiesengerste: *hordeum secalinum*
Wiesenhafer: *avena pratensis*
Wiesenlieschgras: *phleum pratense*
Wiesenrispe: *poa pratensis*
Wiesenruchgras: *anthoxanthum odoratum*
Wiesenschwingel: *festuca pratensis*
Wiesentrespe: *bromus erectus*
Wildhafer: *avena fatua*
Wimperperlgras: *melica ciliata*
Windhalm: *agrostis spica venti*
Wolliges Honiggras: *holcus lanatus*

Zittergras: *briza media*

Lateinische Gräsernamen

nach dem Verzeichnis der Botanischen Gesellschaft, soweit sie nicht identisch mit den hiergebrachten sind

Agropyron caninum (siehe *Triticum caninum*)
Agropyron repens (siehe *Triticum repens*)
Agrostis tenuis (siehe *Agrostis vulgaris*)
Alopecurus aequalis (siehe *Alopecurus fulvus*)
Alopecurus myosuroides (siehe *Alopecurus agrestis*)
Anthoxanthum aristatum (siehe *Anthoxanthum puelii*)
Apera spica venti (siehe *Agrostis spica venti*)
Arrhenatherum elatius (siehe *Avena elatior*)
Bromus ramosus (siehe *Bromus asper*)
Calamagrostis canescens (siehe *Calamagrostis lanceolata*)
Corynephorus canescens (siehe *Weingaertneria canescens*)
Deschampsia caespitosa (siehe *Aira caespitosa*)
Deschampsia flexuosa (siehe *Aira flexuosa*)
Digitaria Ischaemum (siehe *Panicum filiforme*)
Digitaria sanguinalis (siehe *Panicum sanguinale*)
Echinochloa Crus-galli (siehe *Panicum Crus-galli*)
Glyceria maxima (siehe *Glyceria aquatica*)
Helictotrichon pratense (siehe *Avena pratensis*)
Helictotrichon pubescens (siehe *Avena pubescens*)
Hordeum nodosum (siehe *Hordeum secalinum*)
Koeleria pyramidata (siehe *Koeleria cristata*)
Phleum phleoides (siehe *Phleum boehmeri*)
Setaria pumila (siehe *Panicum glaucum*)
Setaria viridis (siehe *Panicum viride*)
Trisetum flavescens (siehe *Avena flavescens*)

Unkräuter des Grünlandes

Personenverzeichnis

FSC
www.fsc.org
MIX
Papier | Fördert gute Waldnutzung
FSC® C083411

Zeitfracht Medien GmbH
Ferdinand-Jühlke-Straße 7
99095 Erfurt, Deutschland
produktsicherheit@kolibri360.de